北京大学口腔医学教材

住院医师规范化培训辅导教材

口腔设备学

Oral Equipmentology

主　　编　江　泳　范宝林

副 主 编　李心雅

编　　委（按姓名汉语拼音排序）

范宝林（北京大学口腔医院）

高燕华（北京大学口腔医院）

葛严军（北京大学口腔医院）

江　泳（北京大学口腔医院）

李心雅（北京大学口腔医院）

刘鸿超（北京大学口腔医院）

王　兵（北京大学口腔医院）

王建霞（北京大学口腔医院）

吴书彬（北京大学口腔医院）

许慧祥（北京大学口腔医院）

杨继庆（空军军医大学第三附属医院）

姚恒伟（北京大学口腔医院）

赵心臣（武汉大学口腔医院）

赵莹颖（北京大学口腔医院）

编写秘书　许慧祥

北京大学医学出版社

KOUQIANG SHEBEIXUE

图书在版编目（CIP）数据

口腔设备学 / 江泳，范宝林主编．—北京：北京大学医学出版社，2020.12

北京大学口腔医学教材 住院医师规范化培训辅导教材

ISBN 978-7-5659-2295-4

Ⅰ.①口… Ⅱ.①江… ②范… Ⅲ.①口腔科学—医疗器械—医学院校—教材 Ⅳ.①TH787

中国版本图书馆 CIP 数据核字 (2020) 第 209934 号

口腔设备学

主　　编：江　泳　范宝林

出版发行：北京大学医学出版社

地　　址：（100083）北京市海淀区学院路 38 号　北京大学医学部院内

电　　话：发行部 010-82802230；图书邮购 010-82802495

网　　址：http://www.pumpress.com.cn

E-mail：booksale@bjmu.edu.cn

印　　刷：北京信彩瑞禾印刷厂

经　　销：新华书店

责任编辑：张彩虹　娄新琳　　责任校对：靳新强　　责任印制：李　啸

开　　本：850 mm × 1168 mm　1/16　　印张：15　　字数：433 千字

版　　次：2020 年 12 月第 1 版　2020 年 12 月第 1 次印刷

书　　号：ISBN 978-7-5659-2295-4

定　　价：65.00 元

北京大学口腔医学教材编委会名单

第 3 轮序

八年制口腔医学教育是培养高素质口腔医学人才的重要途径。2001 年至今，北京大学口腔医学院已招收口腔医学八年制学生 765 名，培养毕业生 445 名。绝大多数毕业生已经扎根祖国大地，成为许多院校和医疗机构口腔医学的重要人才。近 20 年的教学实践证明，口腔医学八年制教育对于我国口腔医学人才培养、口腔医学教育模式探索以及口腔医疗事业的发展做出了重要贡献。

人才培养离不开优秀的教材。第 1 轮北京大学口腔医学长学制教材编撰于 2004 年，于 2014 年再版。两版教材的科学性和实用性已经得到普遍的认可和高度评价。自两轮教材发行以来，印数已逾 50 万册，成为长学制、本科五年制及其他各学制、各层次学生全面系统掌握口腔医学基本理论、基础知识、基本技能的良师益友，也是各基层口腔医院、诊所、口腔科医生的参考书、工具书。

近年来，口腔医学取得了一些有益的进展。数字化口腔医学技术在临床中普遍应用，口腔医学新知识、新技术和新疗法不断涌现并逐步成熟。第 3 轮北京大学口腔医学教材在重点介绍经典理论知识体系的同时，注意结合前沿新理念、新概念和新知识，以培养学生的创新性思维和提升临床实践能力为导向。同时，第 3 轮教材新增加了《口腔药物学》和《口腔设备学》，使整套教材体系更趋完整。在呈现方式上，本轮教材采用了现代图书出版的数字化技术，这使得教材的呈现方式更加多元化和立体化；同时，通过增强现实（AR）等方式呈现的视频、动画、临床案例等数字化素材极大地丰富了教材内容，并显著提高了教材质量。这些新型编写方式的采用既给编者们提供了更多展示教材内容的手段，也提出了新的挑战，感谢各位编委在繁忙的工作中，适应新的要求，为第 3 轮教材的编写所付出的辛勤劳动和智慧。

八年制口腔医学教材建设是北京大学口腔医学院近八十年来口腔医学教育不断进步、几代口腔人付出巨大辛劳后的丰硕教育成果的体现。教材建设在探索中前进，在曲折中前进，在改革中前进，在前进中不断完善，承载着成熟和先进的教育思想和理念。大学之“大”在于大师，北京大学拥有诸多教育教学大师，他们犹如我国口腔医学史上璀璨的群星。第 1 轮和第 2 轮教材共汇聚了 245 名口腔医学专家的集体智慧。在第 3 轮教材修订过程中，又吸纳 75 名理论扎实、业务过硬、学识丰富的中青年骨干专家参加教材编写，这为今后不断完善教材建设，打造了一支成熟稳定、朝气蓬勃、有开拓进取精神和自我更新能力的创作团队。

教育兴则国家兴，教育强则国家强。高等教育水平是衡量一个国家发展水平和发展潜力的重要标志。党和国家对高等教育人才培养的需要、对科学知识创新和优秀人才的需要就是我们的使命。北京大学口腔医院（口腔医学院）将更加积极地传授已知、更新旧知、开掘新知、探索未知，通过立德树人不断培养党和国家需要的人才，加快一流学科建设，实现口腔医学高等教育内涵式发展，为祖国口腔医学事业进步做出更大的贡献！

在此，向曾为北京大学口腔医学长学制教材建设做出过努力和贡献的全体前辈和同仁致以最崇高的敬意！向长期以来支持口腔医学教材建设的北京大学医学出版社表示最诚挚的感谢！

俞光岩　郭传瑸

2020 年 6 月

第2轮序

2001年教育部批准北京大学医学部开设口腔医学（八年制）专业，之后其他兄弟院校也开始培养八年制口腔专业学生。为配合口腔医学八年制学生的专业教学，2004年第1版北京大学口腔医学长学制教材面世，编写内容包括口腔医学的基本概念、基本理论和基本规律，以及当时口腔医学的最新研究成果。近十年来，第1版的14本教材均多次印刷，在现代中国口腔医学教育中发挥了重要作用，反响良好，应用范围广泛：兄弟院校的长学制教材、5年制学生的提高教材、考研学生的参考用书、研究生的学习用书，在口腔医学的诸多教材中具有一定的影响力。

社会的发展和科技的进步使口腔医学发生着日新月异的变化。第1版教材面世已近十年，去年我们组织百余名专家启动了第2版教材的编写工作，包括占编委总人数15%的院外乃至国外的专家，从一个崭新的视角重新审视长学制教材，并根据学科发展的特点，增加了新的口腔亚专业内容，使本套教材更加全面，保证了教材质量，增强了教材的先进性和适用性。

说完教材，我想再说些关于八年制教学，关于大学时光。同学们在高考填报志愿时肯定已对八年制有了一定了解，口腔医学专业八年制教学计划实行“八年一贯，本博融通”的原则，强调“加强基础，注重素质，整体优化，面向临床”的培养模式，目标是培养具有口腔医学博士专业学位的高层次、高素质的临床和科研人才。同学们以优异成绩考入北京大学医学部口腔医学八年制，一定是雄心勃勃、摩拳擦掌，力争顺利毕业获得博士学位，将来成为技艺精湛的口腔医生、桃李天下的口腔专业老师抑或前沿的口腔医学研究者。祝贺你们能有这样的目标和理想，这也正是八年制教育设立的初衷——培养中国乃至世界口腔医学界的精英，引领口腔医学的发展。希望你们能忠于自己的信念，克服困难，奋发向上，脚踏实地地实现自己的梦想，完善人生，升华人性，不虚度每一天，无愧于你们的青春岁月。

我以一个过来人的经历告诉你们，并且这也不是我一个人的想法：人生最美好的时光就是大学时代，二十岁上下的年纪，汗水、泪水都可以尽情挥洒，是充实自己的黄金时期。你们是幸运的，因为北京大学这所高等学府拥有一群充满责任感和正义感的老师，传道、授业、解惑。你们所要做的就是发挥自己的主观能动性，在老师的教导下，合理支配时间，学习、读书、参加社团活动、旅行……“读万卷书，行万里路”，做一切有意义的事，不被嘈杂的外界所干扰。少些浮躁，多干实事，建设内涵。时刻牢记自己的身份：你们是现在中国口腔界的希望，你们是未来中国口腔界的精英；时刻牢记自己的任务：扎实学好口腔医学知识，开拓视野，提高人文素养；时刻牢记自己的使命：为引领中国口腔的发展做好充足准备，为提高大众的口腔健康水平而努力。

从现在起，你们每个人的未来都与中国口腔医学息息相关，“厚积而薄发”，衷心祝愿大家在宝贵而美好的大学时光扎实学好口腔医学知识，为发展中国口腔医学事业打下坚实的基础。

这是一个为口腔事业奋斗几十年的过来人对初生牛犊的你们——未来中国口腔界的精英的肺腑之言，代为序。

徐　韬

二〇一三年七月

第1轮序

北京大学医学教材口腔医学系列教材编审委员会邀请我为14本8年制口腔医学专业的教材写一个总序。我想所以邀请我写总序，也许在参加这14本教材编写的百余名教师中我是年长者，也许在半个世纪口腔医学教学改革和教材建设中，我是身临其境的参与者和实践者。

1952年我作为学生进入北京大学医学院口腔医学系医预班。1953年北京大学医学院口腔医学系更名为北京医学院口腔医学系，1985年更名为北京医科大学口腔医学院，2000年更名为北京大学口腔医学院。历史的轮回律使已是老教授的我又回到北京大学。新中国成立后学制改动得频繁：1949年牙医学系为6年，1950年毕业生为5年半，1951年毕业生为5年并招收3年制，1952年改为4年制，1954年入学的为4年制，毕业时延长一年实为5年制，1955年又重新定为5年制，1962年变为6年制，1974年招生又决定3年制，1977年再次改为5年制，1980年又再次定为6年制，1988年首次定为7年制，2001年首次招收8年制口腔医学生。

20世纪50年代初期，没有全国统一的教科书，都是用的自编教材；到50年代末全国有三本统一的教科书，即口腔内科学、口腔颌面外科学和口腔矫形学；到70年代除了上述三本教科书外增加了口腔基础医学的两本全国统一教材，即口腔组织病理学和口腔解剖生理学；80年代除了上述五本教科书外又增加口腔正畸学、口腔材料学、口腔颌面X线诊断学和口腔预防·儿童牙医学，口腔矫形学更名为口腔修复学。至此口腔医学专业已有全国统一的九本教材；90年代把口腔内科学教材分为牙体牙髓病学、牙周病学、口腔黏膜病学三本，把口腔预防·儿童牙医学分为口腔预防学和儿童口腔病学，口腔颌面X线诊断学更名为口腔颌面医学影像诊断学，同期还增设有口腔临床药物学、口腔生物学和口腔医学实验教程。至此，全国已有14本统一编写的教材。到21世纪又加了一本殆学，共15本教材。以上学科名称的变更，学制的变换以及教材的改动，说明新中国成立后口腔医学教育在探索中前进，在曲折中前进，在改革中前进，在前进中不断完善。而这次为8年制编写14本教材是半个世纪口腔医学教育改革付出巨大辛劳后的丰硕收获。我相信，也许是在希望中相信我们的学制和课程不再有变动，而应该在教学质量上不断下功夫，应该在教材和质量上不断再提高。

书是知识的载体。口腔医学教材是口腔医学专业知识的载体。一套口腔医学专业的教材应该系统地、完整地包含口腔医学基本知识的总量，应该紧密对准培养目标所需要的知识框架和内涵去取舍和筛选。以严谨的词汇去阐述基本知识、基本概念、基本理论和基本规律。大学教材总是表达成熟的观点、多数学派和学者中公认的观点和主流派观点。也正因为是大学教材，适当反映有争议的观点、非主流派观点让大学生去思辨应该是有益的。口腔医学发展日新月异，知识的半衰期越来越短，教材在反映那些无可再更改的基本知识的同时，概括性介绍口腔医学的最新研究成果，也是必不可少的，使我们的大学生能够触摸到口腔医学科学前沿跳动的脉搏。创造性虽然是不可能教出来的，但是把教材中深邃的理论表达得深入浅出，引人入胜，激发兴趣，给予思考的空间，尽管写起来很难，却是可能的。这无疑有益于培养大学生的创造性思维能力。

本套教材共14本，是供8年制口腔医学专业的大学生用的。这14本教材为:《口腔组织学与病理学》《口腔颌面部解剖学》《牙体解剖与口腔生理学》《口腔生物学》《口腔材料学》《口腔颌面医学影像学》《牙体牙髓病学》《临床牙周病学》《儿童口腔医学》《口腔颌面外科学》《口腔修复学》《口腔正畸学》《预防口腔医学》《口腔医学导论》。可以看出这 14 本教材既有口腔基础医学类的，也有临床口腔医学类的，还有介于两者之间的桥梁类科目教材。这是一套完整的、系统的口腔医学专业知识体系。这不仅仅是新中国成立后第一套系统教材，也是 1943 年成立北大牙医学系以来的首次，还是实行 8 年制口腔医学学制以来的首部。为了把这套教材写好，教材编委会遴选了各学科资深的教授作为主编和副主编，百余名有丰富的教学经验并正在教学第一线工作的教授和副教授参加了编写工作。他们是尝试着按照上述的要求编写的。但是首次难免存在不足之处，好在道路已经通畅，目标已经明确，只要我们不断修订和完善，这套教材一定能成为北京大学口腔医学院的传世之作！

张震康

二〇〇四年五月

前　言

本书是北京大学口腔医学（长学制）教材之一，也是第 3 轮教材编委会决定新增的教材。口腔设备学是口腔医学及相关专业学生的必修课程之一，以生物医学工程、物理学、计算机科学等理工学科为理论基础，与口腔修复学、口腔修复工艺学等口腔临床学科和口腔材料学等口腔基础学科均有联系，是一门知识更新快、综合性强的交叉学科，对学生的理论学习和动手实践能力均有要求。

本书尽可能通俗易懂地介绍口腔医用设备的结构组成、工作原理、操作常规、维护保养和常见故障排除等。第一章为绪论，主要内容为口腔设备学的产生、口腔设备的发展、人体工程学的应用、口腔设备学课程开设的重要性、学习重点和难点等；第二章介绍常用的口腔临床设备；第三章讲述了临床前实习期间口腔医学教学专用的几类设备；第四章主要介绍口腔修复工艺技术所涉及的一系列设备；第五章主要介绍口腔颌面部专用的 X 线成像设备；在上述内容的基础上，第六章以口腔最小诊疗单元为核心，讨论口腔综合治疗台的安装、边台配置和所需的基建安装要求等内容。鉴于教学大纲及学时所限，本教材仅就口腔基本、常用设备进行详细介绍。

本书使用较多图片，以便读者更好地理解教材内容。每章结尾部分编写了中英文小结，全书设置了中英文专业词汇索引，希望读者能够熟悉相关的英文专业词汇，为阅读英文专业书籍和文献打下良好基础。每章的“进展与趋势”旨在帮助读者了解口腔设备学的发展趋势，有利于开阔视野。

本书的主要读者为口腔医学及相关专业学生，旨在增强口腔医学生对口腔临床、教学等常用必备设备及相关数字化设备的系统了解和掌握，提高设备的安全使用意识和使用效率，增强设备日常维护、简单故障判断排除的能力。

本书的编委不仅有具有丰富口腔临床教学和实践经验的老师，还包括从事口腔医学装备管理的中青年老师。此外，本书的编写还得到北京大学口腔医院张震康、马绪臣、郭传瑸、罗奕、王祖华、王勇、刘云松、刘峰、刘筱菁、吴美娟、佟岱、邸萍、栾庆先、崔念晖、傅开元、潘洁等老师的支持；书中的部分图片由北京大学口腔医院任洪葳、卢柏竹等老师拍摄；另有部分仪器设备图片及数字资源由法国艾龙集团公司北京办事处、苏州速迈医疗设备有限公司、北京彼岸医疗器械技术服务有限公司、苏州迪凯尔医疗科技有限公司、上海弩速克国际贸易有限公司、3D Systems、Concept Laser GmbH、Organical CAD/CAM GmbH、日进齿科材料（昆山）有限公司、西诺医疗器械集团有限公司、北京众绘虚拟现实技术研究院有限公司、株式会社森田制作所、大族激光科技产业集团股份有限公司、中国医学装备协会、Renfert GmbH、Erkodent Erich Kopp GmbH、登士柏西诺德牙科产品（上海）有限公司、爱德（杭州）牙科设备有限公司、迪珥医疗器械（上海）有限公司等单位授权使用；部分图片授权事宜由北京卓诚利达医疗设备有限公司、北京同心行科贸有限公司、北京巴登技术有限公司协助联系；本书的责任编辑为本书的出版付出了巨大努力。在此衷心感谢他们的支持和帮助！

我们希望通过大家共同的努力，能够使《口腔设备学》一书成为通俗易懂的、具有一定先进性的、广大师生喜爱的优秀教材。但科学技术发展迅猛、口腔设备日新月异，加之专业水平有限，难免有疏漏和不足之处，希望全国同行及各位读者批评指正，以利于我们今后修订和改进。

江　泳　范宝林

目　录

第一章　绪论
Introduction ……………………………1
第一节　口腔设备学的产生
Appearance of Oral Equipmentology ……………………1
第二节　口腔设备的发展
Development of Oral Equipment‥3
一、口腔设备分类 ………………………3
二、口腔设备的发展 ……………………3
三、口腔设备产业发展 …………………6
四、口腔设备管理 ………………………6
第三节　人体工程学的应用
Application of Human Engineering‥7
一、人体工程学简介 ……………………7
二、人体工程学在口腔医学中的应用‥8
三、人体工程学在口腔医疗设备设计中的应用 ……………………10
四、人体工程学在口腔诊疗环境设计及布局中的应用 ……………11
第四节　口腔设备学课程开设的重要性
Importance of the Course ………11
第五节　学习口腔设备学的重点、难点和方法
Key points, Difficulties and Methods of Learning the Course ………12

第二章　口腔临床设备
Dental Clinical Equipment ……13
第一节　口腔综合治疗台
Dental Unit ……………………13
第二节　牙科手机
Dental Handpiece………………25
一、牙科高速涡轮手机 ………………25
二、牙科低速手机 ……………………30
第三节　口腔超声治疗设备
Dental Ultrasonic Treatment Equipment ………………………34
一、超声洁牙机 ………………………35
二、超声根管治疗机 …………………38
三、超声骨刀 …………………………39
第四节　光固化机
Light Curing Machine…………41
一、卤素灯光固化机 …………………42
二、LED 灯光固化机…………………44
第五节　根管治疗设备
Equipment for Root Canal Treatment ……………………………49
一、口腔显微镜 ………………………49
二、根管长度测量仪 …………………53
三、根管扩大仪 ………………………56
四、热牙胶充填器 ……………………57
五、牙髓活力电测仪 …………………62
第六节　口腔激光治疗设备
Dental Laser Medical Devices … 65
一、Nd : YAG 激光治疗机……………67
二、Er : YAG 激光治疗机 ……………70
三、其他口腔激光治疗机 ……………71
四、口腔激光治疗的生物学机制 ……73
五、口腔激光治疗机的质量控制 ……74
第七节　高频电刀（口腔临床用）
Dental High Frequency Electrosurgery Unit……………74
第八节　种植设备
Implant Equipment ……………78
一、牙科种植机 ………………………78
二、数字化种植导航 …………………81

第九节 龋病早期诊断设备
Diagnostic Equipment for Early Caries ······ 84
第十节 口腔无痛麻醉注射仪
Dental Local Anesthetic Injection Apparatus ······ 86
第十一节 硅橡胶印模材自动混合机
Automatic Mixing Machine for Vinyl Polysiloxane Impression Material ······ 90
第十二节 临床用光聚合器
Clinical Light Polymerizer ······ 92
小结 ······ 94
Summary ······ 94

第三章 口腔教学设备
Dental Teaching Equipment ······ 95
第一节 口腔模拟教学设备
Dental Simulation Teaching Equipment ······ 95
一、口腔临床模拟教学实习系统 ······ 96
二、神经阻滞麻醉模拟设备 ······ 99
三、口内切开、缝合模拟装置 ······ 100
第二节 口腔模拟教学评估设备
Dental Simulation Teaching Evaluation Equipment ······ 101
一、预备体扫描评估系统 ······ 101
二、口腔模拟操作实时评估系统 ······ 102
第三节 口腔虚拟仿真教学系统
Dental Virtual Simulation System ······ 105
第四节 口腔教学仿真机器人
Dental Teaching Simulation Robots ······ 107
小结 ······ 110
Summary ······ 110

第四章 口腔修复工艺设备
Equipment for Prosthodontic Technology ······ 111
第一节 成模设备
Molding Equipment ······ 111
一、琼脂搅拌机 ······ 111
二、真空搅拌机 ······ 114
三、模型修整机 ······ 116
四、种钉机 ······ 122
第二节 高分子材料成型设备
Polymer Material Forming Equipment ······ 124
一、冲蜡机 ······ 124
二、加热聚合器 ······ 126
三、压膜机 ······ 128
第三节 铸造设备
Denture Casting Equipment ······ 130
一、箱型电阻炉 ······ 130
二、高频离心铸造机 ······ 133
三、中频离心铸造机 ······ 137
四、真空压力铸造机 ······ 139
五、钛铸造机 ······ 143
第四节 瓷加工设备
Denture Porcelain Fusing and Casting Machines ······ 147
一、铸瓷炉 ······ 148
二、烤瓷炉 ······ 151
第五节 打磨抛光设备
Denture Polishing Equipment ······ 154
一、技工用微型电机 ······ 154
二、喷砂抛光机 ······ 156
三、电解抛光机 ······ 158
四、义齿抛光机 ······ 160
五、蒸汽清洗机 ······ 161
六、超声清洗机 ······ 163
第六节 焊接设备
Welding Equipment ······ 165
一 口腔科点焊机 ······ 165
二、口腔科激光焊接机 ······ 167
第七节 数字化印模制取、设计及加工设备（CAD/CAM 设备）
Digital Impression Making, Designing and Processing Equipment ······ 169
一、牙颌模型扫描仪 ······ 170
二、口内扫描仪 ······ 172
三、口腔数控加工设备 ······ 175
四、三维打印机 ······ 177
小结 ······ 180

Summary…………………………………180

第五章 口腔颌面 X 线成像设备
Oral and Maxillofacial X-ray
Imaging Equipment……………181
第一节 牙科 X 线机
Dental X-ray Machine …………181
一、牙科 X 线机…………………………181
二、数字化牙科 X 线机………………183
第二节 口腔曲面体层 X 线机
Panoramic X-ray Machine……185
一、口腔曲面体层 X 线机……………186
二、数字化曲面体层 X 线机…………189
第三节 口腔颌面锥形束 CT
Oral & Maxillofacial Cone Beam
Computed Tomography…………191
小结…………………………………………195
Summary…………………………………195

第六章 口腔诊疗单元
Dental Treatment Unit …………197
第一节 口腔诊室设计
Dental Clinic Design …………197
一、空间布局 …………………………197
二、室内装修 …………………………198
三、诊室的感染防控 …………………198
四、口腔诊室设计示例 ………………198
第二节 基建要求
Infrastructure Requirements·····200
一、口腔医疗综合管线 ………………200
二、供电及通讯系统 …………………202
三、照明系统设计 ……………………202
第三节 设备安装
Device Installation………………203
一、口腔综合治疗台配置 ……………203
二、口腔综合治疗台地箱设计 ………203
三、设备配置 …………………………205
第四节 口腔边台
Dental Cabinets …………………205
第五节 空气压缩机
Air Compressor …………………208
第六节 负压抽吸机
Vacuum Pump……………………211
第七节 其他设备设施
Other Equipment and Facilities·213
小结…………………………………………214
Summary…………………………………214

附录 口腔设备分类参照表………………216

中英文专业词汇索引………………………220

主要参考文献………………………………222

第一章　绪论

Introduction

临床医学可以简要地理解为内科用药和服药、外科用刀，而口腔医学有自己的特点，既不用服药，也不用手术刀，而是用口腔设备、器械、材料。口腔设备、器械与外科手术刀相应，口腔材料与内科用药相应，可见口腔设备、器械、材料对口腔医学的重要作用。

口腔设备学是口腔医学与其他自然科学密切结合并在实践中逐步发展而形成的一门新的交叉学科，是在总结口腔设备的产生、发展、使用、维修和管理的基础上，结合当前口腔医学技术装备实践，从口腔医学发展和卫生事业的需求出发，综合运用自然科学和社会科学的理论和方法，研究和探讨我国新的历史条件下口腔设备运行过程和发展变化基本规律的学科。除与口腔医学临床学科的发展相关外，口腔设备学还与口腔材料学、生物力学、生物医学工程、社会学、经济学、医院管理等的发展有着密切的关系。从学科关系上来看，口腔设备学主要是为口腔医学提供服务，同时也促进了口腔医学的发展；另一方面，随着人们对疾病诊疗能力需求的不断提升，口腔医学也推动了口腔设备学的更新迭代和不断进步。

第一节　口腔设备学的产生

Appearance of Oral Equipmentology

口腔疾病的诊治大多需要通过医务人员的规范化操作来完成，这些操作均与口腔设备密不可分，口腔设备性能的好坏直接影响口腔医师的技术发挥及就诊患者的治疗效果；因此，每一位口腔医师都应该掌握口腔设备的基本使用常识和日常维护保养知识。

口腔设备学于 20 世纪 60—70 年代开始在国内萌芽。当时，口腔医学院修造室的师傅们除了进行医院设备设施的维修和技术改造，也会为口腔医学生和口腔医护讲解口腔治疗设备的原理、操作方法等知识。在“把医疗卫生工作的重点放到农村去”的时代背景下，很多口腔医学生毕业后投身到了广大农村。当时市场、商业、科技等不发达，农村医疗设施落后，口腔设备器材以台式电钻和简易牙科椅为主，且极度匮乏。在基本没有专业医疗设备维修的条件下，当台式电钻和简易牙科椅损坏时，往往只能靠口腔医生自己修理，他们迫切需要增加对这些专业工具的了解并提升驾驭能力。

20 世纪 70—80 年代，随着经济水平逐步提升，口腔医院及口腔科诊疗规模逐步扩大，口腔设备器材逐渐丰富，口腔医院陆续成立了设备科，主要负责医疗设备器材的维修、改进、制作、采购等。在此期间，设备科的前辈们积极与口腔设备生产企业交流，认真研究分析国内外牙科治疗机、电动牙钻、气涡轮牙钻、微电机牙钻、口腔手术灯等口腔治疗设备。1988 年，北京医科大学口腔医学院（现北京大学口腔医学院）设备科委托北医印刷厂印制了《口腔医疗器械维修（一）》（图 1-1）；同期，几大口腔院校也陆续开始总结口腔设备操作及维修的经验，这为口腔设备学的产生奠定了重要基础。

图 1-1 第一版《口腔设备学》和《口腔医疗器械维修（一）》

1991 年，在第二届全国口腔设备管理研讨会上，与会者一致认为："口腔设备和器材是口腔医师完成口腔疾病诊治不可或缺的基础和条件。为了帮助学生了解口腔设备的发展概况、装备环境、操作行为规范和常用口腔设备的管理、使用与保养及常见故障排除方法等方面的基本知识和技能，很有必要向学生开设这门课程"。会议决定由北京医科大学口腔医学院、白求恩医科大学口腔医学院（现吉林大学口腔医学院）、第四军医大学口腔医学院（现空军军医大学口腔医学院）、湖北医学院口腔医院（现武汉大学口腔医院）、上海第二医科大学口腔医学院（现上海交通大学口腔医学院）、华西医科大学口腔医学院（现四川大学华西口腔医学院）六所院校共同协编教材。1994 年，张志君、沈春主编的第一版《口腔设备学》，由北京医科大学中国协和医科大学联合出版社（现北京大学医学出版社）出版（图 1-1）。1996 年，北京医科大学口腔医学院在口腔医学 92 级七年制学生中首次开设"口腔设备学"必修课，沈春、赵国栋、张长江、丁乃文、张振国、左志强、张庆华、吴书彬等老师先后为"口腔设备学"必修课的顺利开设付出了巨大努力。"口腔设备学"课程的开设，丰富了口腔医学教育教学课程体系。

随着电子、材料、生物医学工程等学科的发展，口腔设备也得到了前所未有的发展，从业人员的知识结构层次逐渐提高，已有相当数量的具有医学、理学、工程学、管理学等专业背景的人才从事这一领域的管理、研究和教学工作。在四川大学华西口腔医学院张志君和刘福祥教授的积极推动下，《口腔设备学》内容不断丰富，分别于 2001 年、2008 年、2018 年出版了第 2 版、第 3 版、第 4 版，是口腔医学生、口腔临床医生以及口腔医用设备研发、管理、维修、销售人员的重要参考书。

2018 年，为适应新时期口腔医学生培养需要，北京大学口腔医学院进行了课程体系与教学模式改革。口腔设备学教学组配合教育教学改革，将口腔设备学八年制课程进行了相应调整。本轮教学改革后，口腔设备学教学组亟需一本紧密贴合现阶段教学大纲的教材。2019 年底，北京大学口腔医学院开始着手本次《口腔设备学》教材的编写工作。教材内容注重不同学科的融合，同时利用学院和临床结合的优势，兼顾理论和实践。

第二节 口腔设备的发展
Development of Oral Equipment

口腔设备学研究的主要对象是口腔设备。口腔设备是指用于口腔医学领域的具有显著口腔医学专业技术特征的医疗、教学、科研和预防的仪器设备的总称。口腔设备是在口腔医疗实践活动中逐步产生和发展起来的，特别是自 20 世纪 50 年代以来，随着社会经济的发展、科学技术的进步以及口腔材料的发展，口腔设备得到了飞速发展。

一、口腔设备分类

口腔设备按主要功能和使用方向分为口腔临床设备、口腔教学设备、口腔修复工艺设备、口腔颌面影像设备等。口腔临床设备指用于口腔临床科室诊断、治疗的设备，如口腔综合治疗台、牙科手机、超声洁牙机、光固化机、根管长度测量仪、口腔显微镜、激光治疗机、种植机、种植导航仪等。口腔教学设备指用于口腔专业医学生教学用途的设备，如口腔模拟教学设备、口腔模拟教学评估设备、口腔虚拟仿真教学系统、口腔教学仿真机器人等。口腔修复工艺设备指用于牙体和牙列缺损修复体制作的设备，如琼脂搅拌机、冲蜡机、铸造机、烤瓷炉、抛光机、激光焊接机、牙颌模型扫描仪、三维快速成型机等，这些设备也可用于各类矫治器的制作。口腔颌面影像设备主要包括牙科 X 线机、口腔曲面体层 X 线机、口腔颌面锥形束 CT 等。

除此之外，口腔设备还包括颌骨骨锯、颞下颌关节镜、唾液腺内镜等口腔颌面外科设备，以及三维成像、种植导板设计、修复体设计等口腔专用软件。

二、口腔设备的发展

“工欲善其事，必先利其器”。口腔设备的性能直接影响着口腔疾病治疗工作的开展和治疗效果。医学模式的转变和口腔医学发展的需求，对口腔设备的性能不断提出新的要求，这促进了口腔设备不断向着“高效、微创、直观、安全、经济”等方向发展。

（一）口腔综合治疗台的发展

口腔综合治疗台的发展经历了从最初的生活座椅加简单的器械台，到相关设备器械的一体化集成；从机械低速牙钻、自然采光到气动高速牙钻、光纤照明；从简单的手工操作到自动化、计算机控制；从患者需保持固定体位、医生采取强迫体位到医护患均可采用舒适安全的体位等过程。

口腔综合治疗台由口腔综合治疗机与口腔治疗椅构成。口腔综合治疗机上主要配备牙科手机、冷光手术灯、三用枪、吸唾器、痰盂、器械盘等（图 1-2）。20 世纪 30 年代末期，首台口腔综合治疗机诞生，20 世纪 40 年代被引进中国，20 世纪 50 年代国内开始生产。

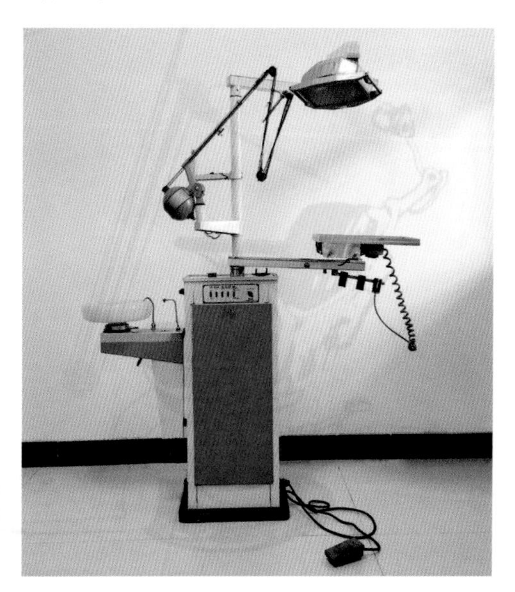

图 1-2 口腔综合治疗机

20世纪50年代，许多人对提高牙钻的转速作了各种尝试和研究。利用大小齿轮进行增速，转速可达10万r/min左右，但电动机至机头间的传动结构过于复杂，噪声和振动随之增大，结果并不理想。也有人试图利用超声波钻牙，因为磨料的影响和形成形状不正确，且表面粗糙，遂放弃研究。1958年气涡轮牙钻的发明几乎终止了上述各种研制工作，开启了以流体动力为动力源的时期。英国“STERLING”和“ALSTON”两种气涡轮牙钻机首先问世，转速达30万r/min以上，在口腔治疗工作中获得了前所未有的好效果。不久，许多国家相继生产气涡轮牙钻机，引发了口腔治疗工作划时代的技术革命。气涡轮牙钻机的主要优势是笔式操作，非常便捷；钻磨牙齿时切削压力很小，钻磨时间短，可大大减轻患者不适感。1972年洛阳轴承研究所研制成功C93KX型高速牙钻用滚珠轴承，为中国研制气涡轮牙钻机提供了有力的配件保证。1973年以后，北京、上海、天津、沈阳、咸阳等地相继成功试制气涡轮牙钻机。20世纪80年代初，气涡轮牙钻机成为北京手术器械厂的明星产品。其后，国际上又研制出了低速气动马达和相配套的直手机和弯手机。现代的牙钻主要有高速涡轮牙钻、低速气动牙钻和低速电动牙钻，并不断向微型和多功能发展。近年来，高速涡轮牙钻的一些用途被增速的电动牙钻或激光治疗机代替。

三、口腔设备产业发展

国际上生产口腔设备的国家和厂商甚多。德国西门子公司（现为登士柏西诺德公司）于1887年制成世界上第一台电动牙钻机，于1891年生产牙科治疗机。德国KaVo公司首先研制成功变频电源微型电动机牙钻，并于1974年开始销售。日本森田制作所于1964年生产“Spaceline”型口腔综合治疗台。

新中国成立前，中国医院内使用的口腔设备基本都是国外生产的，国内尚未自行生产，只有少量修理作坊。新中国成立后，中国在“独立自主、自力更生”背景下，从无到有地开始生产口腔设备。中国企业陆续生产出口腔治疗机、口腔手术椅、电动牙钻、气涡轮牙钻、微电机牙钻等。随着新材料、新技术、新工艺不断发展，我国口腔设备的生产和技术性能得到了相应改进，摆脱了完全依靠进口的局面，有些产品还出口海外市场。由于历史上我国医疗器械工业生产基础比较薄弱，口腔设备在结构设计、材料、工艺等方面，与国外顶尖产品尚有一定差距。

四、口腔设备管理

口腔设备具有种类繁多、精密度高、价格昂贵、使用维修复杂、更新周期短、安装和工作环境要求高等特点。口腔设备管理是口腔设备物质运动形态和价值运动形态的结合，既是经济工作，又是技术工作。加强口腔设备管理是实现医院现代化管理的重要标志。

（一）资产实物管理

资产实物管理是口腔设备管理的基础，既要记录设备名称、型号、生产厂家、价格、购置时间、资产编号等信息，保证口腔设备实物与账务相符，又要保管好随机技术资料。日常使用时需认真阅读操作说明书并定期维护保养，视设备属性安排检测，设备故障时应及时报修。

（二）效能管理

口腔设备的装备原则包括经济原则和实用原则，对于某些特殊定位的口腔设备（如科研用途）还包括先进性原则。加强设备管理，合理布局，不断提高设备的使用率和完好率，是提高口腔医院社会效益和经济效益的主要途径。

（三）医疗器械不良事件报告

在口腔诊疗过程中若发现医疗器械不良事件，要按相关要求及时填报。

（四）技术改造、创新

鼓励医护在使用口腔设备的过程中，针对设备使用的易用性、设备的设计缺陷等问题，独立提出或与医工人员合作提出技改课题。

（五）标准化及监督管理

口腔设备的标准包括产品标准、安全标准和技术要求等，是评价口腔设备质量和性能的技术文件。

口腔设备的监督管理组织有国际标准化组织（ISO）下设的牙科技术委员会（即 ISO/TC 106-Dentistry）、全国口腔材料和器械设备标准化技术委员会、国家药品监督管理局等。其中国家药品监督管理局对医疗器械的生产、经营、注册出台一系列监督管理办法，为提高口腔设备的质量提供保障。

根据国务院印发的《深化标准化工作改革方案》（国发〔2015〕13 号），鼓励具有相应能力的学会、协会、商会等社会组织和产业技术联盟自主制定发布团体标准。在标准管理上，不对团体标准设行政许可，由社会组织和产业技术联盟自主发布并通过市场竞争优胜劣汰，具有制定时间短、填补行业空白、运用灵活等特点。目前，《在用光固化机质量控制指南》和《口腔医院建设与装备规范》两项口腔设备相关的团体标准已发布。

（六）行业学术团体

近年来，国内陆续成立了中华口腔医学会口腔医学设备器材分会、中国医学装备协会口腔装备与技术专业委员会等与口腔设备直接相关的社会团体组织，作为沟通政府、院校和企业的桥梁，在整合行业资源、提升从业人员的学术层次和管理水平、推广适宜技术、设备器材的应用、拓宽国际视野等方面引领行业的发展，对团结广大口腔设备行业人员起到极大的促进作用。

第三节　人体工程学的应用
Application of Human Engineering

人体工程学起源于欧美，指在工业社会中，开始大量生产和使用机械设施的情况下，探求人与机械之间协调关系的科学。人体工程学移植到医学领域，使使用者符合人体工程原理。多年来，人体工程学在口腔医学中也有大量研究和应用。在这些研究中，医生的操作姿势和诊治体位被认为是整个环节的关键。在使用以口腔综合治疗台为主体的各种口腔诊疗设备时，应考虑医护人员和患者的感受，在设计和研制口腔医疗设备时必须强调人在整个诊疗过程中的主体地位。口腔医护人员的操作姿势和诊疗体位应尽量避免弯腰、曲背、扭颈或各种肌肉不协调状态，否则这些持续的强迫体位会引起医护一系列的职业性疾病。

一、人体工程学简介

人体工程学（human engineering），也称人机工程学、人类工程学、人体工学、人间工学或人类工效学（ergonomics）。按照国际人类工效学学会（international ergonomics association，IEA）所下的定义，人体工程学是一门研究人在某种工作环境中的解剖学、生理学和心理学等方面的各种因素；研究人和机器及环境的相互作用；研究人在工作中、家庭生活中和休假时怎样统一考虑工作效率、人的健康、安全和舒适等问题的学科。《中国企业管理百科全书》中对人体工程学所下的定义为：人体工程学是研究人、机器、环境的相互作用及其合理结合，使设计的机器和环境系统适合人的生理、心理特点，达到在生产中提高效率、安全、健康和舒适的目的的学科。

人体工程学起初是探求人与机械之间的协调关系。第二次世界大战中的军事科学技术，开始运用人体工程学的原理和方法，在坦克、飞机的内舱设计中，如何使人在舱内有效地操作和战斗，并尽可能减少人长时间地在小空间内产生的疲劳，即处理好人 - 机 - 环境的协调关系。第二次世界大战后，各国把人体工程学的实践和研究成果，迅速有效地运用到空间技术、工业生产、建筑及室内设计中去。在社会发展到向后工业社会、信息社会过渡时，重视以人为本、为人服务，人体工程学也开始强调从人自身出发、在以人为主体的前提下研究人们的一切生活、生产活动中综合分析的新思路。2003 年来，人体工程学联系到室内设计，其含义为：以人为主体，运用人体计测、生理计测、心理计测等手段和方法，研究人体结构功能、心理、力学等方面与室内环境之间的合理协调关系，以适合人的身心活动要求，取得最佳的使用效能，其目标应是安全、健康、高效能和舒适。

人体工程学研究的主要内容大致分三个方面：①系统中的人；②系统中由人使用的机械部分如何适应人的使用；③环境控制，主要指如何使用普通环境、特殊环境适合人。在进行人体工程学研究时要遵循“以人为本”“自然、文化兼顾”和“尊重环境”的原则。

人体工程学研究方法主要有人体测量法、询问法、实验法、观察法、测试法、模拟和模型试验法、分析法。

二、人体工程学在口腔医学中的应用

（一）PD 理论与 PD 操作位

1. PD 理论与“四手操作” 1945 年，美国 Kil Pathoric 曾经提出“四手操作”，但由于工业技术等问题未能付诸实践。1960 年 Beach 提出了平衡的家庭操作位（balanced home operating position, B.H.O.P），其主导思想是要求口腔科医生在诊治患者时的姿态如在家中坐着看书或编织毛线那样轻松自如，身体各个部位都处于放松的状态，没有任何紧张和扭曲。20 世纪 80 年代初，欧美日等国家开始逐渐普及“四手操作”，但是诊疗姿势没有标准化。1985 年 Beach 提出 PD（proprioceptive derivation，译为“固有感觉诱导”）理论。20 世纪 90 年代，国内个别医院实施 PD 操作位。

PD 操作位的原理是通过人的固有感觉诱导，失去平衡的部位能回到原先最佳的姿势位，使人体的各个部位处于最自然、最舒适的状态。PD 操作位的核心观点是“以人为中心，以零为概念，以感觉为基础”，医生、护士、患者感觉平衡舒适，看起来是自然健康状态。

PD 操作位的基本原则是助手应在尽可能靠近患者口腔的范围内传递所有的器械盒材料，使医生的动作局限在肘以下的关节范围内，使其能保持正确的操作姿势。医生和助手必须始终以轻松自然的、不扭曲的体位进行操作，这是以人类正常的生理活动为基础的操作位。

PD 操作位的优点包括：医护可保持正确姿势，进行精密操作；可确保治疗区域视野更宽亮，口镜自由旋转空间更大；不必扭曲身体，避免操作疲劳；可充分发挥各类器具的用途；节约操作时间，提高工作效率和质量。

2. 医生 PD 操作位要点

（1）“三平”：瞳孔 - 眼角 - 耳屏线、两肩连线、腓骨小头同坐骨结节连线与地面平行。

（2）“两直”：躯干长轴垂直，上臂长轴垂直。

（3）"一接触"：肘关节与肋弓轻轻接触。

（4）操作点在胸骨中心位，距离以能看清手纹为准。

医生 PD 操作位示意见图 1-10。

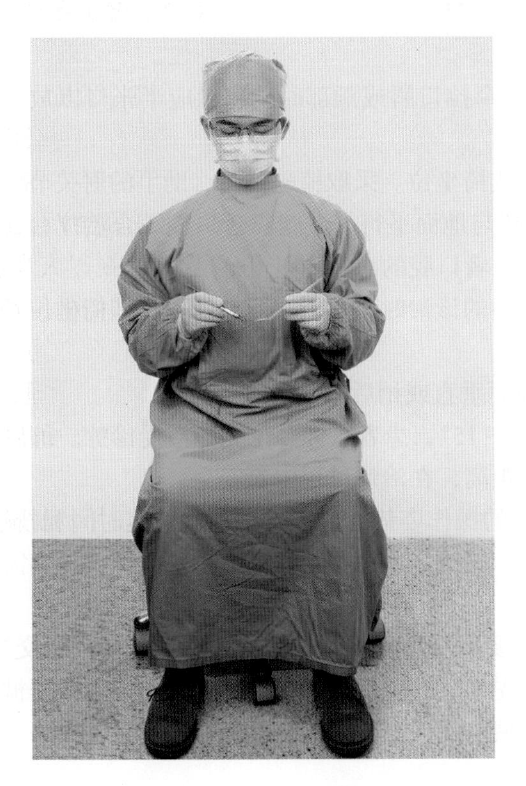
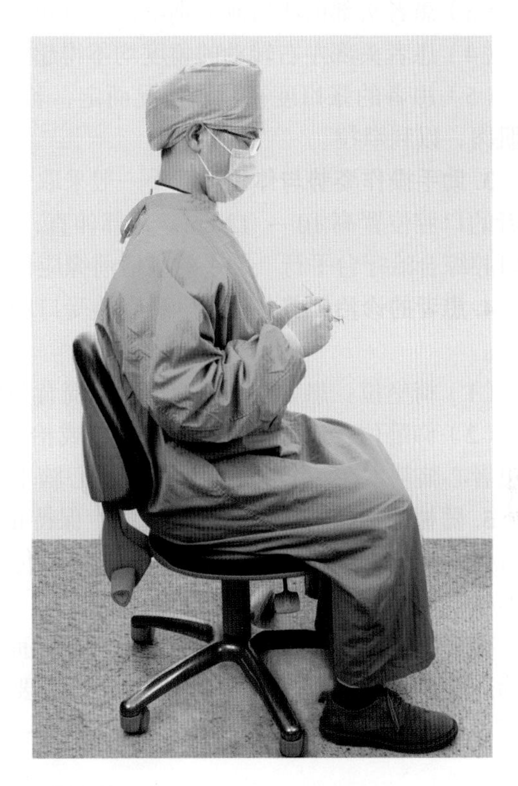

图 1-10　医生 PD 操作位示意

（二）口腔诊疗中的姿势与体位

1. 操作区域的划分　以患者口腔为中心，医生的位置可用时钟数字表示。患者头顶方向为 12:00 位，脚尖方向为 6:00 位，其口腔左侧为 3:00 位，口腔右侧为 9:00 位，如图 1-11 所示。以此种方法可将操作区域划分为：

（1）医生工作区：8:00 ～ 12:00 位。

（2）助手工作区：2:00 ～ 5:00 位。

（3）器械传递区：5:00 ～ 8:00 位。

（4）非工作区：12:00 ～ 2:00 位。

医生和助手有各自互不干扰的工作区域，以保证通畅的工作线路和相互密切配合。操作中所需要的器械和材料应放置于医生和助手伸手可及的工作范围内。

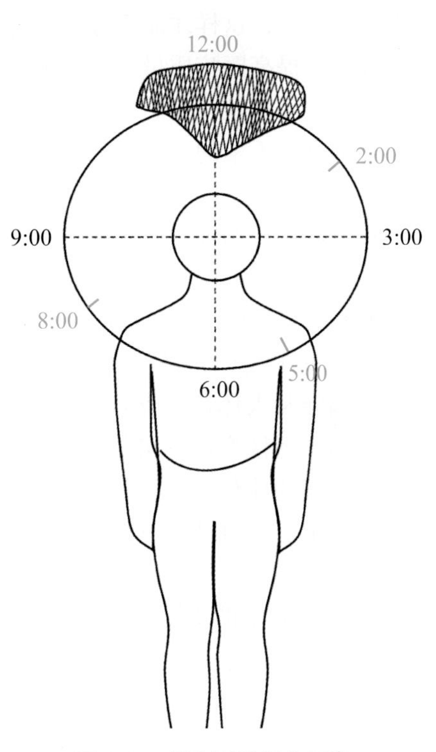

图 1-11　操作区域划分示意

2. 医生操作姿势与体位　口腔医生诊疗体位变化的总趋势是从立位改为坐位，但是医生可以根据不同的诊治内容和不同的设备条件，选择较合理的诊疗体位。

医生位置的调节因素：

（1）医生位置的变化：根据工作需要在 8:00 ~ 12:00 范围内变化位置。

（2）椅位垂直高度变化：操作点在医生胸骨中点或心脏的水平。

（3）患者头部前或后倾分别不得超过正 8° 或负 25°。

（4）患者头部左右转动的角度均不得超过 45°。

（5）患者的张口度视具体情况而定，若需要牵拉口唇或颊部时，患者应半张口以放松口腔肌肉，以利牵拉。

3. 助手操作姿势与体位 助手一般采取立位或椅坐位。采取椅坐位时，助手的肘关节应比患者的口腔位置高 10 ~ 12 cm，背部伸直，大腿与地面平行。左腿靠近口腔综合治疗台，并与口腔综合治疗台平行。助手的座椅前缘应位于患者口腔的水平面以上。

4. 患者的诊治姿势与体位 患者接受口腔疾病的诊治时，主要有两种体位，即椅坐位及仰卧位。

（1）椅坐位：患者坐在诊疗椅上，椅背与椅面垂直或稍后倾。

（2）仰卧位：诊疗椅靠背呈水平位或抬高 7° ~ 15°，患者以仰卧位姿势接受诊疗。仰卧位使患者心脑基本在一个水平面，缩短了心脑垂直距离，在治疗过程中更安全。

5. 器械的握持与传递 为了使医生保持正确的操作姿势，最高效率地利用其时间和技能，除口镜、镊子及探针外，其他器械应由助手传递。器械传递的原则是“在正确的部位传递需要的器械”。

根据医生操作程序，当用毕前一种器械而需要后一种器械时，前后两种器械要进行交换。正确地交换器械需要三个先决条件：①助手要预先知道医生的需要；②医生设定合理的器械应用顺序；③医生在用毕器械后，必须示意这一器械已用毕。

三、人体工程学在口腔医疗设备设计中的应用

在口腔诊疗过程中，无论设备或器械的设计、要求、使用或放置等，都应以人为中心，符合人体工程学，这样才能充分发挥各种设备的最佳效能，防止在强迫体位下进行诊治，既减轻医患疲劳又提高医疗质量。人体工程学促使口腔设备进一步完善。应用人体工程学改进口腔设备，可以得到比较合理的位置安排，方便操作，尽可能减少人体不必要的体力消耗，做合乎生理状态和有条不紊的劳动，使医生有限的精力得到有效利用，达到运用最少的手段换取最大诊疗效果的目的。

1. 口腔综合治疗台 口腔诊疗面临坚硬的牙质和狭小的口腔空间等客观条件，因而口腔综合治疗台要遵循正确诊断、操作方便、手术野清楚、治疗时间短、患者痛苦少、医护劳动强度低、维修保养方便等设计原则。

（1）基本设计思路：口腔综合治疗台的长与宽应根据人体的身高与宽度决定。口腔综合治疗台因涉及人体体重支点部位，应加以一定厚度的软垫，并使其椅座面、背靠面的机械曲度与人体生理性弯曲尽可能一致，使患者身体各部分的肌肉和关节均处于自然松弛状态，具备能把患者的体位调节到最合理位置的功能。口腔综合治疗台上的头托应可调节，使患者在治疗过程中更加舒适；其大小应适度，厚度应尽可能薄，在头托下不宜有突出物，以免影响医生操作。

（2）安全保护功能：口腔综合治疗台的安全限位保护、机椅互锁、牙科手机及器械动态互锁、漏电保护等功能，能防止意外事故发生。

（3）预防医源性感染

1）口腔治疗椅的流线型设计，选用抗老化、不变形、易清洁消毒的材料，大面积模压无

缝靠垫，周边光滑等特点便于其清洗消毒。

2）为减少医生的手在操作中造成医源性感染，椅位的调整、器械的控制等均用多功能脚控开关。

3）牙科手机、三用枪、器械盘、手机托架和手术灯柄均可拆卸消毒。

（4）对医生座椅的要求：椅位能上下调节；有适当厚度的泡沫软垫；背靠呈镰刀形，可全方位旋转；设有方向脚轮。

2. 人机界面 口腔综合业务单元系统不仅仅是一个由传统的机电一体化的口腔综合治疗台和一个数字平台组成，更重要的是，它是由医生、患者及助手与该系统有机整合的协同系统。

为最大化地将口腔医生群体长期积累的经验、智慧，通过医生个体充分发挥，口腔综合业务单元人机界面最好具备以下功能：

（1）将医学图形、图像数字化显示的功能：其传输格式需符合医学图像数据标准，输入口腔综合业务单元。

（2）便捷控制功能：由屏幕菜单导引和优势键控的机椅系统控制，或采取语音控制。

（3）临床现场数据实时录入功能：采用语音录入，后台整理的方式实现。

（4）采用电子病历。

（5）系统输出主要以图形、图像方式表达结果。

四、人体工程学在口腔诊疗环境设计及布局中的应用

1. 椅位诊疗面积适当。
2. 光线明亮稳定。
3. 医、患、护通道不交叉，保持通畅。
4. 通风良好，降低噪声，保持安静。
5. 保护患者隐私。

第四节 口腔设备学课程开设的重要性

Importance of the Course

在临床诊治过程中，口腔医师始终离不开口腔设备，其设备规范使用和日常维护直接关系到设备的正常运行、使用寿命和医疗业务的正常开展，影响着临床的治疗效果。口腔医师基本都来自于口腔专业的学生，如果让他们在本科教育过程中即系统学习口腔设备的使用知识、正确进行设备维护保养，就能为今后顺利地利用这些设备开展临床工作、为毕业后成为合格的口腔医师打下良好的基础。

口腔医学是医疗行业中市场化程度较高的行业。随着口腔新型先进设备越来越多，口腔医师需要具备口腔设备学的基本知识，才能科学理性地选择诊疗设备和工具，这样既能提高工作效率，又能保证医疗质量，减少患者负担。

在口腔医学本科教育中，开展口腔设备学课程，让口腔医学生了解口腔设备的基本原理、操作常规、维护保养知识和简单的维修方法等，可以充分发挥设备的功能，顺利开展诊疗工作。口腔设备大多与水电气相关，加之塑料、橡胶等材料会随时间老化，若具有口腔设备基本知识，临床诊疗工作中，就能够自己动手排除口腔设备出现的小故障，提高诊疗效率。此外，基层医院可能缺乏专职、专业的维修技术人员，如果学生掌握基本的口腔设备维修保养方法，

对于毕业后在基层医院执业是非常有利的。

第五节 学习口腔设备学的重点、难点和方法
Key Points, Difficulties and Methods of Learning the Course

操作口腔设备需具备支点、视野、工具、辅助功能等要素，学习口腔设备学的重点是学习口腔设备的用途和原理，能正确使用口腔设备和工具，了解改造、创新口腔设备是口腔医学发展不可或缺的部分。

口腔设备学的学习难点在于口腔设备学课程实践性较强，如口腔医学生之前未接触过课程中涉及的口腔设备，学习过程中会感到抽象，理解某些知识点时可能会比较困难。若科学安排课程开设时间，理论课与实习课有机结合，可使学生加深印象，易于知识理解。

口腔设备学作为一门实用性的学科，其最终目的在于通过对设备原理、组成、使用及维护保养的介绍，让读者了解设备，最终能够根据需要应用自如。因此，对于这门课程的学习，既要“读万卷书”，即理论学习，也要“行万里路”，即动手操作。理论联系实际，知行合一，从设备的操作中加深对原理的理解和感悟。

（江 泳 范宝林）

第二章　口腔临床设备

Dental Clinical Equipment

口腔医学是一门对设备、器械、材料依赖性较大的学科。随着社会经济的发展和科学技术的进步，光学技术、超声技术、激光技术、图像处理技术、数字化加工技术、导航及机器人技术等得以在口腔设备领域加以应用和融合。本章将介绍口腔综合治疗台、牙科手机、口腔超声治疗设备、光固化机、根管治疗设备等口腔基础设备和常见设备，以及近几年开始在口腔领域逐步广泛应用的口腔激光治疗设备、种植导航等口腔临床设备。

第一节　口腔综合治疗台
Dental Unit

口腔综合治疗台是最基本的口腔医疗设备。在口腔诊疗活动中，口腔综合治疗台使患者处于安全、舒适的体位，为医护提供检查、诊断和治疗所需要的基本装备，使医生、护士、患者和器械处于优化的空间位置关系，使医疗过程快捷、高效、准确、无误。

口腔综合治疗台（dental unit）又称牙科综合治疗台，是口腔临床诊疗中对口腔疾病患者实施检查、诊断、治疗操作的最基本的口腔医疗设备，简称牙科椅或牙椅，在龋病、牙髓病、根尖周炎、牙龈疾病、牙周炎、口腔黏膜疾病、错殆畸形、口腔颌面外科疾病、颞下颌关节紊乱等各类口腔疾病诊治中均发挥着重要作用。口腔综合治疗台与牙科手机以及相配套的空气压缩机、负压抽吸机组成口腔综合治疗系统。

口腔综合治疗台的基础配置一般为高速涡轮手机 2 支、低速手机 1 支、三用枪 2 支、强力吸引器（简称强吸器或强吸）1 支、吸唾器（又称弱吸）1 支，在实际工作中可根据具体治疗需要适当增减配置。如可为口腔综合治疗台加配集成光固化机、超声治疗设备、内窥镜、高频电刀等治疗设备。

（一）主要结构组成及功能

口腔综合治疗台主要由地箱、附体箱、器械盘、口腔治疗椅、冷光手术灯以及脚踏控制开关等部件组成（图 2-1）。其中，地箱、附体箱、器械盘、冷光手术灯、脚踏控制开关，集成在一起也称为口腔综合治疗机；口腔治疗椅，也称为牙科手术椅、口腔手术椅。

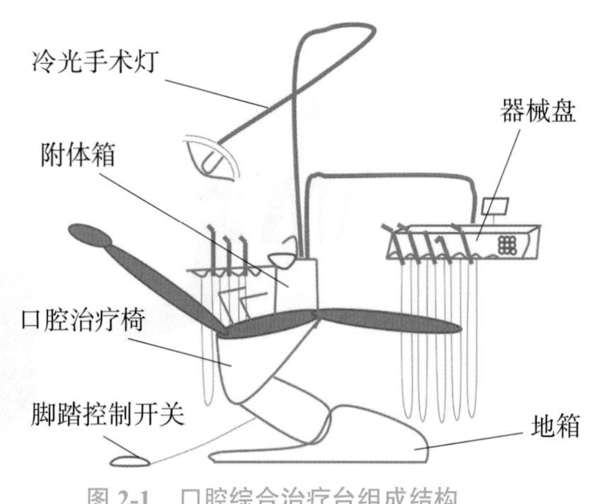

图 2-1　口腔综合治疗台组成结构

1. 地箱　是口腔综合治疗台的进水、进气、电源、下水、负压及信息线等管路与外部提供的上水管、气源管、电源线、下水管、负压管、信息线等的交接处（图 2-2）。

（1）气源：口腔综合治疗台需要外接 0.5 ~ 0.7 MPa 的压缩空气，经过带气水分离过滤器的压力调节阀（依据口腔综合治疗台说明书要求）将压力设定为一个稳定值，然后进入附体箱，由气体分配器分给各路用气及控制单元。

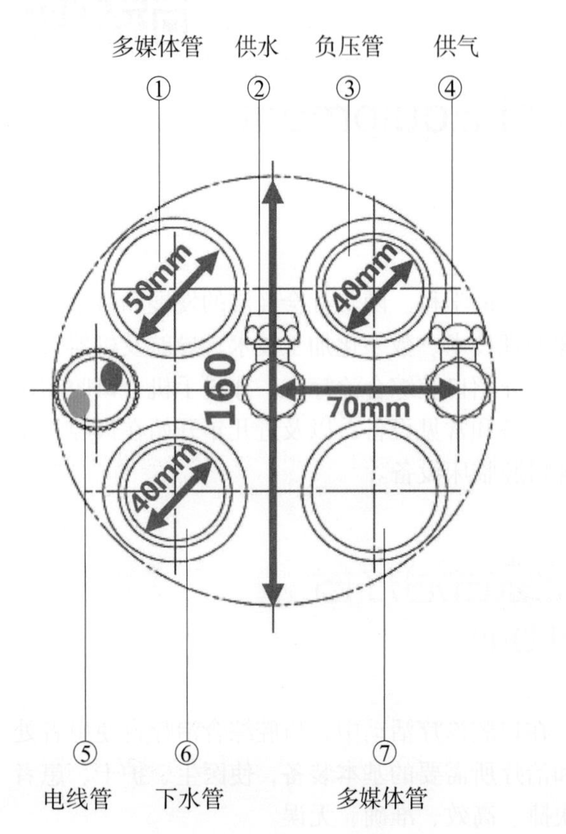

图 2-2 地箱场地要求举例

（2）水源：压力为 0.2 MPa 以上的自来水或经水处理装置处理的水，通过带水过滤器的稳压调节阀（依据口腔综合治疗台说明书要求，将水压调节为额定工作压力值），然后进入附体箱，由水分配器分给漱口、冲盂和治疗器械用水管路。

（3）电源：电压为 220 V、频率为 50 Hz 的交流电进入地箱，经电源变压器及接线排分配后，分别送到冷光手术灯、口腔治疗椅、器械盘等用电部位。

（4）下水管路：痰盂的下水管连接至地箱内的下水管。正压转负压的口腔综合治疗台，其吸唾器、强吸器的排水口连接至地箱内的下水管。

（5）负压管路：地箱内的负压管是为口腔综合治疗台采用集中负压而备的管路，吸唾器和强吸器抽吸的污物由此管抽吸到集中负压系统的集污过滤收集器，液体排入下水管道。

（6）信息线：为多媒体等通讯线路提供的穿线管。如口腔综合治疗台配置的显示器与计算机的连接。

2. 附体箱 一般安装在口腔治疗椅的左侧。附体箱内装有水杯注水器、漱口水加热器、负压发生器（非采用集中负压）等，外部有三用枪、强吸器头、吸唾器头、痰盂及冲盂水系统、水杯注水器注水嘴等（图 2-3）。一般来说，它还是冷光手术灯、器械盘的基础机座。

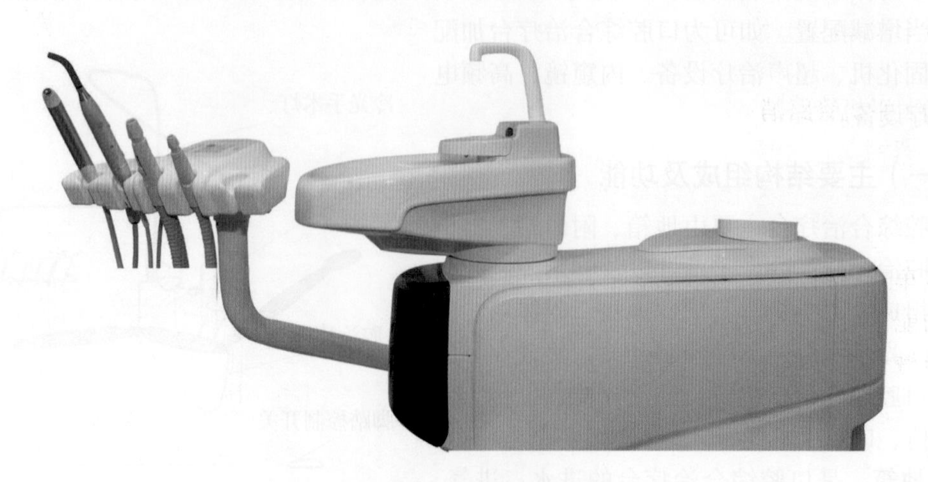

图 2-3 附体箱

（1）水杯注水器：为患者提供漱口水。一般可以调节其水流大小和水量多少。漱口水水量一般不超过口杯的2/3，过多水容易溢出。口杯水注水控制方式有多种，可分为手动、半自动、自动或几种方式结合。手动即手控注水开关，达到所需水量时关闭开关即可。半自动注水，利用注水自动控制开关，需要操作者按键触发，注水量达到预设量时，注水自动停止。自动注水方式，是利用微电子技术，采用光电感应的智能控制方式，只要口杯放在注水台上，光电感应器就自动控制打开注水开关，注入预设水量后，自动停止。注水量的多少由定时器设定控制。

（2）漱口水加热器：相对高端的口腔综合治疗台漱口水系统设有加热装置，位于水杯注水器的前端，采用电加热方式将漱口水加热到适当温度，避免冷水对患者口腔的刺激。

（3）三用枪：提供水、气或水气混合雾。三用枪安装在附体箱的外部，水、气源由附体箱直接提供。

（4）三用枪加热器：相对高端的口腔综合治疗台三用枪设有加热装置，采用电加热方式将三用枪的出水加热到适当温度，避免冷水对患者口腔的刺激。

（5）吸唾器和强吸器：吸唾器用于吸取治疗过程中产生的唾液、血液等，适合于边治疗边吸唾的连续操作状态。在患者体位由坐位改为仰卧状态、高速涡轮手机普遍应用的情况下，患者口腔中逸出的气雾和粉末会污染周围空气，仅凭吸唾器已不足以吸尽，此时强吸器应运而生。强吸器主要用来吸取治疗过程中产生的飞沫，也可以吸取口内过多的液体使其及时排出，吸唾器和强吸器配有过滤网，需要定期清洗。为吸唾器和强吸器提供负压的方式有两种，一种是由负压抽吸机提供负压，可依据功率大小及抽吸量的多少选择负压泵，有供一至多台口腔综合治疗台使用的小型、中型负压泵，还有供五十台以上口腔综合治疗台使用的大型负压泵；另一种是由正压转成负压，应用流体力学射流技术原理，依靠安装在附体箱内的负压发生装置产生负压，它的优点是只需要配备压缩空气源就可满足口腔综合治疗台的正、负压的使用要求；缺点是抽吸力常常不足且不稳定。

（6）痰盂及冲盂水系统：位于附体箱上部，冲刷痰盂。患者可以将治疗过程中产生的血液及唾液吐入痰盂中，通过冲盂水的冲刷作用将其排出，为防止废弃物堵塞管道，痰盂下方有过滤网和污物收集罐，需定期进行清理和清洗。冲盂水流能沿整个盆底旋转，排水速率一般大于4 L/min。

（7）蒸馏水系统：为手机及三用枪提供蒸馏水。通过切换开关，可在蒸馏水与自来水间快速切换，保障口腔综合治疗台不被外来水源影响治疗使用。

（8）控制系统：控制调整椅位，控制手术灯、漱口水、冲盂水等，一般位于吸唾器挂架旁。助手可通过附体箱的控制系统在配合过程中协助调整椅位，控制手术灯、漱口水、冲盂水等。

（9）手机管路消毒系统：有的口腔综合治疗台具有对手机管路清洗、消毒的功能。

3. 器械盘　主要用于吊挂或放置高速涡轮手机、低速手机、三用枪等（图2-4）。根据吊挂方式不同，分为上挂式、下挂式、分体下挂式（图2-5）。上挂式，省力，但手机尾线短操作不方便；下挂式，手机尾线较长，医生操作较为方便，但易刮碰；分体下挂式，也称器械车式，可在有效范围内自由移动，但需要较大的空间。器械盘上有控制面板，设有各种功能键。器械盘面上可放置治疗所需的常用药物和小器械。器械盘的边缘可安装观片灯，器械盘的下部装有牙科手机的水、气路接口和牙科手机工作压力表。器械盘最大载荷一般为2 kg，盘面的水平倾斜度小于3°，水平方向的旋转范围达270°，垂直方向的移动范围大于30 cm。

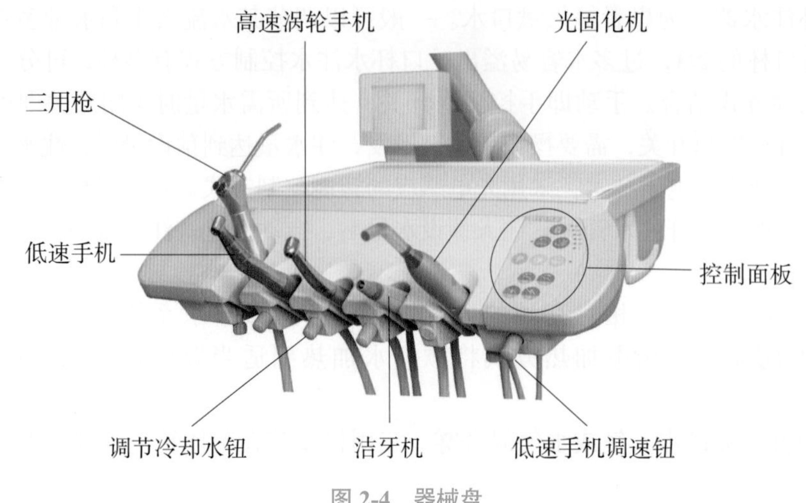

图 2-4 器械盘

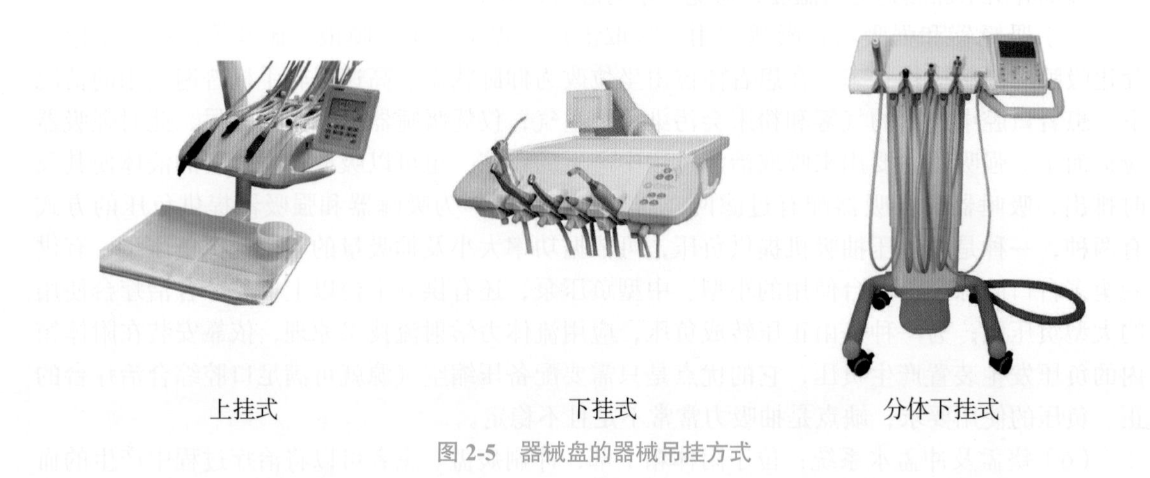

图 2-5 器械盘的器械吊挂方式

4. 口腔治疗椅 是口腔综合治疗台的重要组成部分，主要由底板、支架、椅座、椅背、扶手、头托、控制开关等组成（图 2-6），其设计符合人机工程学原理，外形平滑，便于清洁和消毒，目前普遍采用自动控制程度较高的电动口腔治疗椅。

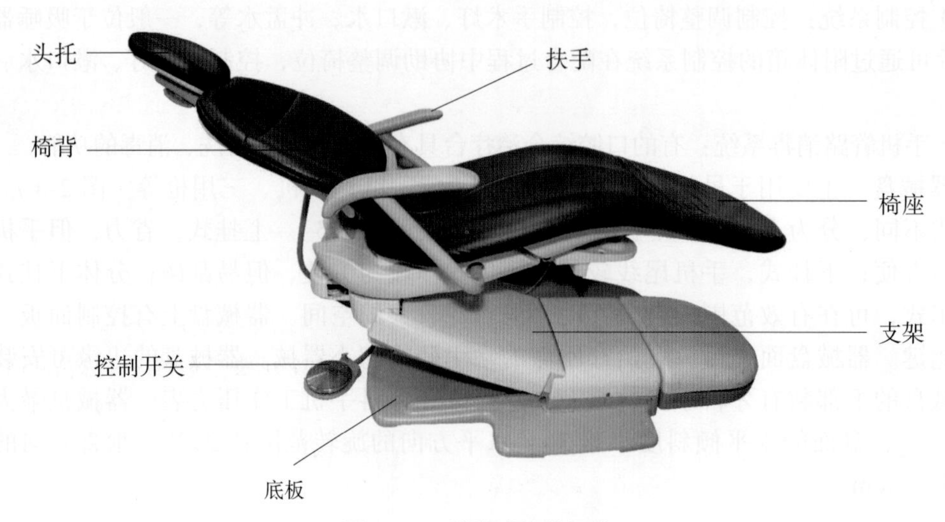

图 2-6 口腔治疗椅的组成

（1）底板：支撑口腔治疗椅甚至整个口腔综合治疗台（椅机联动式），下面与地面连接，必要时要用螺栓固定，上面连接整个口腔治疗椅。安装需要螺栓固定底板的口腔综合治疗台，需要提前确认项目现场是否具备打螺栓的条件。

（2）支架：与底板连接，支撑椅座、椅背等，升降系统在支架内，牙椅动力系统和控制系统在支架底部前端。

（3）椅座：患者治疗时使用，根据治疗需要可以调整椅座高低。

（4）椅背：患者治疗时使用，根据治疗需要可以调整俯仰角度。

（5）扶手：用于患者握持，便于患者上下牙椅。

（6）头托：治疗时对患者头部起到支撑、固定的作用，可以上下伸缩，有的头托角度可以调节，以适应治疗体位的要求。

（7）控制开关：椅位调节控制开关，多为微电子程控组合控制系统，按照使用者及使用方式不同，分为医师手动控制（位于器械盘控制面板）、医师脚控（位于脚踏控制器）、助手辅助手动控制（位于附体箱助手侧）三种。医师操作中，使用脚控方式，可有效避免交叉感染。控制开关中的预置椅位功能，是目前很多口腔治疗椅普遍采用的一种智能化椅位自动调整功能。不同的医师可根据自身需要，预设符合自身操作习惯的口腔治疗椅的特定椅位并储存，使用时可一键触发到达预设椅位，节省椅位调节时间的同时，降低医师的劳动强度。

5. 冷光手术灯　口腔治疗中适宜的照明能保证工作准确进行和提高效率，减轻医生视觉疲劳，为之特殊设计的照明设备，称为冷光手术灯。

临床工作对冷光手术灯的要求如下：

（1）照度：进行精细操作时要观察清楚物体的细小形状，又不使医生产生眩晕。照度一般为（1 ~ 13）$\times 10^4$ lux 为宜。局部集中照明与室内照明不能相差很大，一般十倍左右，否则当视线由亮处转至其他地方时，眼睛会一时不能适应。照度可用无级或分级的方式调节。冷光手术灯通常有三个照度。

（2）光色温：光色温不恰当会使医生视觉疲劳，对患者脸色反应的观察和义齿配色也会受到影响，最适宜光色温为 4000 ~ 6000 K。

（3）光线温度：灯光被聚集后必然会产生热度，患者脸部会有热感，需要限制在一定温度下。

（4）照射野：为了不使患者感觉耀眼，照射野（也称光斑）必须集中在口腔部位，一般为横向矩形光斑。光斑一般约为 80 mm × 200 mm。

（5）无影：诊疗时医生的手和器械都集中在患者口部进行操作，为了避免灯光遮挡，需要减少手术灯阴影。

（6）照射方向调节：由于诊疗操作不同，患者体位各异，手术灯活动范围应能满足各种位置需要。照射距离一般为 80 ~ 100 cm；当患者仰卧体位接受治疗时，照射距离可以缩至 65 cm。冷光手术灯可由扳把开关、感应开关或脚控开关控制。

目前，冷光手术灯的光源分为热光源卤素灯和冷光源发光二极管灯两种（图 2-7），光源不同，决定了灯头的结构明显不同，维护方式也有较大差异。

（1）卤素灯光源：在卤素灯光源产生之前，老式冷光手术灯采用白炽灯泡，其体积大、发光效率低、灯丝分散、聚光不佳、使用寿命短。卤素灯光源出现后，以其体积小、灯丝集中、寿命长、光色可接近自然白光等优势，迅速替代了白炽灯。从卤素灯热光源转化为冷光手术灯所需的冷光，主要依靠手术灯反光镜的镀层过滤功能——反光镜可透射发热的红外线，而仅反射色温与日光接近偏冷色的可见光。卤素灯光源灯泡的功率多数在 50 ~ 150 W，大量的红外光谱是无用的光线，产热多，灯头往往加有散热风扇或温度控制保险。卤素灯灯泡属于易消耗品，使用寿命短。灯泡自身的性能一致性存在较大的差异，因此，每次更换灯泡后，要适当调整灯泡的焦距，以使视场光斑符合使用要求。

（2）发光二极管灯光源：发光二极管（light emitting diode，LED）是一种能够将电能转化为可见光的固态半导体器件，它可以直接把电能转化为特定波长范围的光。LED 灯光源光谱范围窄，不含红外热能光谱范围的光线，因此采用 LED 灯光源的冷光手术灯，电光转换效率高，产热少，可以不用反光镜，省电且寿命长，维护费用低。

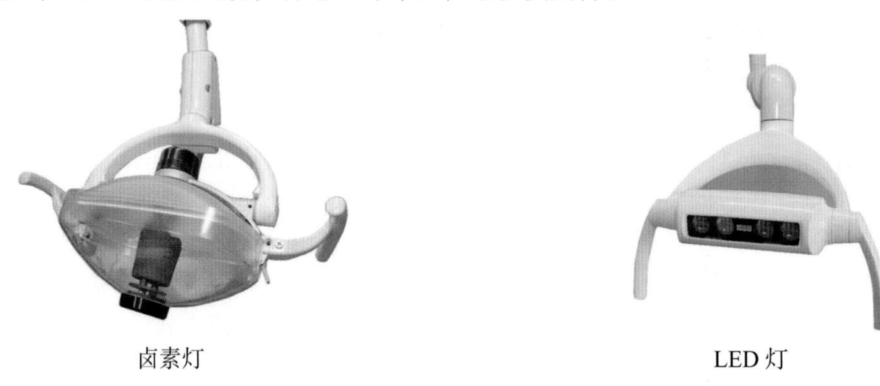

卤素灯　　LED 灯

图 2-7　冷光手术灯种类

6. 多功能脚踏控制开关　集成控制面板上的按键，基本功能是控制高速涡轮手机、低速手机、超声治疗设备等的开关及牙科动力系统的简单转速调节，增强功能还可附加椅位调节、手术灯开关及亮暗变换等。多功能脚踏控制开关如图 2-8 所示。

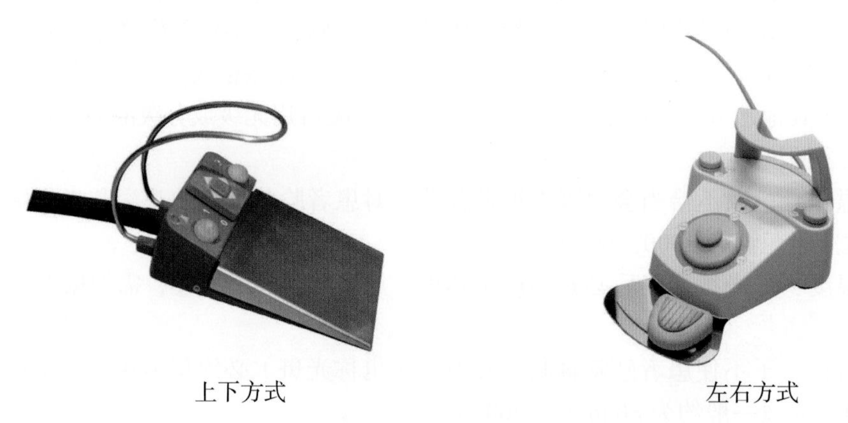

上下方式　　左右方式

图 2-8　多功能脚踏控制开关

（二）分类

按照口腔治疗椅和口腔综合治疗机的工作运动方式，口腔综合治疗台可分为椅机联动式、椅动式、分体式（图 2-9）。

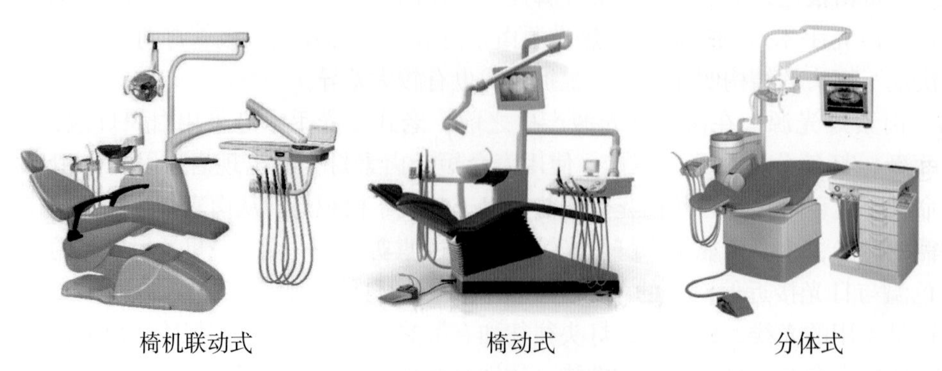

椅机联动式　　椅动式　　分体式

图 2-9　口腔综合治疗台的分类

按照口腔综合治疗台的应用场景及安装方式，口腔综合治疗台可分为固定式、便携式、车载式。固定式口腔综合治疗台安装在常规的口腔诊室；便携式口腔综合治疗台一般用于流动点口腔诊察、口腔流行病学调查等；车载式口腔综合治疗台相当于营造了一个可移动的口腔诊室，可以为部队官兵、基层社区提供口腔医疗上门服务。

按照口腔综合治疗台服务患者群体的不同，口腔综合治疗台可分为常规使用的口腔综合治疗台和儿科使用的口腔综合治疗台。儿科使用的口腔综合治疗台，一般尺寸偏小巧、造型卡通、配色亮丽。有时为婴幼儿进行口腔疾病治疗时，会将束缚板、束缚带等与口腔综合治疗台一同使用。

（三）工作原理

口腔综合治疗台内部主要有气路、水路和电路三个系统（图 2-10）。电动口腔治疗椅主要靠电动机运转驱使传动装置工作，使其椅座或椅背向所需的方位运动（图 2-11）。

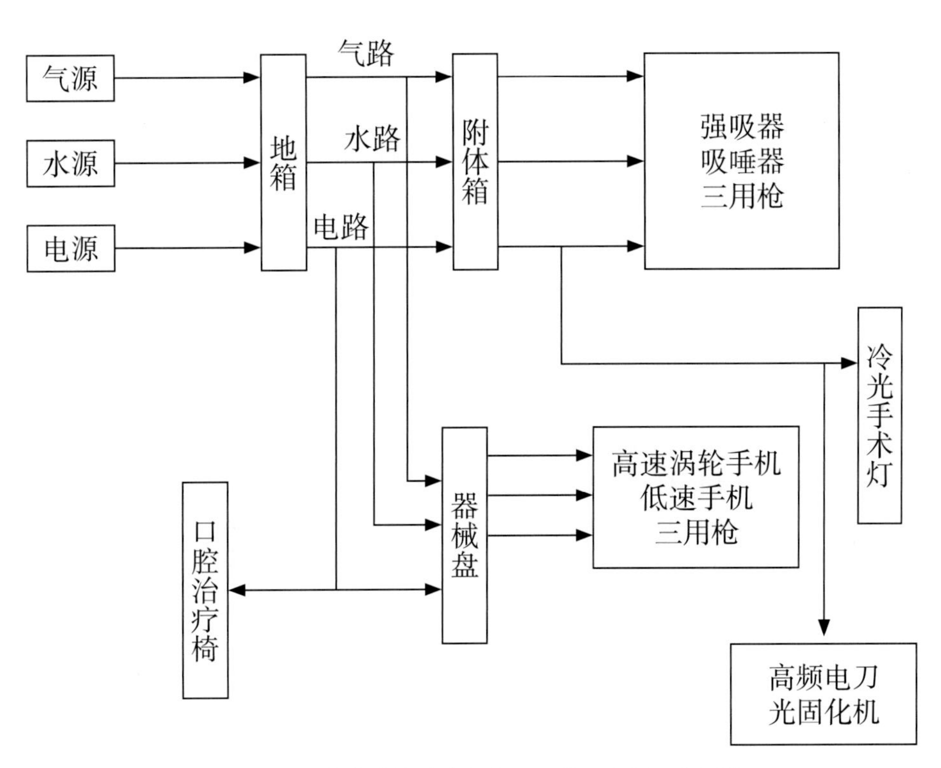

图 2-10　口腔综合治疗台气路、水路、电路工作示意

1. 气路系统　口腔综合治疗台主要以压缩空气为动力，通过各种控制阀体，供高速涡轮手机、气动低速手机、三用枪、超声治疗设备，以及器械臂气锁和气流负压吸唾等用气。口腔综合治疗台使用的压缩空气要求清洁、无水、无油。

2. 水路系统　口腔综合治疗台的水源以净化的自来水为宜，供牙科手机、三用枪、患者漱口、冲洗痰盂及吸唾用。有的使用独立蒸馏水罐，供牙科手机和三用枪用水。

3. 电路系统　口腔综合治疗台采用交流电，电压为 220 V、频率为 50 Hz。控制电压一般在 36 V 以下。

4. 电动口腔治疗椅　以微电子控制为核心的控制电路，可实现椅位的极限位安全控制功能，并可预置多种椅位设置，以满足不同治疗椅位的需要。当椅位达到所需合适位置时，手或脚离开开关，主电路立即断电，电动机停止转动，椅位固定。如果手或脚不离开控制开关，口腔治疗椅达到极限位置时，因升、降、俯、仰均设有限位保护装置，限位行程开关连接控制信号线，由控制信号驱动控制器断开电机主电源，口腔治疗椅自动停止运动（图 2-11）。电动口腔治疗椅一般至少预置四个椅位，待椅位需要调整时，只要轻触一键，便可使其自动调整到预设椅位。

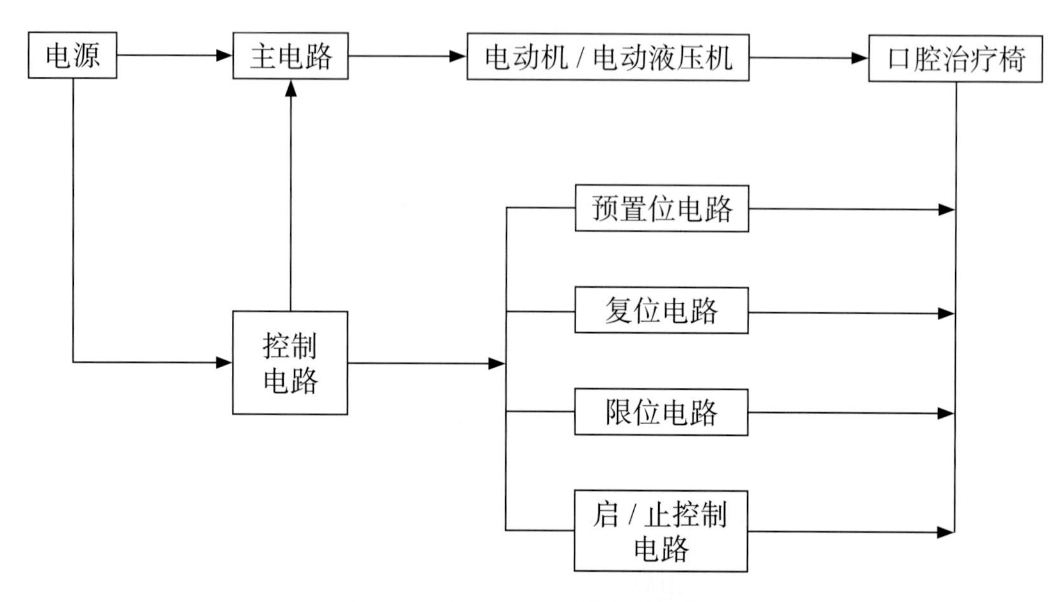

图 2-11 电动口腔治疗椅电路示意

椅位的调整由电机实现，分为机械传动式和液压传动式两种电机。

（1）机械传动式：由控制电路控制两个独立的电动机正转或反转，该类电机采用蜗轮蜗杆减速方式输出动力，故这种机械传动方式也称作蜗轮蜗杆传动方式。蜗杆与电机转子同轴，蜗轮与蜗杆轴心交错。单头蜗杆（蜗杆上只有一条螺旋线）每旋转一周，蜗轮转过一齿，具有较大的减速比。蜗轮蜗杆电机具有结构紧凑、传动比大、转动平稳等优点。同时，当蜗杆的螺旋升角很小时，只能由蜗杆带动蜗轮传动，而蜗轮不能驱动蜗杆转动，这一特性称为蜗轮蜗杆的自锁特性。这一特性对口腔治疗椅的升降俯仰可起到安全保护作用。当丝杆正反旋转时，蜗轮驱动的丝杆和与之配套的螺母装置往复运动，以这种蜗轮蜗杆传动方式驱动口腔治疗椅的升降、俯仰（图 2-12）。

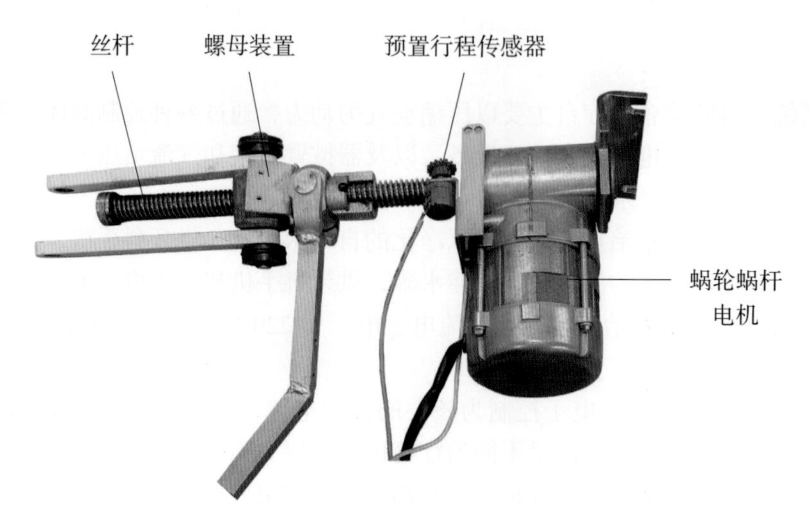

图 2-12 丝杆、螺母驱动装置

推杆电机是蜗轮蜗杆电机与推杆组装成一体的一种应用形式，是一种将电动机的正反旋转运动转变为推杆的直线往复运动的电力驱动装置，在一定的行程内做往复运动（图 2-13）。

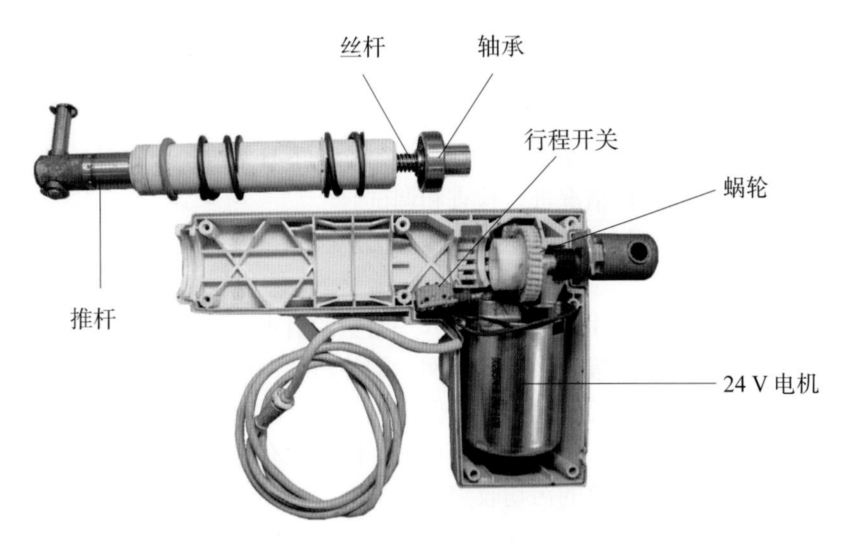

图 2-13　推杆电机结构

（2）液压传动式：当通电后电机工作，带动油泵旋转，油箱中的油经过油泵加压产生高压油，并注入油缸，推动油杆进行直线运动，当进行反向运动时，打开放油电磁阀，通过口腔治疗椅自重和外界拉力，油缸中的油流回油箱，达到反向运动的目的。

（四）操作常规及注意事项

口腔综合治疗台多采用微控制芯片控制，所有系统功能已事先设定，各功能按钮均设置在控制面板上或采用脚控开关控制。控制面板上，以各种符号表示，包括牙科手机旋转及电动马达正反转、手术灯开关、漱口杯注水、观片灯、辅助功能键开关等。医生通过简单的触发按钮操作，实施对全机及各系统的控制。具体操作时，首先打开空气压缩机电源开关，产生压力为 0.5 ~ 0.7 MPa 的压缩空气；之后打开地箱上的总控制开关，接通电源、气源和水源，然后进行各部分操作，主要包括口腔治疗椅的操作、器械盘和手机的操作、冷光灯的操作、漱口水的操作、痰盂和吸唾器的操作等。

1. 口腔治疗椅的操作　手控按键可控制口腔治疗椅升或降、椅背俯或仰到任意位置，手动触发程控键可一键自动到达预设位置，椅位存储记忆键可对预设的椅位进行存储。为减少键盘数量，往往一个键具有两种操控功能，分短触和长按，由内部程序识别并执行相应的功能。口腔诊疗操作时，待患者坐上口腔治疗椅后，医护人员根据诊疗需要进行调整，设定患者体位，且使头枕调至合适位置。

2. 器械盘和手机的操作

（1）将器械盘移动到需要的位置。

（2）分别将高速涡轮手机和低速手机连在相对应的接头处并紧固。

（3）将车针装入牙科手机，拉动手机机臂，踩下脚踏开关，车针转动即可使用，车针旋转的同时有洁净的水从机头喷出，以降低磨削牙时产生的温度。牙科手机如暂停使用，应放回手机托持架。

（4）按动三用枪，左侧为喷水键，右侧为喷气键，同时按动两键则喷出水雾。

（5）操作完毕，关闭总控制开关。

3. 冷光手术灯的操作 接通电源，调整诊疗所需的光源焦距和亮度。

4. 漱口水的操作 漱口水的供应主要有自动供水、定时按钮供水、手动按钮供水三种方式。

5. 痰盂、吸唾器的操作 冲洗痰盂的控制开关有旋钮和按钮两种形式；吸唾器和强吸，根据需要由护理人员配合医生使用。

（五）维护保养

口腔综合治疗台日常维护和定期保养非常重要。除以下日常维护要点外，建议定期请技术人员对口腔综合治疗台整体运转情况进行检查和调试。

1. 定期检查电源、水源、气源，电压、水压和气压必须符合口腔综合治疗台工作要求，管路必须畅通。

2. 吸唾器和强吸器在每次使用后，必须吸入一定量的清水，以清洁管路、负压发生器等组件，防止其堵塞和损坏。下班前拔出吸唾过滤网，倒掉污物，清洗干净后装好，防止漏气。定期更换吸唾器和强吸器手柄开关的密封圈，以保证负压系统的稳定使用。

3. 每日治疗完毕应清洗痰盂。尽量避免使用酸、碱等具有腐蚀性的清洗剂，以防止损坏管道和内部组件。定期清洗痰盂管道的污物收集器。

4. 每次使用高速涡轮手机前后，应踩脚踏开关冲洗手机水路数秒，以尽量保持手机水路清洁。

5. 器械盘的设计载荷重一般为 2 kg 左右，切记勿在器械盘上放置过重的物品，以防破坏其平衡，造成器械盘损坏或固位不稳。

6. 冷光手术灯在不用时应随时关闭。

7. 工作完毕，应将口腔治疗椅椅位调节至适当位置，器械盘放至口腔治疗椅上方。

8. 每天工作完毕，应关掉气、水阀门，断开电源开关，以保证安全使用。

（六）常见故障及排除方法

口腔综合治疗台是机、电、水、气合一的设备，对外部环境有较高的要求。常因外部供水、供气的条件不够理想，或平时操作和日常维护的方法欠妥，致使其出现故障而影响工作。口腔综合治疗台的常见故障及其排除方法详见表 2-1。

表 2-1　口腔综合治疗台的常见故障及排除方法

故障现象	可能原因	排除方法
操作键均无动作，不能调整椅位	电源未接通	接通电源
	电路系统保险管烧坏	更换同规格保险管
	脚踏开关无法复位或异物压住踏板，使脚踏开关处于安全保护状态	解除安全保护状态
	死机	关闭电源，2 min 后再开启
	椅位极限保护开关动作或损坏	解除引起保护开关动作的故障或更换配件
口腔治疗椅工作时有异常噪声	有异物卡住传动系统或润滑油脂失效	排除异物或加注润滑油脂
升降、俯仰极限位置被卡死	丝杆变形或磨损缺油	更换丝杆或加润滑油
吸唾器和强吸器无负压或负压弱	负压管堵塞	疏通负压管路
	负压管路过滤器堵塞	清洗或更换过滤器

续表

故障现象	可能原因	排除方法
三用枪无水或水压过小	三用枪喷口堵塞	用细钢丝清理喷口
	水量调节阀出现故障	更新水量阀门
牙科手机转速慢	工作气压不足	将压力调到牙科手机额定气压值
冷光手术灯不亮	手术灯灯泡已坏	更换同规格手术灯灯泡
	手术灯灯座氧化	更换手术灯灯座
器械盘固定不住或左右滑动	支撑器械盘的立柱垂直度偏离	重新调整立柱的垂直度
	横臂关节阻尼部件松动	适当调整阻尼部件
器械盘上下固位不稳	器械盘臂内弹簧损坏	更换器械盘臂弹簧
	器械盘气控定位锁紧装置失效	更换气控锁紧部件
	手动定位锁紧装置没有锁紧	重新手动锁紧
冲盂水及漱口水水流过小	口腔综合治疗台总水过滤器堵塞	清洗水过滤器或调整水流大小调节钮

（七）典型维修案例

1. 维修案例一

故障现象：口腔综合治疗台冲盂、口杯出水口出水时成高压喷溅状或器械手机用水时有时无、断断续续。

故障原因：口腔综合治疗台使用的水与压缩空气串通，导致额定用水压力由 0.2 MPa 增加到压缩空气的压力（0.5 ～ 0.7 MPa）。

对于含有气控水开关的口腔综合治疗台，气控水阀多采用膜片隔离水与控制气，膜片是这类阀体的易损消耗部件，由橡胶制品组成（图 2-14），按要求应定期更换，鉴于更换成本等问题，一般都达不到要求。设备久用导致膜片老化，多出现龟裂，造成气、水相混，水压增加到压缩空气的压力，由于压缩空气的压力大于水的压力，上水管的水里含压缩空气，严重时压缩空气顺上水管逆流而上，可导致附近几台设备同时出现用水喷溅现象。

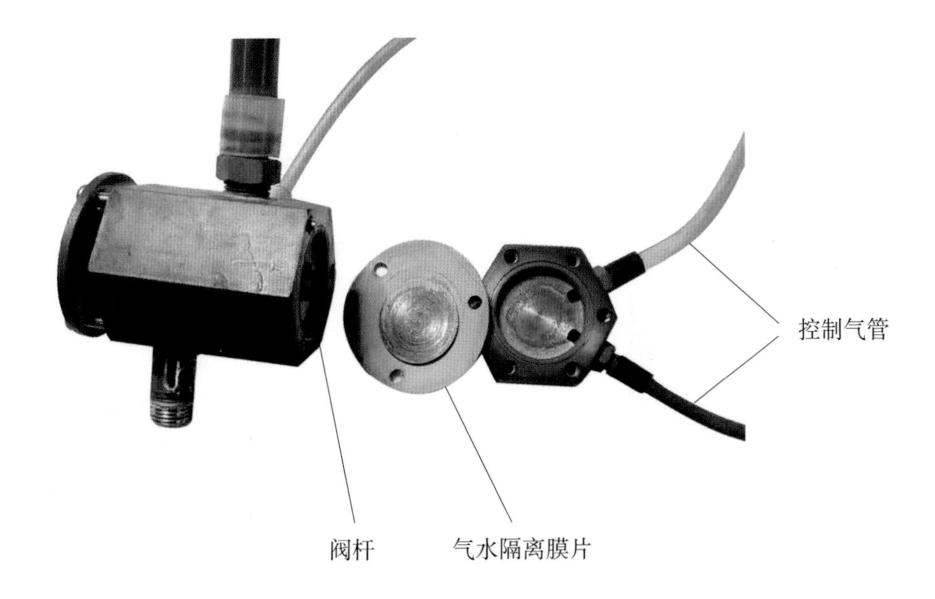

图 2-14　气控水阀结构

维修方法：单台设备出现问题时，目标锁定比较简单。遇有多台设备同时出现水中含气时，排查方法如下：分时分别断气，在断气的同时，打开冲盂水放水，观察出水状态，如有好转，则故障点可锁定，如果效果无改善，按同样方法，扩大查找范围，直至找到故障点。在此基础上，拆解气控水阀，更新膜片，可解决问题。如遇手头没有配件，采购又不能及时到货，应急处理的方法是在膜片气室一侧覆上两层医用乳胶手套，起到气水隔离的作用，暂时恢复正常使用功能（图 2-15）。

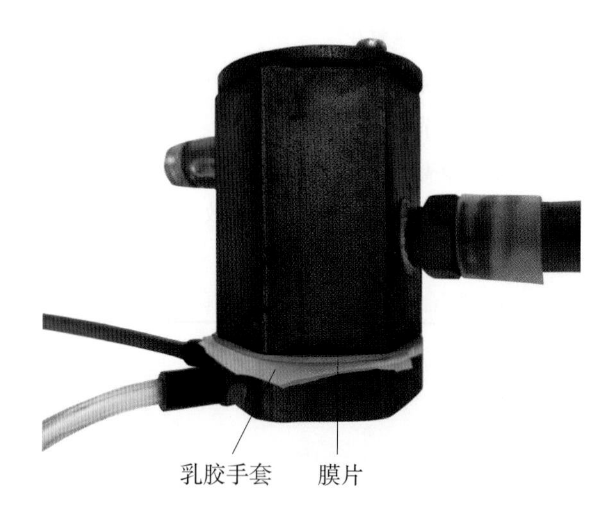

图 2-15 气控水阀膜片应急处理示意

2. 维修案例二

故障现象：高速涡轮手机不出水或出水量小，调节水量调节旋钮无效。

故障原因：导致高速涡轮手机无水或水量少的可能原因有很多，比如水源供水状况、供水压力、水量调节旋钮位置、控水阀门及供水管路状况等。

高速涡轮手机是口腔综合治疗台的标准配置之一，使用最为广泛。由于其转速高达 30 万 r/min，无水状态下的磨削易生热，产生焦糊异味，损伤牙体健康本质。

维修方法：排除高速涡轮手机上述故障原因的方法很多，基本原则是由易到难，由外到里，可达到事半功倍的快速效果。本文仅简单介绍手机尾管堵塞导致高速手机不出水或出水量少的快速排除方法。高速手机供水管路堵塞的原因，主要是用水本身含有杂质及管壁累积形成的生物膜。手机尾管供水管路堵塞时有发生，设备使用者遇此问题，无需任何工具可自行快速排除，以下是排除高速手机无水或出水量少行之有效的快捷维修方法。

图 2-16 手机尾管堵塞故障排除过程

①将调水钮旋转到最大位置。

②卸掉手机及快装接头（如有）。

③手握尾管接头，拇指堵住接口所有孔，对准痰盂。

④踏下脚踏控制器，给手机尾管的水管、气管同时加压。

⑤在对手机尾管管路加压的同时，突然释放拇指，利用增压的水、气快速喷出带出管内的污物杂质（图 2-16）。

⑥重复③ ~ ⑤步骤几次，可实现疏通管道的目的。

进展与趋势

从1790年普通座椅改造的牙科椅，到1875年手摇牙科椅、20世纪初的油泵牙科椅，再到20世纪30年代口腔综合治疗机和80年代口腔综合治疗台，口腔综合治疗台由简到精，逐步应用人体工程学，达到美学与功效学统一；逐步拓展功能，可以内置超声治疗、光固化等功能；另外，在预防医源性感染、环保、安全方面也迈出了一大步。仰卧式口腔治疗椅是20世纪口腔设备器材四大发明之一，另外三项分别为塑料牙广泛应用、涡轮手机的出现以及曲面断层机开发应用。今后口腔综合治疗台将继续沿着美观舒适、高效多能、卫生安全、数字化和个性化方向发展，使口腔诊疗中医护及患者更安全、更方便、更舒适。

（范宝林 刘岩松）

第二节 牙科手机
Dental Handpiece

牙科手机是口腔临床工作中最基础的工具之一，安装在口腔综合治疗台上使用，用于对牙体组织进行切削、钻磨等。本节主要介绍临床应用最广泛的牙科高速涡轮手机和牙科低速手机。高速和低速没有绝对的界限，业界一般以16万r/min作为分界点。

牙科手机在使用过程中经常与患者口腔中的唾液、血液、组织碎片、分泌物和牙菌斑等密切接触，因而在医院的预防和控制感染中占有重要的地位。在医院层面，牙科手机的清洗消毒模式，已经逐渐由分散的小规模的消毒室模式，转变为中心消毒供应室集中清洗、消毒、灭菌的模式；在科室层面，有的集中管理，有的按椅位分配管理。

牙科手机的正确操作和有效的维护保养也非常重要，可以延长手机使用寿命、降低维修成本。市面上牙科手机种类繁多，功能各异，要综合用途和预算等因素进行选择。国外牙科手机品牌有KaVo、SIRONA、Bien Air、NSK、WH等，国内生产牙科手机的有西诺、啄木鸟、诺士宝、宇森、碧盈、精美等公司。

一、牙科高速涡轮手机

牙科高速涡轮手机（high speed dental airturbine handpiece），又称气动涡轮手机，简称高速手机、高速涡轮手机或涡轮手机，是治疗口腔疾病的基本工具，用于对牙齿患病处或修复体进行磨、钻、切、削、修整及抛光等。牙科高速涡轮手机转速高达30万～45万r/min。

（一）主要结构组成部件及功能

高速涡轮手机内部结构极为精密，加工制作工艺要求非常高。其组成可分为三个部分：机头、机身、接头（图2-17）。

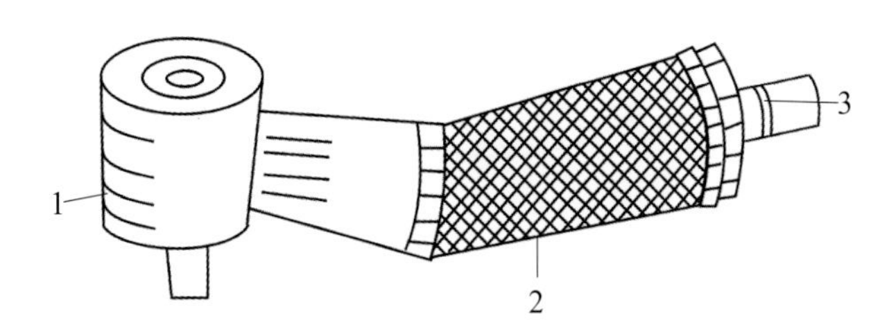

图2-17 牙科高速涡轮手机组成结构

1. 机头；2. 机身；3. 接头

1. 机头 是高速涡轮手机的核心部分，由机头壳、涡轮芯、后盖组成。涡轮芯是手机的旋转部分，主要包括芯轴、风轮、轴承（图 2-18）。芯轴，是一根空心轴，其外部中间配有风轮，上下端配有轴承；芯轴内部配有带螺纹的空心三瓣簧用以夹持车针。风轮，是单向的，当压缩空气吹动它，它会带动芯轴旋转。轴承，以微型滚珠轴承多见，外环为台阶状，保持架多为工程塑料或树脂。涡轮芯是通过两个 O 型圈（动平衡 O 型圈）与机头壳固定。O 型圈由耐油耐高温的橡胶制成，起到同轴定位和减震作用，有的高速涡轮手机将涡轮芯和动平衡 O 型圈置于封闭的筒夹内。

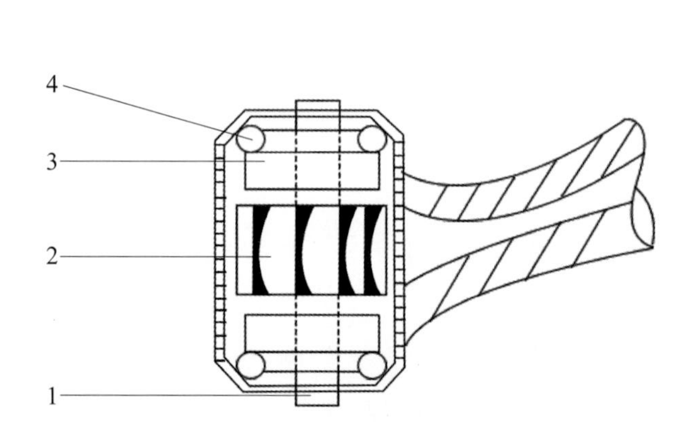

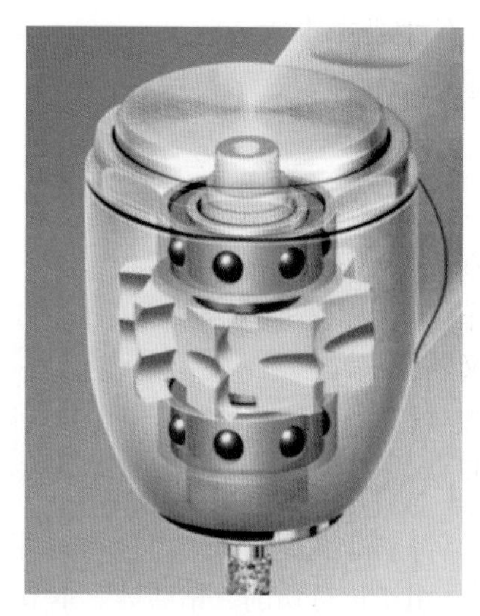

图 2-18 牙科高速涡轮手机机头内部结构
1. 芯轴；2. 风轮；3. 轴承；4. O 型圈

2. 机身 外部为操作者手持部分，为一空心圆筒，内部装有水、气管路。光纤手机还装有光导纤维。

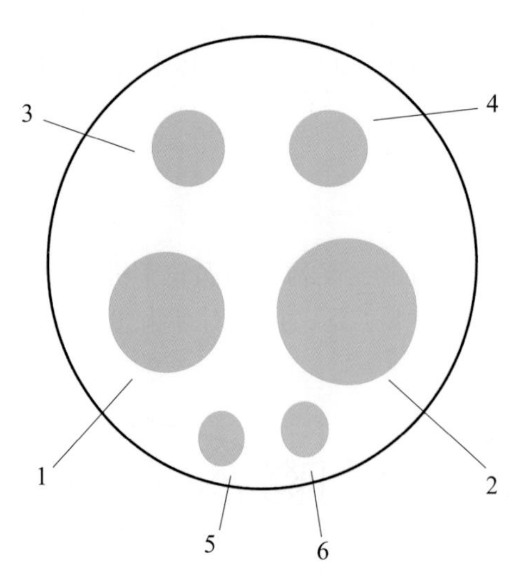

图 2-19 光纤六孔高速涡轮手机各“孔”示意
1. 进气孔；2. 排气孔；3. 冷却水孔；4. 冷却气孔；5、6. 光纤柱

3. 接头 是高速涡轮手机与口腔综合治疗台的输水、气软管的连接体。分为螺旋式和快装式。

（二）分类

1. 按和连通管连接方式分类 可分为两孔手机、三孔手机、四孔手机、光纤六孔手机等几类。目前以四孔手机、光纤六孔手机为主。四孔手机是指手机有进气孔、排气孔、冷却水孔、冷却气孔。所谓的光纤六孔手机，实际上是在四孔的基础上增加了两个光纤柱（图 2-19）。

2. 按治疗用途或机头大小分类 可分为迷你型、标准型、转矩型。迷你型高速涡轮手机适用于儿童及口张度较小患者的治疗。

3. 按车针装卸方式分类 可分为顶针式、

拧紧式、按钮式。目前，操作更方便的按钮式较为常见。

4. 按冷却的方式分类　可分为单孔喷雾、双孔喷雾、三孔喷雾、四孔喷雾。

5. 按是否带照明功能分类　可分为带照明装置式（风光手机）、导光式（光纤手机）、无照明式（普通手机）。光纤手机在其机身装有光导纤维；与光纤手机连接的口腔综合治疗台的手机尾管也需要是光纤尾管，否则发挥不出光纤手机的作用。风光手机在其机身装有一台微型风力发电机，供手机工作的压缩空气可以驱动发电机发电，经过导线连接到机头前端的发光二极管（LED）实现手机自发光。

6. 按是否一次性使用分类　可分为防感染一次性使用高速涡轮手机、可反复消毒使用高速涡轮手机。防感染一次性使用高速涡轮手机是一次性使用的，因此免除了维护保养工作；常用于给携带有传染病源的患者及抵触使用反复消毒高速涡轮手机的患者口腔治疗用，以减少医院感染的风险和提升患者满意度。

（三）工作原理

高速涡轮手机是以压缩空气为动力。压缩空气通过进气孔从机头侧壁进入手机涡轮芯室，吹动风轮主轴高速旋转，一般能达到 30 万 r/min，又因为芯轴与风轮固定在一起且配有车针，所以车针同样在高速运转进行切削。由于压缩空气不断吹动风轮旋转，工作后的气体又从排气孔排出，形成高压气循环工作。因此能够保证高速涡轮手机不停运转。当使用车针为牙齿进行治疗切削时会产生热量，需要进行冷却，所以在进行切削时，冷却水和冷却气同时进入手机体内的管路中，从机头头部小孔喷射出冷却水雾到车针上达到冷却作用。高速涡轮手机额定工作气压一般为 0.25 MPa 左右，具体以产品说明书为准。高速涡轮手机工作原理示意图如图 2-20 所示。

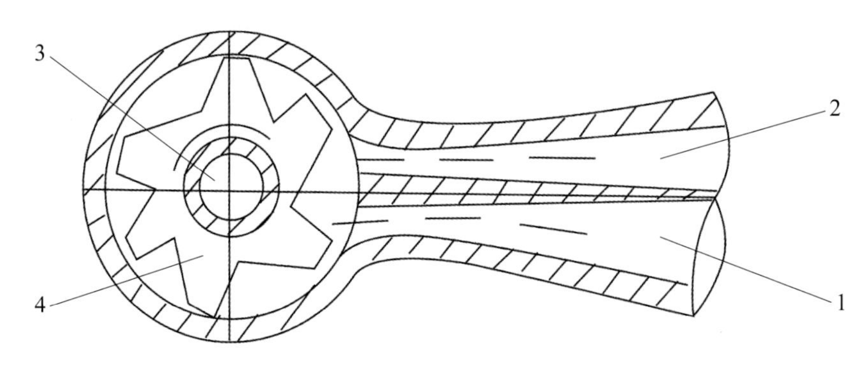

图 2-20　牙科高速涡轮手机工作原理示意

1. 进气孔；2. 排气孔；3. 芯轴；4. 风轮

（四）操作常规及注意事项

1. 操作常规

（1）正确的手法：正确手法的关键就是要进行点切削，即在车针对牙齿进行切削时，切削面不要过大，要磨一下，抬一下，周而复始，让车针始终处于高速旋转状态下进行切削。切忌接触面过大，车针较长时间挤靠在牙齿表面，以致降低转速强制切削。车针在低速状态下所受轴向力和径受力增大，将会加剧轴承的磨损从而降低手机寿命。

（2）车针的质量：要选择标准直径、长度的车针。车针使用时要与机头配套，小机头不要使用长柄车针，以免造成机头受力过大和车针夹紧不牢靠。随着使用次数的增加，车针切削刃会变钝，尤其是金刚砂车针，会出现已磨光滑或牙粉颗粒已充填到切削刃中的情况；有时车针还会发生微变形或生锈；个别车针直径缩小，易造成飞针，出现医疗差错或事故，同样会加剧轴承磨损。所以车针应根据使用次数、使用效果、外形状况等及时更换。

（3）防止交叉感染：有关资料显示，口腔疾病的诊疗操作是交叉感染率较高的诊疗项目之一。当给一位患者治疗完毕，高速涡轮手机停止喷水时，为了防止滴水，口腔综合治疗台一般具有供水的回吸功能。此时，口腔内的气雾和粉末可能一起吸进手机内的供水管以及手机尾管，导致在手机以及尾管内部积存异物。当诊治下一位患者时，积存的异物有可能随水雾喷出。为了预防高速涡轮手机引起的交叉感染，常常采用在手机设计中加装防回吸装置，在使用中采取“一人一机”（接诊下一位患者时更换高速涡轮手机）、每位患者诊治前将手机水道和气道冲洗 20 ~ 30 s 等措施。

2. 注意事项

（1）压缩空气清洁，无污渍、水、油。根据所使用高速涡轮手机具体品牌和型号，将驱动气压力调至手机额定气压。

（2）进入高速涡轮手机的水应经过净化。

（3）检查机头后盖是否有松动，检查车针是否夹持到位。

（4）手机运转中切勿按下车针按钮。

（5）使用时应轻拿轻放，避免磕碰、坠地。

（6）装卸车针必须在夹簧完全打开的状态下进行，以免损坏夹簧。

（7）必须使用合格的车针。

（8）使用时发现掉针、颤抖过大、声音异常时应立即停止使用。

（9）未安装车针或标准棒时，禁止空转手机。无针时车针轧头在芯轴中是松动状态，滚珠轴承受轴向力过猛，易造成损害。

（10）近年来有用电动 1:5 增速手机替代牙科高速手机的趋势。电动 1:5 增速手机，转速可达 20 万 r/min，具有转速平稳、扭力大、不丢转、切削效率高的特点，与低速电动马达手机、减速手机共用马达控制器。

（五）维护保养

高速涡轮手机日常正确的维护与保养十分必要，是提高高速涡轮手机寿命的必要手段。

1. 清洁表面 由于临床治疗中高速涡轮手机头部和内部会吸附牙粉、污垢等，应按手机说明书要求及时清洁：一般使用 75% 的酒精棉球擦拭高速涡轮手机表面，内部清洁多用流动水冲洗。若使用热清洗机清洗手机，清洗后务必充分干燥、去除内部水分再注油，否则会影响手机的注油效果、导致手机内部出现腐蚀等现象。避免使用消毒液或多酶液浸泡手机，因为手机内部未清洗干净的残留消毒液、多酶液等在灭菌器真空、高温、干燥条件下会结晶，引起手机轴承故障。避免使用超声波清洗机清洗高速涡轮手机，因超声波的冲击会对手机的轴承造成一定程度的损害。

2. 注油 是高速涡轮手机内部清洁润滑的重要步骤。要按所使用手机厂家建议的方法喷雾清洁和保养手机机械装置。注油方法有气压喷灌手工注油和全自动注油机注油两种。手工注油后，应将内腔的余油和管路中的液体清除，否则会阻碍灭菌过程中蒸汽对深缝及管路中的液体清除，导致灭菌失败。润滑油注入过多也会影响临床操作。有效的注油可延长手机使用寿命；未经常注油或注油失败的手机，其轴承周围挤满脏物，会影响风轮运转。

3. 灭菌 高速涡轮手机灭菌时应选用 B 级或 S 级压力蒸汽灭菌器。高压下的热蒸汽作为消毒媒介，杀死手机表面及内部管道、零部件中存在的病毒等微生物。消毒灭菌时，首先要将手机内部各个细小管路及部件的水、空气抽真空；在三次预真空后，高压蒸汽可以到达手机的各个部分，达到消毒灭菌的效果。压力蒸汽灭菌的最佳温度一般为 134 ℃，这个温度既能灭菌，又不至于损坏牙科手机的垫圈。

4. 定期养护　除了日常使用维护，建议定期请专业技术人员对高速涡轮手机进行养护：打开高速涡轮手机头部，将涡轮芯取出，用汽油清洗机头内部和后盖以及涡轮芯上的轴承和风轮；等到汽油挥发干后，再滴上高速涡轮机油，使其轴承充分润滑，再把涡轮芯放入机头头部，经过测试达到理想效果为止。机头装上车针检查芯轴轴向窜动和径向摆动是否合格、车针夹持力是否可靠，视情况进行必要的调整和维修。

（六）常见故障及排除方法

高速涡轮手机是口腔疾病诊疗中使用率极高的工具。牙科高速涡轮手机寿命的长短是受各方面所制约的，如压缩空气质量因素，压缩空气压力因素，正确的使用、维护和保养，以及高速涡轮手机出现故障后，能否得到及时和正确的维修。

日常使用过程中，经过一段时间的磨损，高速涡轮手机会发生一些故障。最常见的故障是高速涡轮手机不转。引起手机不转的最主要原因是轴承损坏或风轮断裂等。轴承在高速涡轮手机中起到很重要的作用。高速涡轮手机维修中 90% 是因为轴承损坏需要维修。由于结构不同，有的可以直接更换轴承，而损坏严重的要更换整个旋转体（涡轮芯）。高速涡轮手机的两只轴承，应成套更换，不能新旧混用。不同品牌的手机轴承尺寸型号不同，不可混用。

高速涡轮手机常见故障及排除方法见表 2-2。

表 2-2　高速涡轮手机常见故障及排除方法

故障现象	可能原因	排除方法
手机不转	轴承损坏	更换风轮或筒夹
	风轮断裂	更换轴承或筒夹
手机转动无力	工作气压低于额定值	调节气压到额定值
	轴承损坏	更换轴承或筒夹
	快接头处密封垫或 O 型圈损坏	更换快接头处密封垫或 O 型圈
噪声大	轴承内有异物	清除异物
	轴承缺油、生锈	润滑机头
无冷却水	机头出水孔堵塞	用细钢丝疏通出水孔
夹持不住车针或车针卸不下来	三瓣簧损坏	更换三瓣簧
	三瓣簧有污物	润滑机头
车针抖动	O 型圈弹性损坏	更换 O 型圈

（七）典型维修案例

故障现象：高速涡轮手机机头头部磕碰变形。

故障原因：由于各种原因，高速涡轮手机掉到地上后头部出现变形的情况较常见。磕碰会造成高速涡轮手机机头头部出现凹陷。由于高速涡轮手机头部的外壁壁厚较薄，磕碰易造成风轮和机头头部内壁发生剐蹭，使手机无法正常运转。如果不及时修理手机头部，还会造成其他零件的损坏。

维修方法：首先，将一个三角锉刀磨成刮刀一样的形状，把机头头部摔瘪的地方一点一点地刮平；对不光滑的地方，再用细砂纸进行研磨抛光，使其达到理想的形状。对机头头部变形比较严重的手机，需要做一个直径和手机头部内径相近的铜棒（略小一点），用力使铜棒在手机头部中起到挤压和撑起的作用，这样变形的地方就能基本恢复到最初的形状，达到维修的目的。

（范宝林 张东生）

二、牙科低速手机

牙科低速手机（low speed dental handpiece）简称低速手机、低速马达等，包括气动马达手机、电动马达手机，是治疗口腔疾病的常用工具，具有正、反转和低速钻、削、打磨、抛光功能，与口腔综合治疗台配套使用。

（一）主要结构组成部件及功能

牙科低速手机主要由马达（气动马达或电动马达）及与之相配的直手机和弯手机组成（图2-21、图2-22）。

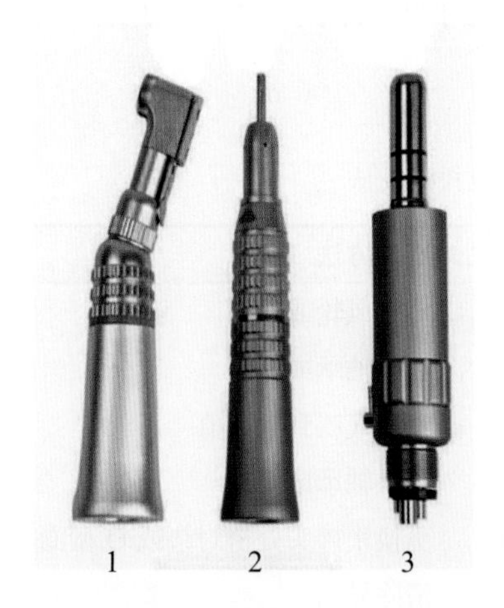

图 2-21 牙科低速手机（气动马达）
1. 弯手机；2. 直手机；3. 气动马达

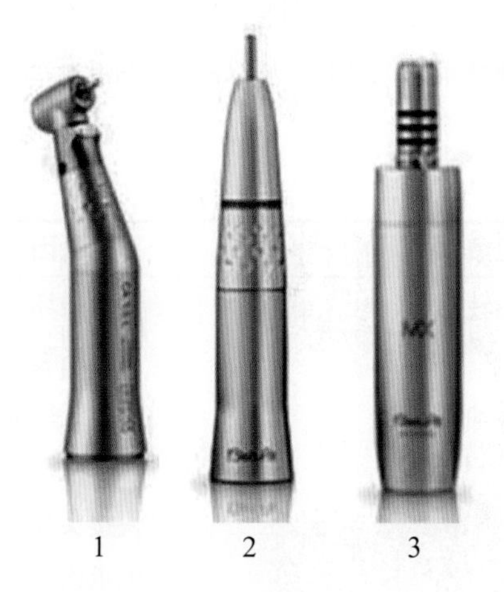

图 2-22 牙科低速手机（电动马达）
1. 弯手机；2. 直手机；3. 电动马达

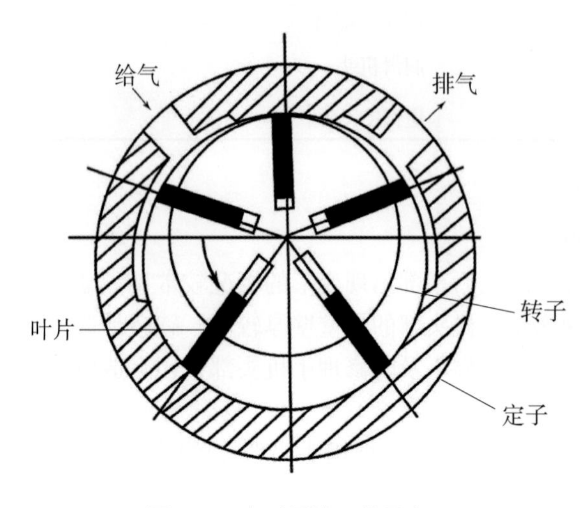

图 2-23 气动马达工作示意

1. 气动马达 工作气压一般为 0.25～0.3 MPa，转速达 2 万 r/min。主要由定子、转子、叶片及壳体构成。转子与定子偏心安装。压缩空气由给气口进入，作用在两侧的叶片上。由于转子偏心安装，气压作用在两侧叶片上产生的转矩差，使转子按逆时针方向旋转。当偏心转子转动时，工作室容积发生变化，在相邻工作室的叶片上产生压力差，利用该压力差推动转子转动。做功后的气体从排气口排出。若改变压缩空气输入方向，则可改变转子的转向（图 2-23）。

一、超声洁牙机

超声洁牙机（ultrasonic scaler）是利用频率大于 20 kHz 的超声波振动进行洁治和刮治的口腔医疗设备。随着科学技术的发展，设备集成化程度越来越高，将超声洁牙机和喷砂洁牙机合为一体，组成超声喷砂洁牙机。超声喷砂洁牙机（ultrasonic scaler and air polishing device）适用于牙科清除牙石、牙垢及色素。喷砂是使用特制的喷砂粉通过喷砂机头喷向牙面去除牙菌斑和色素，此方法适用于清理超声波洁牙机不易清洗的牙间隙中的牙菌斑和色素。

（一）结构组成及功能

1. 结构组成　超声洁牙机主要由超声波电子振荡器、超声振动换能器、工作头、冷却水系统及脚踏开关等五部分组成。

（1）超声波电子振荡器：是由具有锁相功能的电子线路组成的电子振荡器，其频率为 28.5 ± 0.5 kHz。其功能是产生超声波的电脉冲信号，驱动换能器产生超声波振动。超声波电子振荡器由功率电压调节旋钮和功率放大电路组成。

（2）超声振动换能器：是把超声振荡电信号转换为同频机械振动的手柄（也称为手机）。常见的换能器结构有压电陶瓷和磁致伸缩两种，其材质、结构和工作原理都有区别。

1）压电陶瓷换能器：是由钛酸钡（$BaTiO_3$）等晶体材料特制的陶瓷元件，陶瓷基片两端涂覆金属层为电极端，在两电极间加上适当的超声波电信号时，陶瓷片会产生同频机械振动，该振动驱动工作头进行治疗。换能器核心组件封装在手机内不能取出。具体结构见图 2-31。

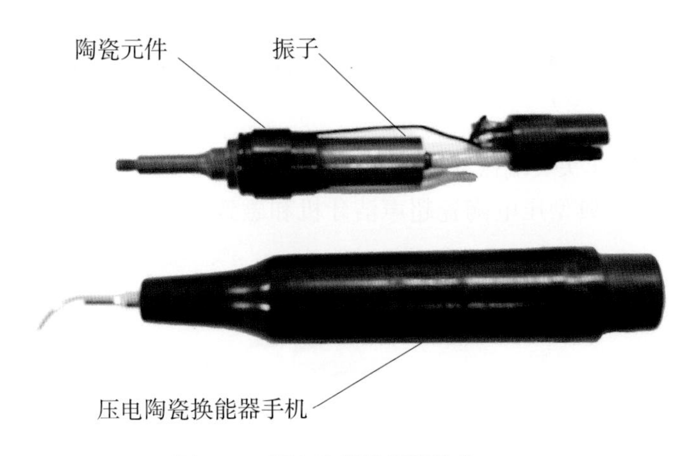

图 2-31　压电陶瓷换能器结构

2）磁致伸缩换能器：其作用是将金属镍等软磁性材料薄片叠成的振子，放在螺线管构成的交变电磁场中反复磁化，产生同频涡旋电流、磁致伸缩现象，使振子产生同频的机械振动。具体结构见图 2-32。

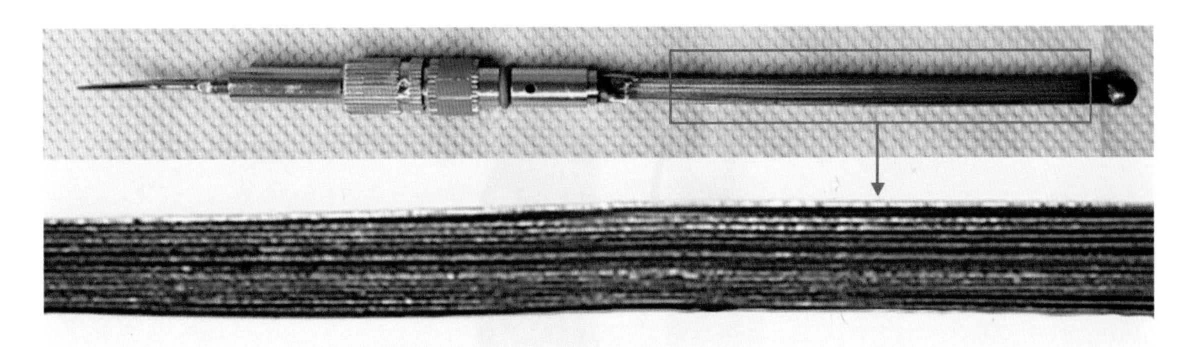

图 2-32　磁致伸缩换能器结构

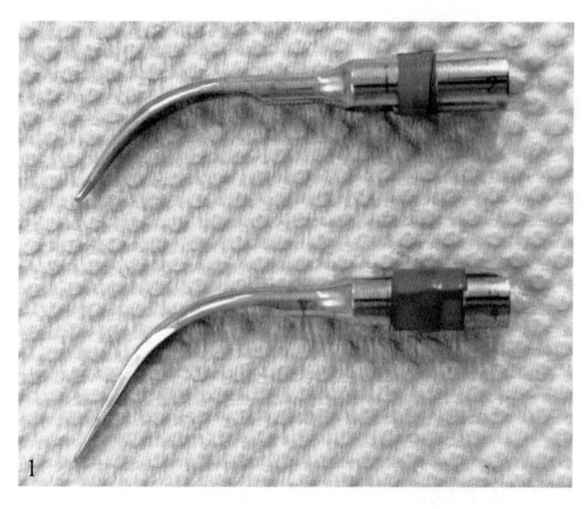

(3)工作头：又称工作尖。洁牙机工作头是用不锈钢或钛合金制造而成，具有不同的形状，根据不同牙齿及不同的洁治部位或目的，可更换合适的工作头。具体结构见图2-33。

(4)冷却水系统：由一定压力的水源、电磁阀控水开关及水量调节钮组成。其中水可以来自外接水源或压力水容器。

(5)脚踏开关：控制洁牙机的启动和停止。主要控制高频振荡电路和冷却水。踩下脚踏开关，超声工作头尖端振动，并激起水雾。释放脚踏开关，工作头尖端振动和水雾同时停止。

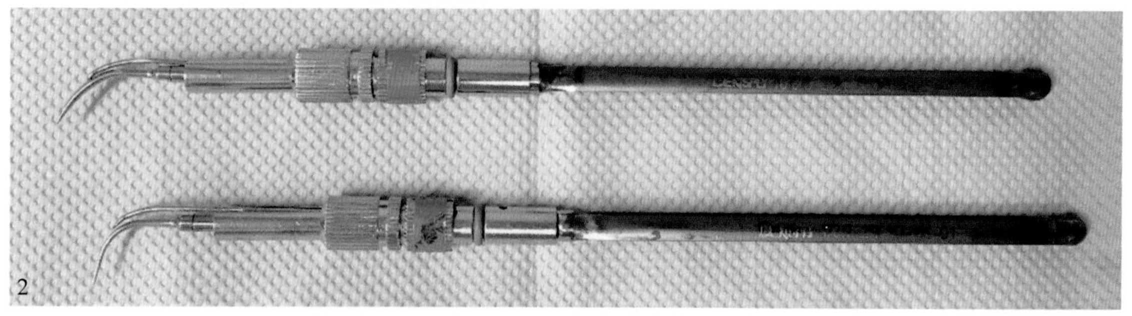

图 2-33 超声洁牙机工作头结构

1. 压电陶瓷超声洁牙机工作头结构；2. 磁致伸缩超声洁牙机工作头结构

2. 主机外部结构 典型压电陶瓷超声洁牙机和磁致伸缩超声洁牙机的主机外部结构见图2-34和图2-35。

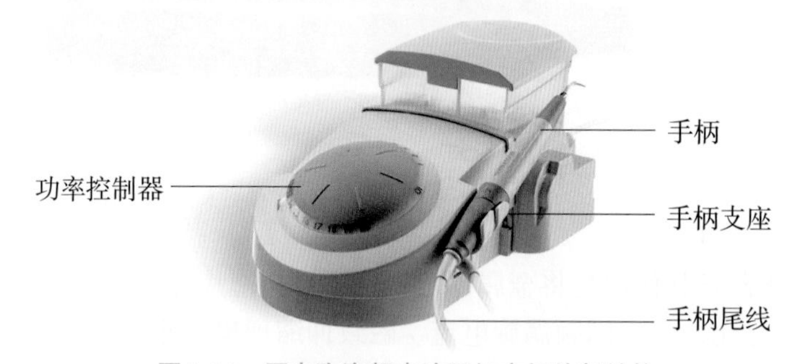

图 2-34 压电陶瓷超声洁牙机主机外部结构

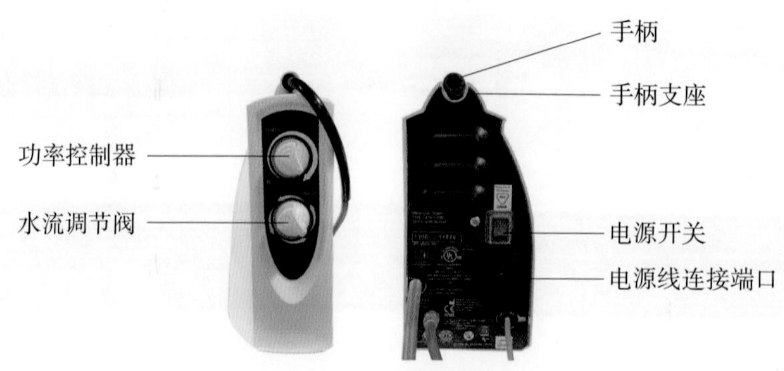

图 2-35 磁致伸缩超声洁牙机主机外部结构

（1）手柄：可安装超声工作头，磁致伸缩超声洁牙机手柄前端是工作头插口，手柄后端是连接线。压电陶瓷超声洁牙机手柄前端有工作头螺纹连接接口。

（2）手柄支座：不使用时，超声洁牙机手柄放置在手柄支座上。

（3）电源指示灯：当电源开关处于“开”的位置时，电源指示灯亮起。

（4）功率控制器：转动旋钮选择功率大小。

（5）水流调节阀：转动旋钮调节水量。

（6）主机后侧：有电源开关、电源线连接端口、水管路连接端口和通风孔。

压电陶瓷超声洁牙机的外部结构与磁致伸缩超声洁牙机的外部结构基本相同，两者的不同之处在于，压电陶瓷超声洁牙机的手柄可以从尾线上拆下来，工作头更换方式有螺纹连接和插拔两种方式，且压电陶瓷换能器在手柄内；而磁致伸缩超声洁牙机手柄不能拆卸，工作头安装方式仅为插拔方式。

（二）工作原理

超声波电子振荡器产生约 28 kHz 的超声波电信号，经手柄换能器转换为同频微幅机械振动，激发工作头产生振动。振动的工作头击碎牙垢、菌斑等。冷却水从工作头水孔中喷出，受工作头超声振动的作用被击打成雾状（产生空穴效应），具有冷却、冲洗等功能。工作原理流程见图 2-36。

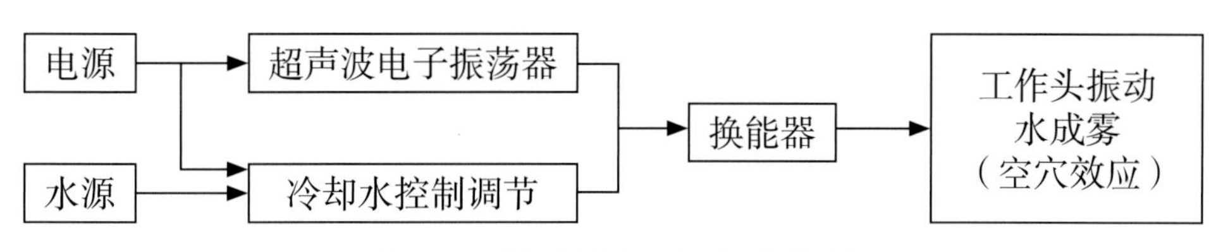

图 2-36　超声波洁牙机工作原理流程

（三）日常使用

1. 按说明书将机器各附件正确安装到位，确保机器由四点支撑，安放稳定。

2. 选择清洁的水源，以防管路堵塞。

3. 通电后，将调水钮开到最大处，并把手柄放在水池或排水管的上方，踏下脚控开关直到工作头有水流出，机器处于备用状态。

4. 安装磁致伸缩洁牙机工作头时，让手柄竖直向上。踩动脚踏开关放水，排出手柄中可能存在的气泡，直到看见水流或者水流溢出手柄，用水润湿工作头上的橡胶 O 型圈，然后把工作头放入手柄中，轻轻推送，同时旋转工作头，把工作头安装到位。安装压电陶瓷工作头时，应使用专用扳手，按操作说明执行。

5. 洁治时，输出功率调钮调至功率 1/2 处，需较大功率时，应缩短操作时间，以免工作头和换能器超负荷工作。

6. 超声除石作用是靠高频微幅机械振动完成的，无需人为施加过大的压力，否则易使工作头断裂。

7. 不要把超声洁牙机放在靠近暖气等热源的地方，过热会导致机器电子器件损坏。机器应放在通风良好的地方，不要遮盖后面板上的通风孔。

8. 机器在阳光下直晒会导致塑料外壳变色。

9. 妥善保护好换能器手柄、工作头，避免磕碰。

10. 避免在无水状态下洁治，否则易灼伤患者并损伤牙齿、工作头和换能器。

11. 使用时应特别注意手柄尾线，严禁尾线扭结及用力拉扯，以免其内部导线断裂。

12. 对安装有心脏起搏器、除颤器等植入式医疗器具的患者慎用。

13. 在开诊前和门诊结束后，把功率调到最小、水流调到最大后将手柄（未装工作头）置于水池上方，踩动脚踏开关，冲洗水管至少 2 min，从而减少超声洁牙机水管中生物膜的形成。

14. 在患者更替时，把功率调到最小，将安装工作头的手柄放在水池或下水上方，用最大水流冲洗水管 30 s，防止交叉感染；取下用过的超声工作头，进行清洁和消毒；使用合格的非浸泡式消毒液对磁致伸缩手柄及其连接线进行消毒，对压电陶瓷手柄进行高压蒸汽灭菌消毒。

（四）日常维护及保养

1. 长时间不用时应及时断电，妥善保管好换能器和工作头等易损部件。

2. 遇到振幅变小或无力时，要检查工作头是否安装到位、是否磨损严重或输出功率设置是否恰当。

3. 遇到无水雾时，要先查看水源、水量调节是否过小。

4. 遇到复杂问题，请专业人员维修，避免问题扩大。

（五）常见故障及其排除方法

超声洁牙机常见故障及排除方法见表 2-3。

表 2-3 超声洁牙机常见故障及排除方法

故障现象	可能原因	排除方法
工作头不振动或振幅小	电源连线连接有缺陷	检查电源输入
	工作头松动或磨损变形	拧紧或更换
	振荡器无输出	检查线路
	振荡器线路故障	检查线路
工作头不出水或出水量小	供水系统故障	检查供水系统
	调水钮关闭	打开调水钮
	电磁阀不工作	检查电磁阀供电，清理电磁阀
	工作头水管路堵塞	疏通管路
	手柄和尾线水管路堵塞	疏通管路
手柄及其底座之间或手柄与尾线之间的结合处漏水	手柄的密封圈磨损，手柄内部水管漏水	更换密封圈或手柄
工作头一直出水	脚控开关处于闭合状态	检查脚控开关
	电磁阀无法完全关闭	清理电磁阀

二、超声根管治疗机

超声根管治疗机的设备结构和工作原理都与压电陶瓷超声洁牙机相同，因此设备的使用方法和维护保养等均可参考压电陶瓷超声洁牙机，工作头和功率的使用依据临床需要进行选择。口腔超声治疗设备用于牙周治疗及保健、根管治疗及根尖手术、修复治疗等，其用途不同，工作头的结构也有所不同（图 2-37），相关内容本书不再赘述。

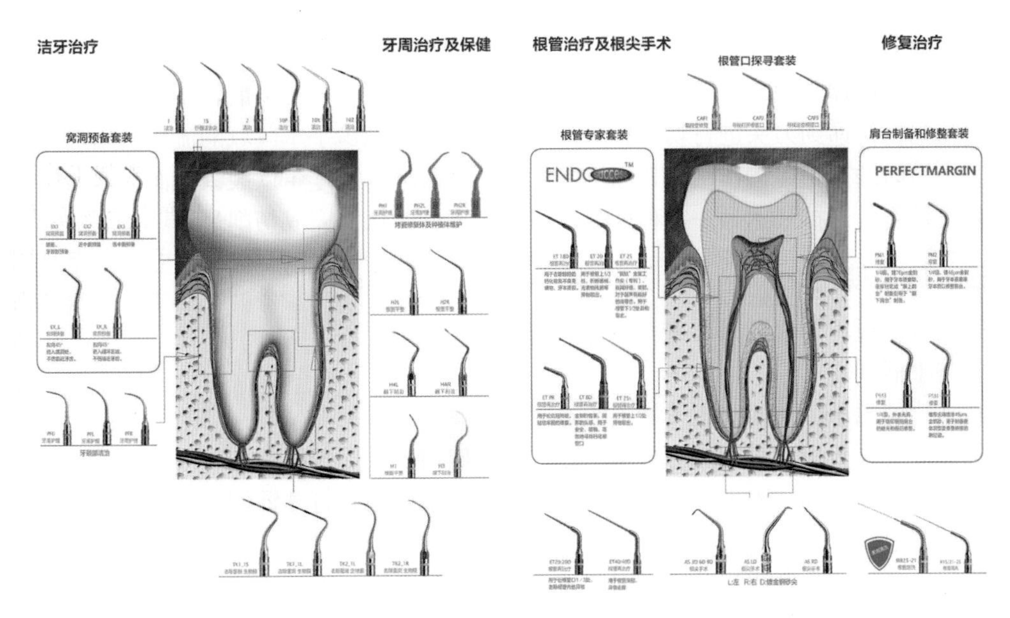

图 2-37　不同用途的工作头结构

三、超声骨刀

超声骨刀（piezosurgery）是一种通过压电转换装置将电能转换成机械能使刀头处于高频共振模态，利用刀头强大的机械加速度对目标骨组织进行粉碎和切割的手术工具。适用于口腔外科手术，包括牙槽骨切开术、牙槽骨整形术、牙周以及种植手术等。

与传统手术工具相比，超声骨刀具有很多优点：在使用时，超声刀头的温度低，周围传播距离小；超声频率震动只对骨组织进行有效切割，对血管、神经和黏膜等软组织损伤程度最小化；对手术区域起到止血作用，可进一步缩小微创手术的创口；极大地提高手术的精确性、可靠性和安全性。

通常通过切割效率、热损伤、工作头使用寿命、工作头切割深度和工作头应用范围来评价超声骨刀。

（一）结构组成

超声骨刀主要由主机、手柄、脚踏开关、工作头、冲洗溶液挂架、冲洗管线和电源线等组成（图 2-38）。

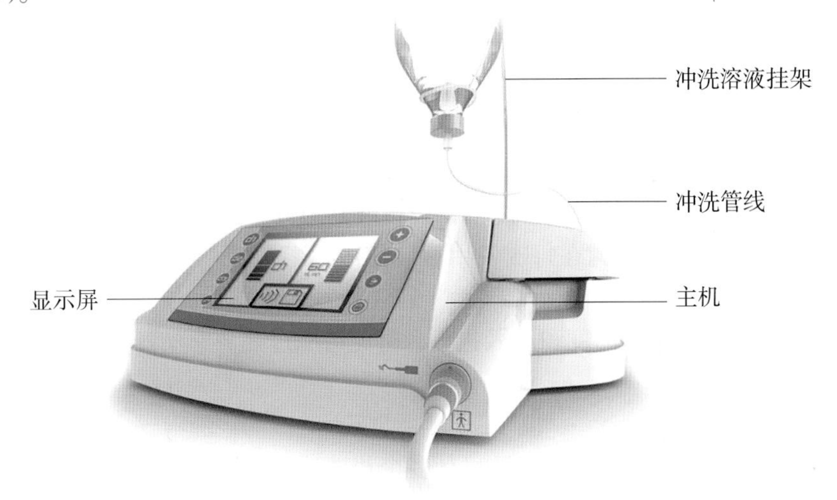

图 2-38　超声骨刀结构

（二）工作原理

压电陶瓷换能器受超声高频电信号激发产生同频机械振动，将电能转化为机械能，该超声振动通过变幅杆传递到刀头进行切削，并产生空化效应，减少手术区域的流血。超声骨刀在工作时，刀头纵向的高频锤击作用使骨面下部发生疲劳破坏，并产生微裂纹，而横向的振动则使得裂纹发生扩展；当扩展达到一定程度时，切屑脱离骨面从而完成切削过程。

（三）日常使用

1. 安装电源线，开启电源开关。

2. 安装手柄线。

3. 在挂钩处悬吊生理盐水瓶（袋）或蒸馏水瓶。

4. 抬起冲洗泵盖板，将冲洗管盒水平插入其支架内，关闭盖板。

5. 将冲洗管穿孔针插入生理盐水瓶（袋）或蒸馏水瓶内，打开针帽，进行必要的设置调节（冲洗流速、程序）。

6. 使用扣环将冲洗管线与手柄线固定。将冲洗管线末端与手柄连接。

7. 使用扳手将合适的工作头安装在工作手柄上。在连接手柄和工作头时，为最大程度保护螺纹，先用手将工作头安装至手柄上，再用扭力控制扳手将工作头旋紧。卸下工作头时，先用扭力控制扳手将工作头旋松，再继续用手将工作头旋下。

8. 将电源线、手柄线、水管线及工作头连接完毕后，先按下显示屏或者多功能脚踏开关上的冲洗键，灌注冲洗管。此时机器处于备用状态。

9. 每支工作头常用功率及冲洗流量参见说明书。

10. 每次使用之后，按下冲洗键，用蒸馏水冲洗水管线及手柄 20 ~ 30 s。之后再将手柄及水管线分别进行高温高压消毒。

11. 结束治疗操作过程时，从挂钩上移开生理盐水瓶（袋）或蒸馏水瓶，分类超声振荡配件并抛弃一次性插头。

12. 将手柄从设备上拆下：拆下冲洗管线的线扣，拆下一次性使用的冲洗管，并将其丢弃在安全的医疗垃圾箱内（抛弃式冲洗管线）。

13. 将手柄前端的金属帽拧下，彻底清洁螺纹中的血渍污垢，再高温高压消毒。

14. 将手柄及手柄线装入消毒盒前，确保手柄线没有死弯，以免影响手柄线的使用寿命。

15. 使用完毕后，关闭设备。

（四）日常维护保养与注意事项

1. 维护保养

（1）清洗和消毒设备时必须关闭设备。

（2）不可使用任何喷雾式或液体清洁及消毒主机。

（3）避免使用含有可燃物质的清洁剂与灭菌剂。如果不可避免必须使用，则使用前务必确保所有试剂已蒸发，并且在接通电源之前，设备或其附件上无易燃物质存在。

（4）主机、脚踏开关和挂钩在每次使用后应使用乙醇、消毒类产品或牙科专用消毒纸巾进行清洁。

（5）定期检查主机内的清洁度和通风状态，避免造成过热异常。

2. 注意事项

（1）选择正确操作模式。

（2）选择恰当的工作头：超声骨刀配有多个机头和不同工作模式，应用时应根据不同部位及骨的厚度，选择相应的工作头和工作模式，以达到快捷、安全实施手术的目的。

（3）切骨时应施加合适的压力，需要根据不同工作头的振动频率，施加适当的压力，轻轻带着机头运动，切勿盲目暴力加压；过度增加压力会阻碍机头的振幅，反而使手术时间延长，同时导致切割的能量转变为热，增加组织损伤。刀头在手术过程中禁止接触金属硬物。

（4）时刻关注冲洗液，并及时补充。

（5）影响超声骨刀切削效率以及温度的因素有很多，主要有工作频率、刀头形状大小、材料、振幅、切削时间、冷却情况、使用压力等，其中使用压力具有较大的随机性，取决于医生的使用习惯。

3. 禁忌证

（1）带有心脏起搏器的患者或医生禁用。

（2）电外科刀会影响超声骨刀的正常工作。

（五）常见故障及其排除方法

超声骨刀常见故障及排除方法见表 2-4。

表 2-4　超声骨刀常见故障及排除方法

故障现象	可能原因	排除方法
设备不运行	未正确插入电源线	检查电源插座
	电源开关关闭	将电源开关开启
	无电源电压	请电工维修
	电源插座保险丝熔断	更换电源插座保险丝
	内置保险丝熔断	更换保险丝
未喷雾	冲洗液袋（瓶）空了	更换冲洗液袋（瓶）
	冲洗未启动	增加流量
	冲洗管阻塞	更换管线
	冲洗管扭曲	确认冲洗管线无扭曲
工作头震动微弱	工作头磨损或变形	更换工作头
	功率调节过小	调节到合适的功率
工作头不振动	手柄线内电线断裂	焊接或返回厂家维修

（王建霞）

第四节　光固化机
Light Curing Machine

光固化复合树脂材料，因其理化性能好、可塑性强、色泽可配、美观效果好，现已基本上取代了传统的银汞合金充填方法，广泛地应用在牙体缺损修复、牙齿美容修复等方面。伴随着光固化复合树脂、光固化粘接系统等在口腔诊疗中的广泛应用，光固化机也成为口腔诊疗必备的设备。

口腔用光固化复合树脂必须在具有特定波长范围（380 ~ 530 nm）的蓝光、一定光辐照强度及辐照时间的照射下，才能快速完全固化。满足这种特定要求的光源设备，称为口腔光固化机，也称口腔光固化灯。随着科学技术的发展，光固化机由原来以卤素灯为光源发展到现在广泛使用的以半导体 LED 为光源。LED 灯光源属于冷光源。

一、卤素灯光固化机

卤素灯光固化机（halogen lamp unit）是以卤素灯泡为光源的光固化机。卤素灯光源属于热光源，钨丝通电发热升温高达 2000 ℃以上，炽热的灯丝发出明亮的全波长的光，其中包含携带大量热能的长波光线及红外线。为获得复合树脂固化所需特定的蓝光，卤素灯光固化机必须通过干涉滤光器获得特定波长范围（380 ~ 500 nm）的蓝光。

（一）结构组成及主要部件功能

1. 结构组成　卤素灯光固化机由稳压电源主机和集合光源手机两大部分组成（图 2-39）。

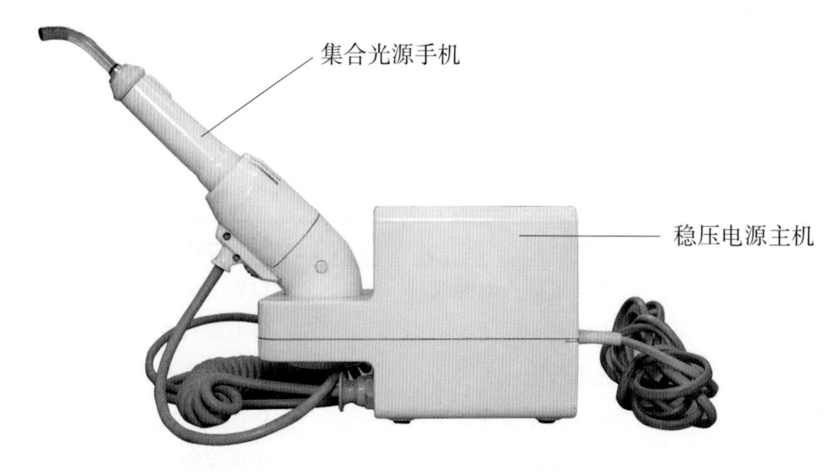

图 2-39　光固化机

2. 主要部件的功能

（1）稳压电源主机：其核心功能是一个稳压电源，把市电经变压器降压后，由整流电路、稳压电路，为集合光源手机提供所需的稳定电源。有些产品还将辐照周期定时器、声响报警等控制电路集合在主机内部。

（2）集合光源手机：由散热风扇、直插灯座、卤素灯泡、干涉滤光器、导光棒、触发开关等组成（图 2-40），为光固化复合树脂快速固化提供所需特定波长及辐照光强度的光束。集合光源手机主要组成部件的功能如下：

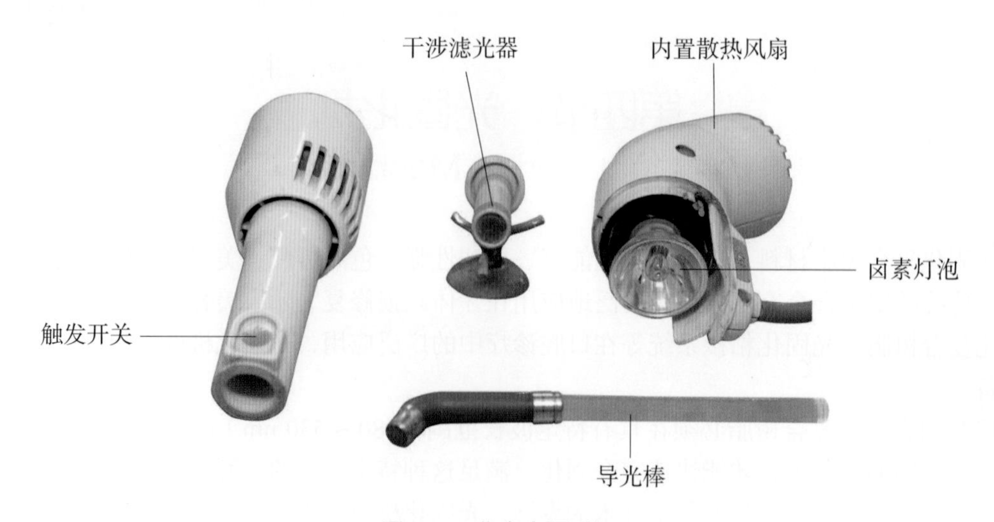

图 2-40　集合光源手机

1）散热风扇：排除手机内集聚的热量，防止手机外壳过热变形、温度过高影响操作者握持等。

2）金属集热罩：聚集灯泡及长波光热量，保护手机外壳。

3）直插灯座：安装光源灯泡。

4）卤素灯泡：光固化机的发光源。

5）干涉滤光器：把特定波长（380 ~ 500 nm）的蓝光从全波光中滤出，无效光向后反射，只透射蓝色有效光。

6）导光棒：光导纤维束棒，将光束传导至被照射部位，其前端与轴向成一定角度，可改变光束传输方向，便于口内操作。

（二）工作原理

接通电源后，主机处于备用状态。用于治疗时，按动手机上的触发开关，启动稳压电源输出稳定电压，激励灯泡发光，由滤光器把波长 380 ~ 500 nm 范围内的光透射并耦合到导光棒，使有效光束传输到治疗部位。光固化复合树脂材料经预定的辐照周期快速固化。

定时报警电路达到每间隔预设的定时周期时会发出声响报警，提示一个光照周期结束，当满足光固化照射时长后，再次按动触发开关，可关闭光源。

卤素灯光固化机的工作原理如图 2-41 所示。

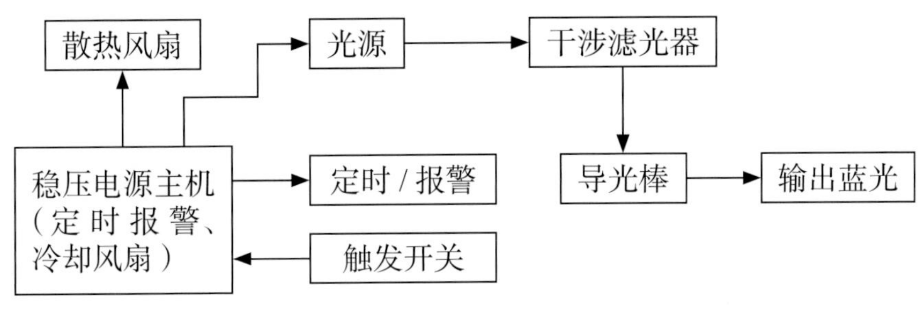

图 2-41　卤素灯光固化机工作原理

（三）操作常规及维护保养

1. 操作常规

（1）按设备安装说明书连接设备及其附件，接通电源，设备处于备用状态。

（2）根据使用材料固化要求，设定光辐照定时周期。

（3）辐照操作时，医护要戴上专用护目镜或使用设备附带的隔光护目附件，防止高亮光损伤眼睛。

（4）手持手机，将导光棒端面靠近被照区，与被照区保持 2 mm 的距离，启动触发开关，导光棒端面输出蓝色光进行光照固化。

（5）手机里的散热风扇与光源同步启动，将光源产生的热量向后排出机体。关闭光源后，散热风扇要延时 3 ~ 5 min 后自动停止，使灯泡充分冷却，以延长灯泡的寿命。

（6）光照结束后，将手机稳放于专用支架上。待冷却风扇自动停止后，切断电源。

（7）依据光固化复合树脂的使用要求，选择固化时间。一般来讲，材料厚度小于 2 mm 时，选择辐照周期 20 s；厚度超过 2 mm 时，适当延长辐照时间；厚度超过 3 mm 时，应分层充填，确保材料固化完全。

2. 维护保养

（1）使用时，避免导光棒端面触及复合树脂材料，防止端面污染影响光输出强度。如果触及材料，应及时清洁。

（2）严禁碰撞导光棒，防止断裂。长时间不使用时，卸下导光棒置于安全处。

（3）需要多次照射时，每个辐照周期结束后，间隔数秒再启动，防止累积温升过高，导致滤光器老化失效。

（4）不应猛拉硬扯手机尾线，防止导线折断损坏，影响使用。

（5）使用不含腐蚀性的清洁剂清洁设备表面，谨防液体渗入设备体内，损坏设备。

（四）常见故障及排除方法

卤素灯光固化机常见故障现象判断及排除方法详见表 2-5。

表 2-5 卤素灯光固化机常见故障现象判断及排除方法

故障现象	可能原因	排除方法
电源指示灯不亮	电源未连接或开关未开	确认电源供电
启动触发开关无反应	触发开关损坏	更换开关
启动触发开关有声响，但不发光	灯泡烧坏	更换灯泡
	手机电源线断路	维修电源线
	稳压电源故障	维修电源
固化效果不好，输出光强度过低	灯泡老化	更换灯泡
	滤光器透光性能降低	更换滤光器
	稳压电源输出电压过低	维修稳压电源
输出光颜色不均，光辐照累积温升过高	滤光器镀膜脱落	更换滤光器
频繁烧坏灯泡	稳压电源存在故障，输出电压过高	维修稳压电源

二、LED 灯光固化机

目前 LED 灯光固化机在临床上应用越来越普及。LED 灯属于半导体发光的冷光源，其中光固化机使用的 LED 灯的发光特点是光谱较纯，波长范围在 420 ～ 480 nm，峰值波长为 465 nm。LED 光源发热少，无需散热风扇，光源寿命长。

（一）结构组成及主要部件功能

1. 结构组成 LED 灯光固化机主要由电源适配器（或充电器及锂离子电池作为电源）和手机组成，其中手机包括微电子控制器、LED 灯、导光棒、操作键、遮光板、显示屏等。

2. 主要部件的功能

（1）电源适配器：将 220 V 交流电转换为光固化机所需低压直流电的稳压电源。

（2）微电子控制器：采用以微处理器为核心的电路控制系统，与 LED 光源一体封装在手柄壳内。

（3）导光棒：与卤素灯光固化机相同。

（4）操作键：有光输出模式预设键、辐照周期定时预设键及启动 / 停止键。

（5）遮光板：安装在手机前端，确保医师观察辐照区时眼睛免受蓝光刺激。

（6）显示屏：提供模式预设、定时预设及辐照计时的多功能显示器。

3. 整机组装形式 如图 2-42 所示。

（1）口腔综合治疗台内置式：稳压电源内置于口腔综合治疗台内，通过输电线与手机相连，手柄可置于口腔综合治疗台的手机挂架上（图 2-43）。优点是节省空间，操作方便。

（2）便携移动式：根据电源供给分为有线式和无线式。有线式的优点是利用 220 V 交流电，经电源适配器为手机供电，维护费用低，缺点是手柄有电线拖拽，操作不方便。无线式（图 2-44）的优点是利用充电器给充电电池充电，光固化机手柄无电线拖拽，操作更方便，缺点是电池续航能力有限，电池老化后更换电池需要一定的费用。

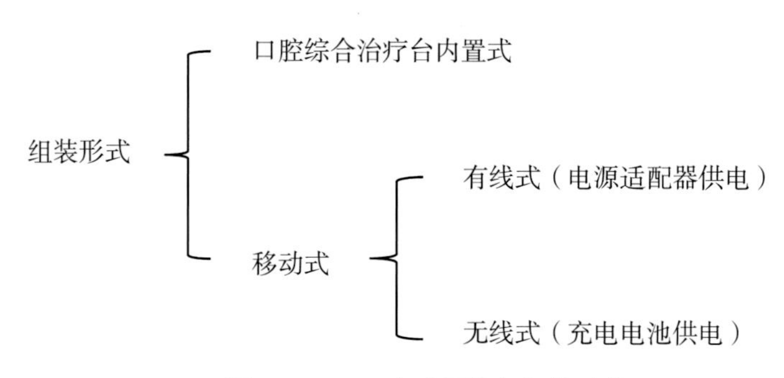

图 2-42　LED 灯光固化机组装形式

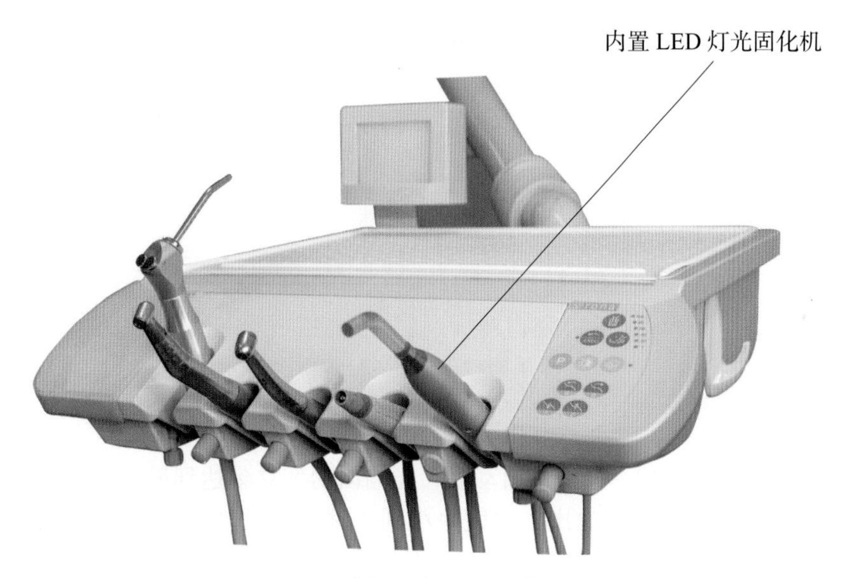

图 2-43　内置 LED 灯光固化机

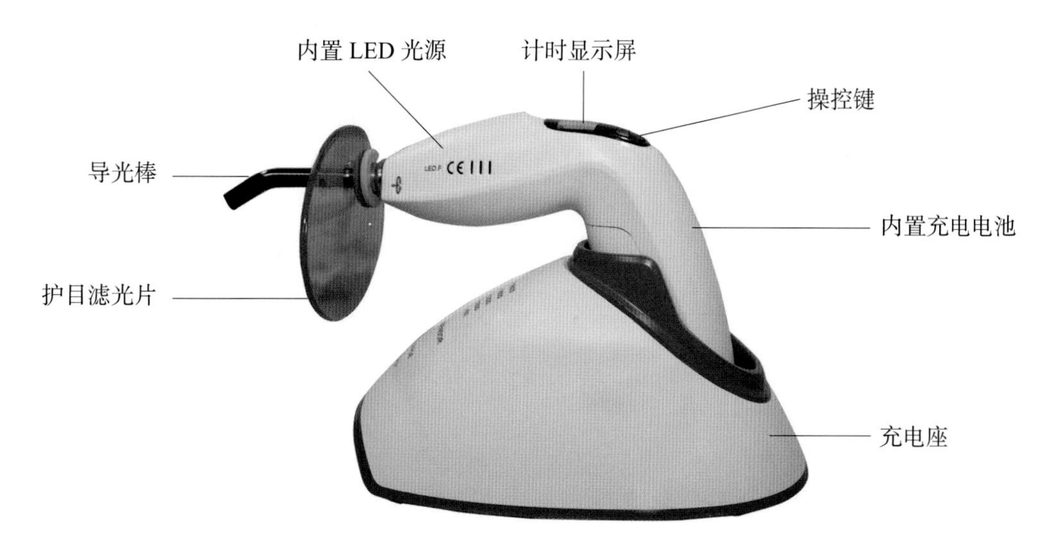

图 2-44　无线式 LED 灯光固化机

4. 光输出模式 LED灯是半导体发光元件，属于冷光源，可以方便地实现快速、渐进、脉冲多模式输出（图2-45）。

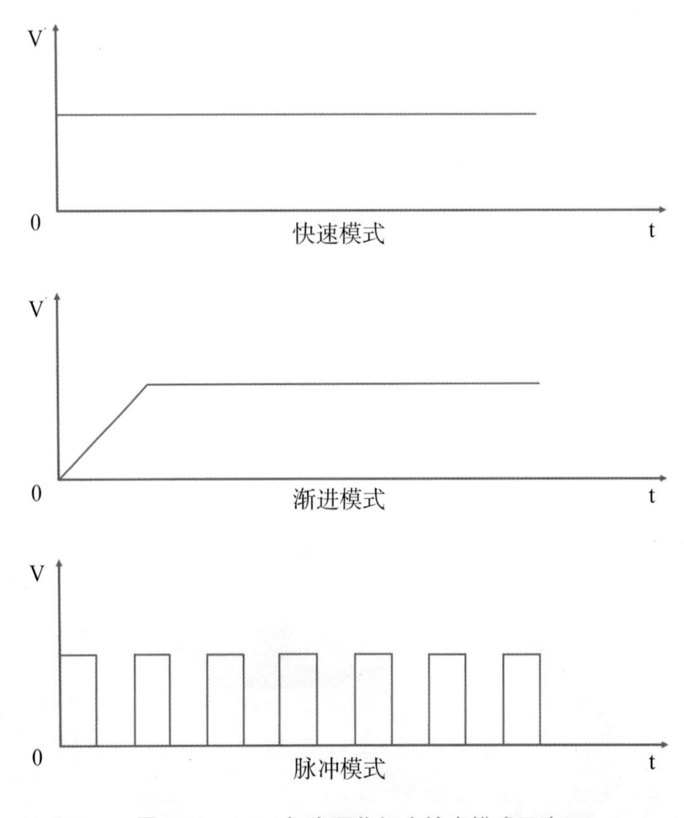

图2-45 LED灯光固化机光输出模式示意

（1）快速模式：即全功率模式。启动后，光输出功率立刻达到最大。

（2）渐进模式：启动后，输出光强度由小到大逐渐上升达到最大值，稳定输出直至辐照周期结束。

（3）脉冲模式：启动后，输出光以一定的频率闪烁输出。

（4）固化时间设定：5 s，10 s，15 s，20 s，30 s，40 s等。

还有一种光固化机的输出模式是按辐照光的输出光强度来区分，分为低强度（400 ~ 500 mW/cm^2）、中强度（1000~ 1200 mW/cm^2）、高强度（1600 mW/cm^2）。不同的辐照光强度模式，对应着不同的定时周期选择。输出光强度越高，其对应的辐照周期越短，主要是因为光强越高，光辐照累积温升越高，可能影响牙龈及口腔组织的健康。

5. 主要技术参数

（1）电源适配器或充电器输入电源：交流100 ~ 250 V/50 ~ 60 Hz。

（2）适配器或充电座输出：直流12 V或5 V。

（3）电池：锂离子电池。

（4）光谱波长范围：420 ~ 480 nm，峰值波长：465 nm。

（5）辐照度：500 ~ 2000 mW/cm^2。

（6）辐照定时：典型的有5 s、10 s、20 s等多种选择。

（7）固化模式：快速、脉冲、渐进。

（二）工作原理

LED 灯光固化机的微电子控制器、LED 灯、开关等装配成一体构成操作的手机。使用时依据固化材料的需要，预设固化模式、固化时间周期，触动手机上的启动 / 停止开关键，灯珠点亮发出蓝光，同时发出声响提示音，由导光棒将光束传导到治疗部位，实现光固化复合树脂快速固化。LED 灯光固化机工作原理如图 2-46 所示。

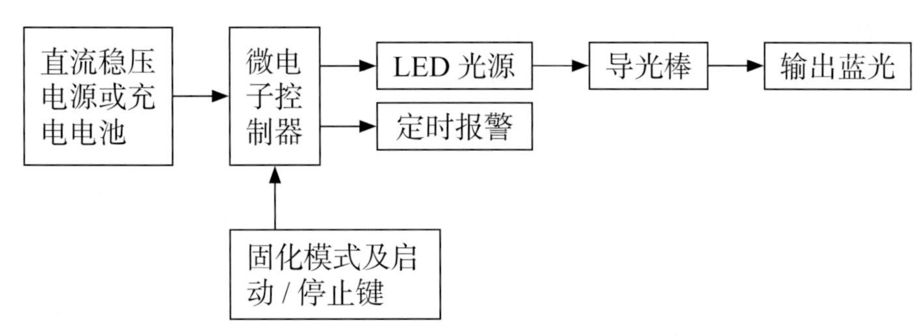

图 2-46　LED 灯光固化机工作原理

（三）操作常规及注意事项

1. 操作常规

（1）按使用说明书的要求，将手机、导光棒、防交叉感染透光套筒、遮光板等附件装配好，接通电源。

（2）根据树脂材料的使用要求，预设固化模式及固化周期。设备处于备用状态。

（3）操作使用时，医护戴好护目镜。将导光棒前端靠近被照部位，其间距保持约 2 mm。按压启动 / 停止键，光导棒末端发出蓝色光束，可进行光固化照射。

2. 注意事项

（1）LED 灯光固化机光源的功率一般可达 5 W，甚至有些产品选用 10 W 的光源，输出光强度高达 2000 mW/cm^2 以上。光辐照累积温升较高，可能存在牙髓损伤、软组织灼伤等潜在风险，多周期连续照射时，要适当延长启动间隔时间。

（2）光固化复合树脂材料种类较多，典型的（420 ~ 480 nm 波长）LED 灯光固化机能满足大多数材料的固化要求。有些特殊树脂材料的光敏剂为苯基丙酯（PPD），其敏感波长在 400 nm 以下，LED 固化机不能满足其固化要求，可选用卤素灯光固化机。

（3）LED 灯光源是半导体发光的冷光源，寿命长，属于免维护器件。多周期连续照射，有可能导致光源温升过高，导致灯珠局部 PN 结击穿损坏（图 2-47），输出光辐照度降低（图 2-48）或完全损坏，所以要避免长时间连续照射。

（4）为确保光固化复合树脂材料的固化效果，应定期检测输出光强度。

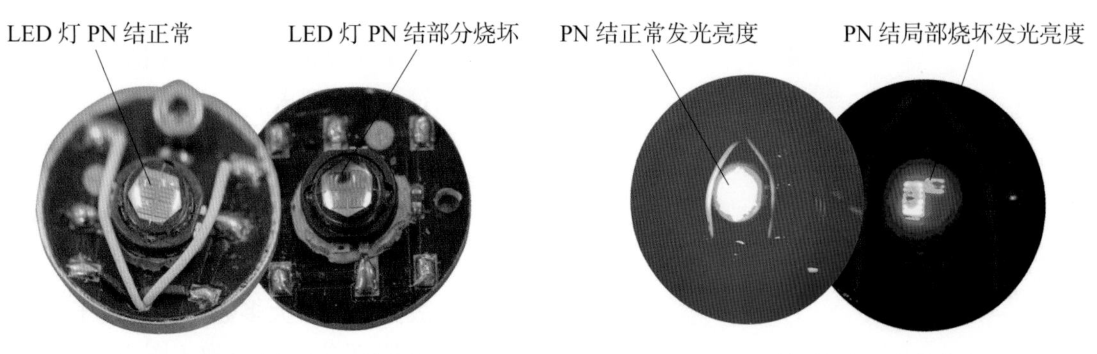

图 2-47　LED 灯珠部分 PN 结烧坏　　　图 2-48　PN 结受损与正常输出光对比

（四）维护保养

1. 时刻保持光导纤维棒端面清洁，树脂污染时应及时清洁。

2. 对每个患者使用前应在光导纤维棒上套一次性透明薄膜，或在使用后擦拭消毒，避免医源性交叉感染。

3. 对充电电池供电的光固化机，关注电池的续航能力，续航时间太短时，应及时更换电池，使设备处于良好运行状态。

4. 保持设备表面清洁，及时清除表面污染物，用软布蘸清洁剂擦拭。避免用液体喷洒、浸泡。

5. 为确保固化效果，应定期检测输出光强，确保设备性能良好。

（五）常见故障及排除方法

LED 灯光固化机常见故障及排除方法见表 2-6。

表 2-6 LED 灯光固化机常见故障及排除方法

故障现象	可能原因	排除方法
手机电源指示灯不亮	适配电源线断路	重新连接电源线
	适配电源损坏	检查、维修电源
	手机控制电路故障	维修或更换手机
	充电电池没电	充满电
按键无反应、无提示音	按键接触不良或损坏	更换按键
光强度不足	导光棒未完全装好	重新装配导光棒
	导光棒有隐裂	更换导光棒
	导光棒端面污染	清除污染物
	LED 灯珠部分 PN 结损坏	更换灯珠或更换手机
电池续航能力变差	电池老化	更新电池

（六）典型维修案例

1. 卤素灯光固化机典型维修案例

（1）灯泡频繁烧坏

故障现象：频繁烧坏灯泡。

故障原因：大多数情况是由于稳压电源输出电压偏高。使用一个与灯泡功率相当的等值电阻代替灯泡作为假负载，启动光固化机在辐照状态，用万用表测量灯泡座接口电阻两端的电压或用示波器观察输出波形，如果电压不稳、偏高或输出波形不稳，可判定稳压电源出现故障。

维修方法：在了解稳压电源电路结构、工作原理的基础上，查找引起故障损坏的元件，更换损坏元件，确保稳压电源输出电压符合灯泡要求。

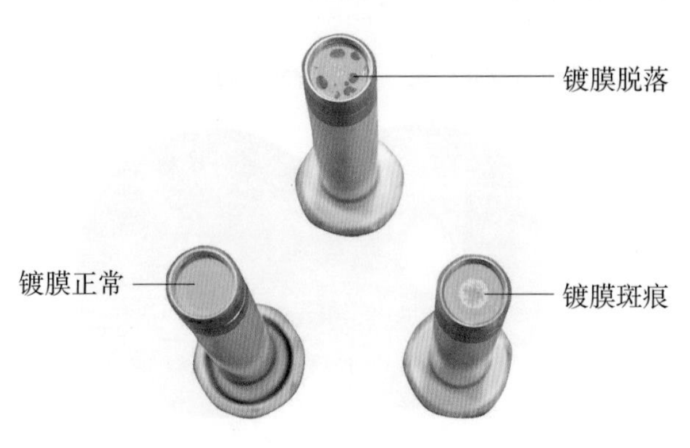

图 2-49 滤光器镀膜脱落与正常的比较

（2）卤素灯光固化机辐照累积温升过高、输出光颜色不均发白

故障现象：卤素灯光固化机辐照累积温升过高、输出光颜色不均发白。

故障原因：大多数情况是由于干涉滤光器镀膜部分脱落所致（图 2-49）。将卤素灯光固化机输出光束照射在深色背景面上，观察光斑颜色明显深浅不均或出现亮暗斑块，由此可判断滤光器老化损坏。

维修方法：更换滤光器。

2. LED 灯光固化机典型维修案例

（1）内置式 LED 灯光固化机手机电源指示灯不亮

故障现象：内置式 LED 灯光固化机手机电源指示灯不亮。

故障原因：此现象往往是手机尾部电源线断路，导致没有供电。内置式 LED 灯光固化机的手机与电源线多数是通过连接器连接，此时卸下手机，用万用表直流电压档检查电源线连接器的正负极，如果没有电压指示，一般可判定为电源线断路。

维修方法：由于使用环境及医师操作习惯，使用该设备时电源线与手机结合部受力不均、易弯折，因此电源线断路多发生在此处。因有护套管保护电源线，必须将电源线从接口端拉出来才能查找断点。鉴于其装配结构特点，可用一较细的金属杆从连接头后部贴紧套管壁插入，将连接器电极板顶出壳体，伸出电源线，找到断点，重新焊接后反向装配，恢复原样，此时故障排除。如有必要，可从断路点剪断，重新焊接。

（2）测光表检测 LED 灯光固化机辐照度明显降低

故障现象：测光表检测 LED 灯光固化机辐照度明显降低。

故障原因：测光表检测 LED 灯光固化机辐照度虽不达标，但目测仍然很亮。此时使用会造成树脂固化不完全，产生潜在裂隙、充填体易脱落等风险，影响治疗效果。辐照度较大幅度降低的原因，多数情况下是由 LED 灯珠发光不足引起的。发光不足多因灯珠 PN 结部分烧坏（图 2-47）。大功率 LED 灯珠是由多个 PN 结集成在一个基片，分组并联，部分烧坏导致发光不足，使发光强度下降（不像卤素灯那样，灯丝烧断后就不会发光）。因此，LED 灯光固化机比起卤素光固化机，更应该增加辐照度的检测。

维修方法：更换 LED 灯珠或更换 LED 灯光固化机手机。

（吴书彬　高燕华）

第五节　根管治疗设备
Equipment for Root Canal Treatment

一、口腔显微镜

口腔显微镜（dental microscope）是口腔临床治疗中的一种放大设备，早期主要用于牙体牙髓科对髓腔根管系统的检查和治疗，可清晰地观察髓腔根管口的形态，评估根管预备和根管充填的状况，提升了医师的视觉分辨力。随着显微治疗技术的发展，口腔显微镜在牙周、修复以及牙种植等领域也得到了应用，为口腔领域的疾病检查和治疗提供了很好的精细化检查和治疗手段。借助口腔显微镜，医师在诊断及治疗过程中能够更好地保持坐姿，降低了医师的劳动强度，保护了医患健康。除此之外，实时图像采集和显示功能也有效促进了医患沟通交流。

（一）结构组成及主要部件功能

构成口腔显微镜功能的部件，大致可分为支架系统、电气系统、光学放大系统和摄录及显示系统四大部分。

1. 结构组成

（1）支架系统：主要由底座或法兰盘、立柱、横臂等部件组成。

（2）电气系统：主要由电源、光源、亮度调节及控制开关等部件组成。

（3）光学放大系统：主要由显微镜的镜头支架、镜头（包括光学放大倍数、对焦、滤光、定位调节功能）等部件组成。

（4）摄录及显示系统：主要由摄、录影像接口，影像显示器等部件组成。

2. 主要部件的功能

（1）支架系统：口腔临床常用的显微镜安装方式主要有落地式（图 2-50）和悬吊式（图 2-51）两种。落地式支架立柱固定在带脚轮的支撑底座上，其优点是安装方便、移动灵活、可供多台口腔综合治疗台共同使用。悬吊式口腔显微镜的支架立柱固定在法兰盘上，法兰盘安装在口腔综合治疗台上方的楼板下，显微镜悬空吊挂，节省了诊室的地面空间，工作环境得以改善，操作方便，但失去了公用的特性，安装也相对比较麻烦。

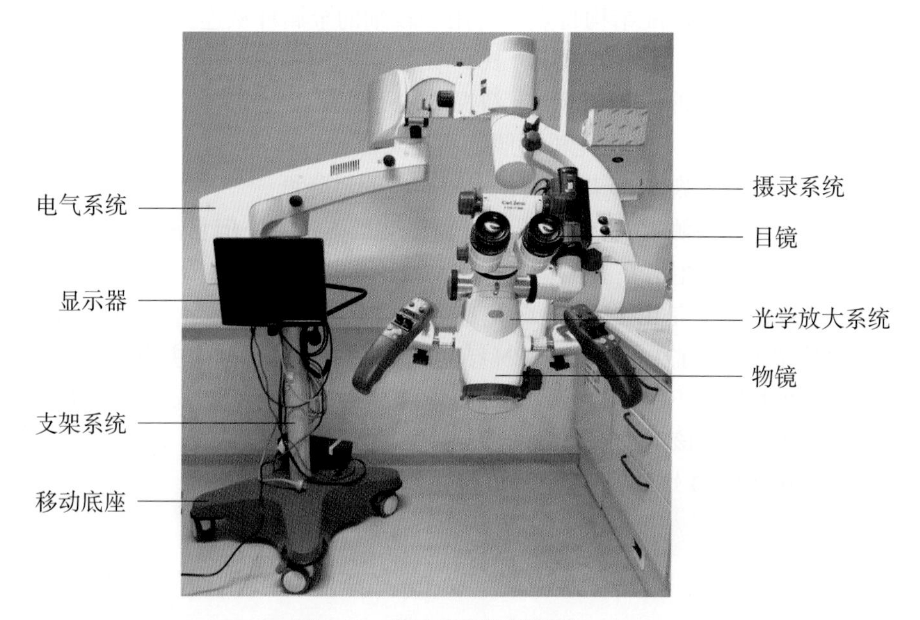

图 2-50 落地式口腔显微镜

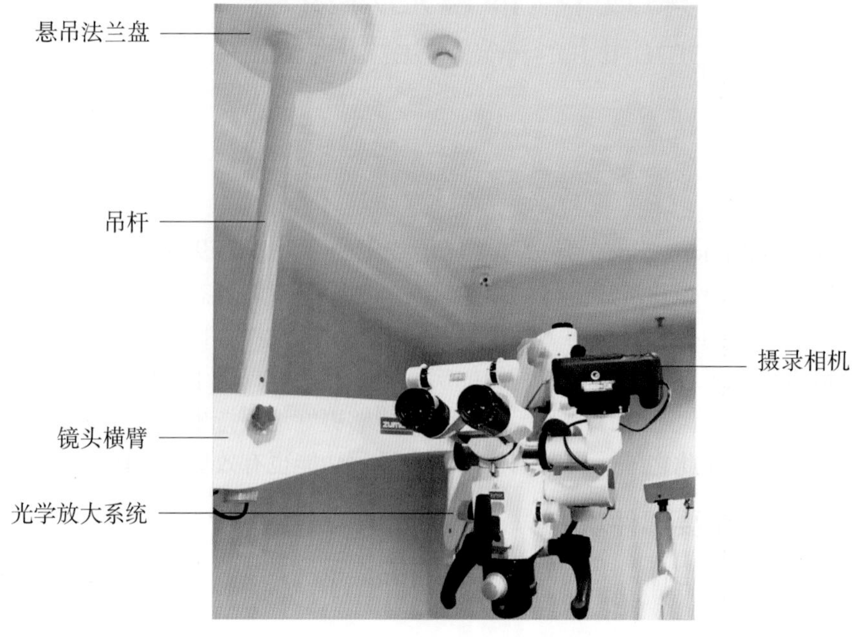

图 2-51 悬吊式口腔显微镜

1）底座：指落地式显微镜带有脚轮的底座，其与立柱连接，主要用于固定、支撑显微镜的其他部件。底座上的脚轮便于移动显微镜。

2）立柱：用于安装支撑控制箱、悬臂及镜头等部件。

3）悬臂：包括大横臂和小横臂，用于安装镜头支架和镜头，可在水平方向旋转，在垂直方向上下移动，用来调节镜头的宏观位置。悬臂带有锁定装置，可防止悬臂产生位移。用于镜头快速、精准、稳固地定位。

（2）电气系统：包括电源、光源、亮度调节及控制开关等。光源可分为卤素灯和LED灯两种。卤素灯光源属于热光源，灯泡寿命较短，一台口腔显微镜配备两只灯泡，其中一只备用，可手动切换或自动切换；LED灯是目前使用较多的一种新型半导体光源，其特点是寿命长、免维护。光源产生的输出光由光导纤维束传输到镜头。

（3）光学放大系统：是口腔显微镜的核心部件，主要由镜头支架、放大倍数调节旋钮、物镜、双目镜筒、助手镜、分光器及滤光片等组成（图2-52）。

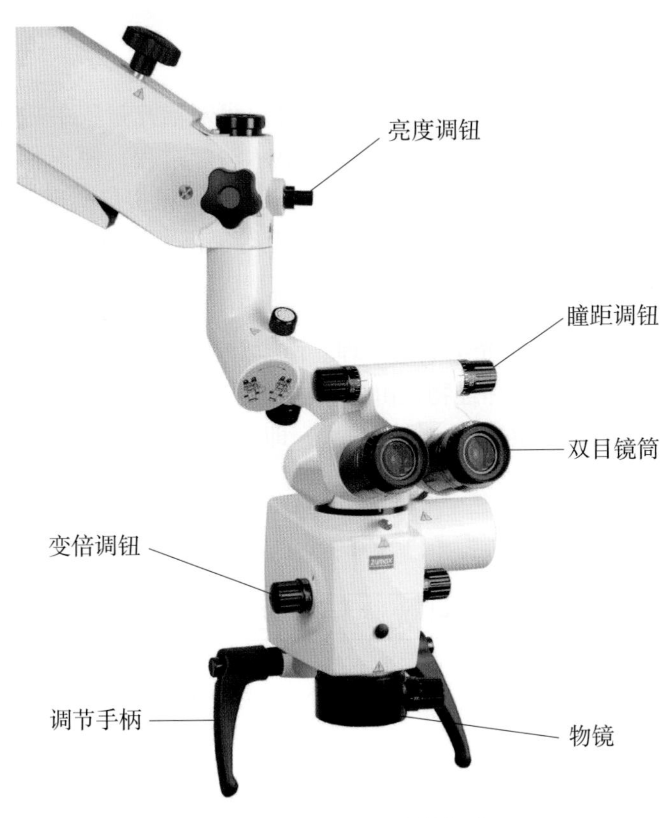

图2-52 口腔显微镜镜头

1）镜头支架：显微镜镜头支撑部件，镜头的角度、位移可任意调节。

2）放大倍数调节旋钮：调节放大倍数，以满足清晰观察治疗操作区的要求。

3）物镜：是镜头视物放大的核心部件。有定焦物镜和变焦物镜之分，物镜的焦距决定了镜头到工作面的距离，通过定位调节，配合微调及放大倍数调节，使被视物清晰可见。

4）双目镜筒：具有一定的放大倍数的操作者观察视物的目镜。瞳距连续可调，并配有可调高度的眼罩，以适合不同的使用者。

5）助手镜：为助手提供检查、治疗过程的观察镜。

6）分光器：把主镜的光线按一定比例分配并引导至助手镜、摄录及显示系统，便于观察及摄录图像。

7）滤光片：一般配有黄色和绿色滤光片。其中黄色滤光片可滤除灯光中的蓝色光（图2-53），避免蓝光对光固化复合树脂材料的影响；绿色滤光片可滤除术野中血的红色（图2-54），使视野更清晰。

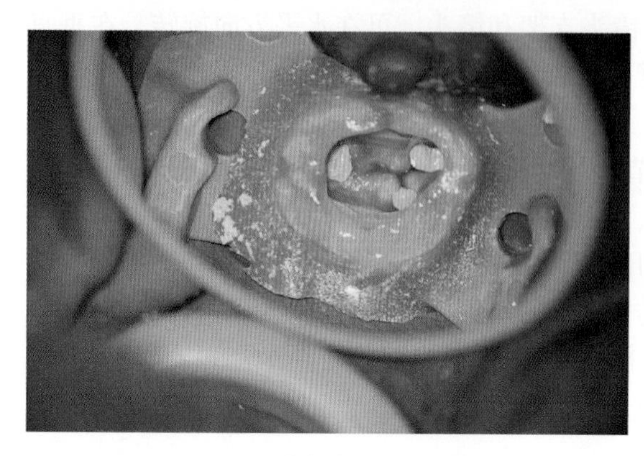

图 2-53　黄色滤镜下的视图

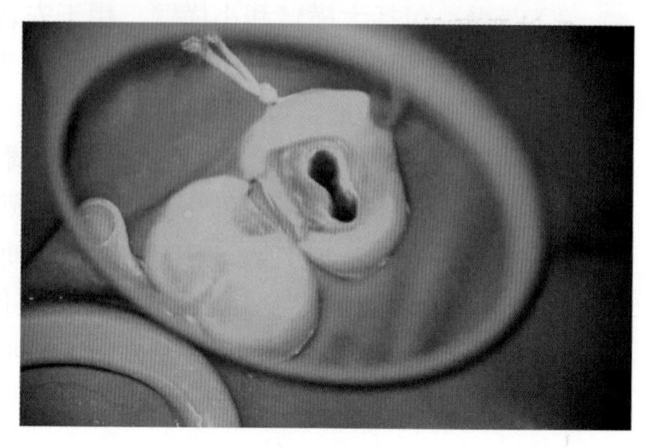

图 2-54　绿色滤镜下的视图

（4）摄录及显示系统：是口腔显微镜的附属部件，可对治疗过程中需要留存的图像进行拍摄和录制，便于学术交流。还可通过显示器实时显示治疗过程，便于多人现场观摩治疗过程，既是良好的教学手段，也便于医患沟通。目前可以通过手机接口实现手机视频实时录制播放，还可实现远程实时传输，为远程会诊、观摩、示范等提供了便捷的途径。

（二）工作原理

口腔显微镜的工作原理主要是光学放大原理。卤素灯或 LED 灯发出的光束，由光导纤维传送到物镜和被摄物体，观察的物体经物镜由分光器送到目镜和助手镜或摄录及显示系统。通过调节焦距和放大倍数以清晰观察物体，锁定镜头，即可进行精细检查和精准治疗。口腔显微镜光源的工作原理如图 2-55 所示。

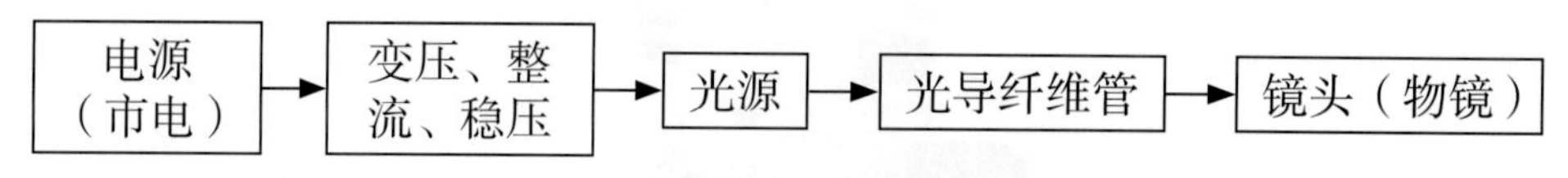

图 2-55　口腔显微镜光源工作原理示意

（三）操作常规及注意事项

1. 操作常规

（1）对于可移动口腔显微镜（即落地式口腔显微镜），移动前要先打开底盘脚轮锁定装置，移动到位后要锁紧锁定装置。

（2）取下防尘罩，接通电源，打开灯光。

（3）调整操作者椅位的高度、位置，达到舒适的操作状态。

（4）调节患者体位及头位。

（5）调整双目镜瞳距，用双眼观察视野，避免单眼操作。

（6）将镜头移向被观察物体，调节目镜和物镜位置，确定观察物在视野中央，调节焦距、放大倍数、光强及光斑，逐渐放大和调整焦距达到最佳操作条件。

（7）被观察物体清晰成像后，保持镜头稳定，开始检查和治疗。

（8）使用光固化复合树脂材料时，选用黄色滤光片，避免材料过早固化。

（9）在手术出血环境下，选用绿色滤光片，可使视野更清晰。

（10）使用完，将光强调至最小，关闭光源，复位镜头及附件，盖上防尘罩，待散热风扇停止工作后，关闭总电源。

2. 注意事项

（1）口腔显微镜是精密的光学设备，存放、移动时要细心，谨防镜头磕碰。

（2）移动口腔显微镜时，一定要松开脚轮锁紧装置，谨防脚轮损坏。

（3）口腔显微镜的可调关节有锁紧装置，大幅度调节前应先松开，再调节。调好后锁紧固定。避免强行拖拽。

（4）对于带电子锁紧装置的口腔显微镜，调节镜头时要先打开电源开关，否则易导致电子锁紧装置损坏。

（四）日常维护及保养

1. 口腔显微镜属于光学设备，应按光学设备的要求进行维护保养，注意清洁，使用专用镜头纸或清洗液擦拭镜头，用完后应及时盖上防尘罩以保护镜头。

2. 开机后先检查光源，如灯不亮，可检查电源、灯泡和保险丝等；如使用过程中灯泡损坏，应及时切换到备用灯泡，工作结束后及时更换损坏的灯泡。

3. 关机前应将灯泡亮度调到最小，待光源充分冷却后再关闭电源。

4. 口腔显微镜是结构复杂的精密光学设备，如遇复杂问题应请专业人员维修，避免问题扩大。

（五）常见故障及排除方法

口腔显微镜常见故障及排除方法见表 2-7。

表 2-7　口腔显微镜常见故障及排除方法

故障现象	可能原因	排除方法
打开光源电源时，无光	灯泡烧坏	更换灯泡
	电源输入保险丝熔断	查找保险丝熔断原因，更换相同规格保险丝
	稳压电源无输出电压	请专业工程师检查电源电路，维修或更换电源板
	电源开关损坏	更换电源开关
底座脚轮已解锁，但口腔显微镜移动不通畅、阻力大	底座脚轮被丝线、毛发等缠绕，转动阻力加大	清理轮轴间毛发等杂物，必要时加油润滑

二、根管长度测量仪

根管长度测量仪（root canal length meter），又称电子根尖定位仪（electronic apex locator，EAL），简称根测仪，是在牙髓及根尖周病变治疗过程中用于测定根管工作长度的小型设备。根管治疗术是通过清除根管内的感染组织，对根管进行清理、成形及严密充填，去除感染组织对根尖周围组织的不良刺激，防止发生根尖周病变或促进已有根尖周病变愈合的一种治疗方法。相比传统的 X 线根尖片测量方法，根管长度测量仪获得的根管工作长度具有更高的精准度，有助于医师对根管的精准治疗，提高根管治疗成功率。目前，根测仪在口腔临床上已得到广泛应用。

（一）结构组成及主要部件功能

1. 结构组成 根测仪主要由主机、唇挂钩、测量器械夹持器、测量电极导线等组成，通常还会配备测量电极、止动片和量尺等附件（图 2-56）。

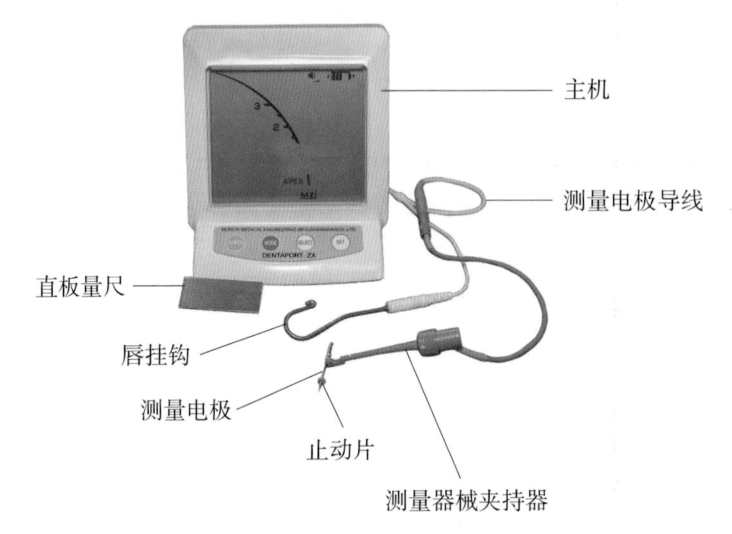

图 2-56 根管长度测量仪

2. 主要部件的功能

（1）主机：根测仪的核心部件，由以单片机（micro control unit，MCU）为核心的精密电子线路构成，带有液晶图形显示屏，能动态显示根管锉尖端与根尖的距离。随着根管锉的深入，主机发出提示音警示，当尖端到达根尖孔时，提示音发生变化。主机上还有测量电极接口、电源开关及功能设置键等。

（2）唇挂钩：电测量的电极之一，挂于患者唇部。

（3）测量器械夹持器：夹持植入根管的器械（即相应型号的根管扩大器械）。

（4）测量电极导线：把测量电极连接到主机。

（5）测量电极：用根管锉作为测量时的探测电极。

（6）止动片：套装在测量电极上的浮动标记，测量电极伸入根管时，止动片贴紧根管口，一次测量结束时，测量电极的顶尖与止动片之间的距离为本次测量的长度。

（7）量尺：根尖定位结束时，用来确认测量电极顶尖与止动片之间的长度。

（二）工作原理

根测仪是根据根尖孔与口腔黏膜之间的电阻恒定（R=6.5 kΩ）这一原理设计制造的。其工作原理流程如图 2-57 所示。

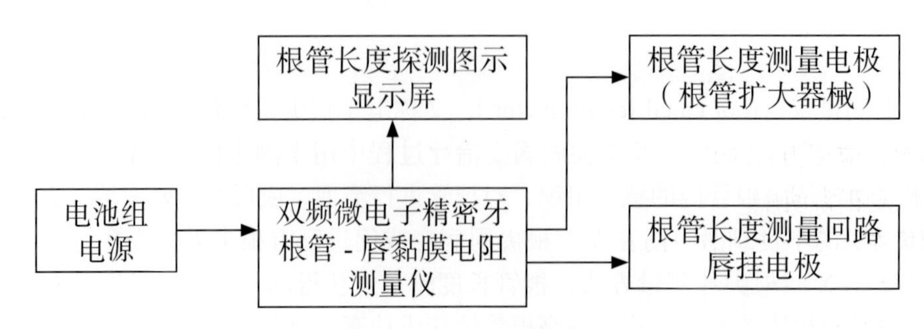

图 2-57 根测仪工作原理流程示意

（三）操作常规及注意事项

1. 操作常规

（1）按设备使用说明书要求，将根测仪主机及附件有效连接，开机检查设备功能完好性。

（2）测量前待测牙根管内应保持适度潮湿以增加导电性。

（3）唇挂钩挂于待测牙对侧口角，夹持器夹住带止动片的根管器械。

（4）将器械缓慢插入根管内，注意观察图示、监听警示音，提示到达根尖时停止。将止动片与冠部标志点保持一致。

（5）在体外测定止动片与器械尖端之间的距离，作为根管工作长度的参考。

2. 注意事项 根管内有大量液体渗出、存在金属修复体、发生根折和牙根吸收等情况时，可能出现假阳性，此时要参考 X 线片来综合判定根管长度。

（四）日常维护及保养

1. 保持主机表面清洁，被污染时及时用软抹布蘸无腐蚀性清洁剂擦拭干净。
2. 保持测量电极导线清洁，使用时避免缠绕、猛拽，以免导线断路，影响正常使用。
3. 长期不用时，应将电池卸下保存，防止电池漏液腐蚀设备。
4. 使用充电电池的设备，要及时充电；续航能力不足时，及时更换电池。

（五）常见故障及排除方法

根测仪常见故障及排除方法见表 2-8。

表 2-8 根测仪常见故障及排除方法

故障现象	可能原因	排除方法
图示不稳、断续	导线插头接触不良	清洁导线插头
	导线折断接触不良	查找导线虚接断点，焊接恢复通路
	电池电量不足	更新电池
	开关键损坏	维修或更换开关
开机无反应、黑屏	主机电路故障	找专业维修人员维修

（六）典型维修案例

根测仪是高集成度的精密电子测量设备，主机耐用，故障率较低，日常使用中常见问题是测量时图形显示的进度指示不稳定。

故障现象：测量时图形显示的进度指示不稳定。

故障原因：此故障的常见原因有测量回路接触不良、导线有折断点等。若排除测量回路原因之后，仍然存在图形显示进度不稳定的现象，则故障很可能是由主机引起的。

维修方法：

①首先要检查测量回路各连接处是否有腐蚀现象导致接触不良，如有，应清洁干净，确保导电回路良好。

②其次，应用万用表电阻档测量导线的通断，查找是否存在虚接断点，如有，需重新焊接，方可恢复正常使用。

③如果有一台以上的同型号测量仪，则判断测量导线及测量回路中连接件好坏的快速方法，是把故障设备的可疑不良部件与正常使用设备对应位置确认良好的部件互换，这样能快速查找、判断故障原因。

④若判断为主机故障，应请专业维修人员处理，避免故障扩大，带来更大损失。

三、根管扩大仪

根管扩大仪（pulp canal expander），又称根管马达（图 2-58），是根管治疗中的根管预备设备之一，集机电于一身，配备专用马达及减速手机，配合机用镍钛旋转器械，进行根管预备。根管扩大仪采用高度集成的电子控制系统，使用专用电动马达与减速手机精准配合，可获得稳定的转速及较大的扭矩，其转速、扭矩大小可预设，便于操作掌控，可减轻医师的劳动强度，极大地提高了根管预备的效率，在口腔临床治疗中已取得广泛应用。

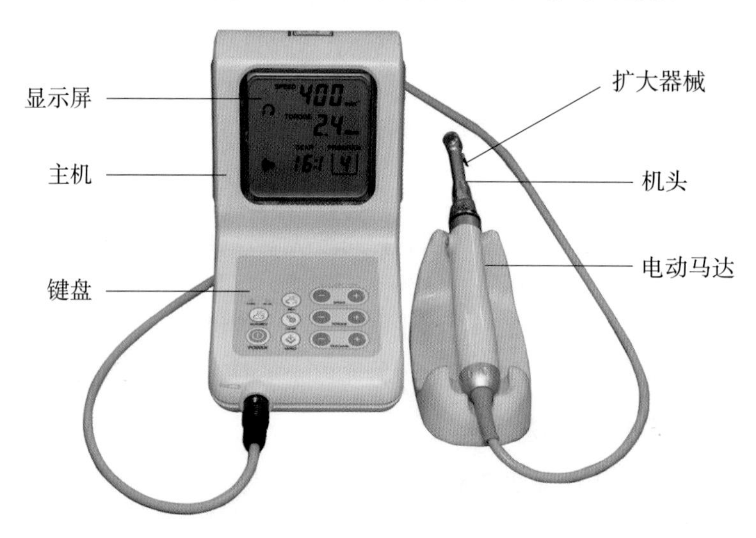

图 2-58 根管扩大仪

（一）结构组成及主要部件功能

1. 结构组成 根管扩大仪主要由电子控制系统主机、电动马达、减速手机、控制器四部分组成。

2. 主要部件的功能

（1）电子控制系统主机：由以单片机芯片为核心的高度集成的电子线路、操控键盘、显示屏等组成。通过键盘操作，可对马达转速、旋转方向、扭矩、安全保护模式等功能进行预设，且主机对预设功能具有记忆能力。显示屏是功能预设时的人机交互界面，可以实时显示马达转速、转向、扭矩等。

（2）电动马达：分为电刷电动马达和无电刷电动马达。转速范围一般在 1200 ~ 16 000 r/min，速度可调。无刷电动马达具有免维护的优点。

（3）减速手机：根管扩大仪选用齿轮减速的减速手机，降低旋转器械的速度。与传统非减速手机相比，减速手机可获得更大的扭矩。常见减速手机的减速比为 4:1、8:1、16:1、32:1、64:1 等。

（4）控制器：控制马达的启动或停止，可以通过脚踏或马达手柄按钮控制。

（二）工作原理

根管扩大预备过程中要求所用旋转扩大器械转速低、速度稳定、扭矩大。根管扩大仪主机的电子控制系统可以对马达转速进行精确控制，配合减速手机，使根管扩大器械运行在合适、安全的转速范围内。

（三）操作常规及注意事项

1. 操作常规

（1）按设备使用说明，正确连接根管扩大仪的主机、马达、手机、扩大器械、脚踏控制器等，然后接通电源。

（2）参照使用说明，预设使用功能。主要包括转速、与减速手机匹配的减速比、扭矩、旋转方向等。

（3）保护功能设置：①自动限制，达到预设扭矩时，转速降至零。②自动保护，是防止器械过载折断的保护功能。达到预设扭矩时，主机控制马达立刻停止且反向旋转，避免扩大器械扭力过载而折断。

（4）不同的机用器械，对转速和扭矩有不同需求。每次使用前，要先设定合适的安全扭矩和转速后再开始工作。

2. 注意事项

（1）按照各种器械推荐的扭矩和转速进行设置。

（2）掌握正确的操作手法。

（3）使用时，不要猛拉硬拽马达尾线，防止电线断路。

（四）日常维护及保养

1. 每次使用后，应及时清洁、消毒。清洁保养前，要先关闭电源。

2. 使用前对电动马达粘贴隔离防护膜。使用后的手机可选用压力蒸汽灭菌处理，防止医源性感染。

3. 使用不含腐蚀性的清洁剂清洁设备表面，谨防液体渗入设备内部，损坏电子线路、显示屏、键盘等部件。

4. 使用与手机相匹配的根管扩大器械。

5. 使用后，马达尾线应安全摆放，防止磕绊损坏设备。

（五）常见故障及排除方法

根管扩大仪常见故障及排除方法见表 2-9。

表 2-9 根管扩大仪常见故障及排除方法

故障现象	可能原因	排除方法
主机无法开机	供电线路没有供电	检查供电线路，接通电源
	主机控制板故障	由厂家或专业人员维修
脚踏控制器不工作	控制器开关不正常	更换开关
马达不工作	马达尾线折断	查找断点，重接
	马达自身问题	更换马达

四、热牙胶充填器

热牙胶充填器（warm gutter filling appliance）用于根管充填。热牙胶充填技术把牙胶加热至熔融状态，使其具有良好的流动性，使根管充填的效果更密实，不仅能充填主根管，还能充填侧、副根管等复杂结构，达到三维致密根管充填效果。

热牙胶充填器主要包括垂直加热加压充填器和热牙胶注射充填器两部分。垂直加热加压充填器的主要作用是把牙胶挤压密实，根据使用要求，还可对牙胶边加热边挤压；利用加压器前端能快速加热的特点，还可剪裁多余的牙胶尖及牙胶。热牙胶注射充填器的主要作用是，把放置于加热仓内的牙胶棒加热至熔融状态，通过活塞推杆加压，从注射针挤出牙胶来充填根管。

两者可独立供电、独立控制；也可由一台主机既控制垂直加热加压充填器，又控制热牙胶注射充填器，二者整合为一台多功能充填器（图 2-59），其电源及电子控制系统集成在主机内，采用市电提供电源，免除充电、更换电池的麻烦，这样提高了设备的集成度，更便于摆放、使用。

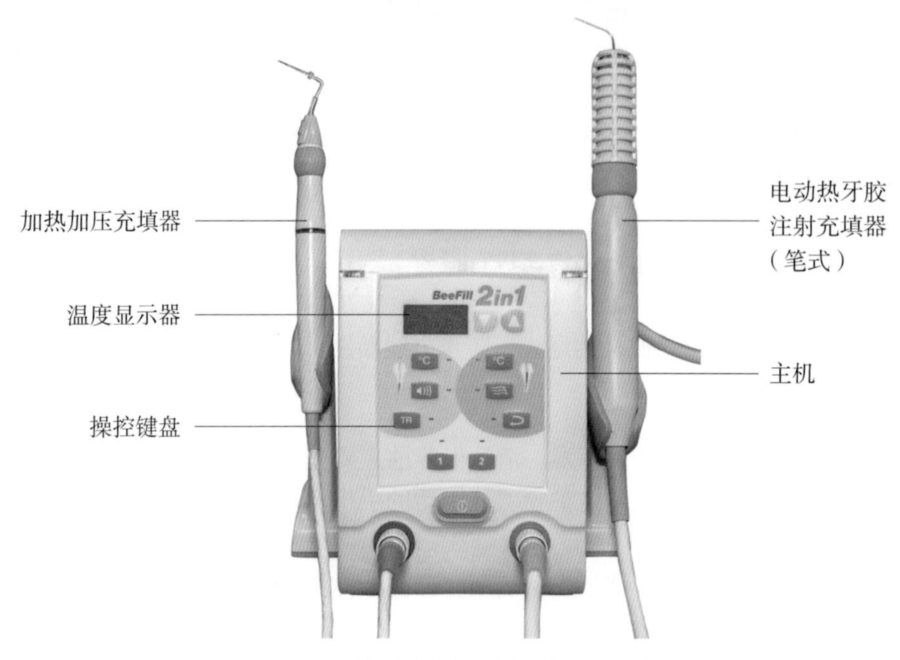

图 2-59　热牙胶注射充填器（一体式）

下面以分体式为例，分别介绍垂直加热加压充填器和热牙胶注射充填器。

（一）垂直加热加压充填器

垂直加热加压充填器也称作携热器。用作携热器时的作用主要是利用其快速升温的特点，用前端加热笔尖裁剪多余的牙胶及牙胶尖。

1. 结构组成及主要部件功能

（1）结构组成：垂直加热加压充填器主要由主机（加热手柄）、加热加压笔尖（发热针）及充电座等部分组成（图 2-60）。

图 2-60　垂直加热加压充填器

（2）各主要部件的功能

1）主机：主要由发热元件、温度控制电路、显示屏、充电电池、电源开关与温度预设复用键、加热控制按键组成一体化手柄。温度控制电路可实现发热元件的温度预设及恒温控制，显示屏显示实时工作温度。发热元件是低压大电流快速发热元件，由加热开关控制。

2）充电座：既是加热手柄内置充电电池的充电器，也是手柄放置的基托。

3）加热按键：按压启动加热开关，可使加热元件快速升温到预设温度并保持恒温。

4）加热加压笔尖：是垂直加热加压的工作头，加热后可融化牙胶，通过垂直施加压力，可使牙胶充填更密实。

2. 工作原理　垂直加热加压充填器是利用电阻通过电流时使电阻体产热，来为加压笔尖提供热源的。加热器的电阻值较小，可以用低压电（如 10 V 或更低）驱动，实现快速升温。加压笔尖与加热器螺纹连接，加热器的温度可快速传导给加热针，利用加热针软化牙胶，实现垂直加热加压充填，还可作为牙胶的裁剪工具。垂直加热加压充填器的工作原理如图 2-61 所示。

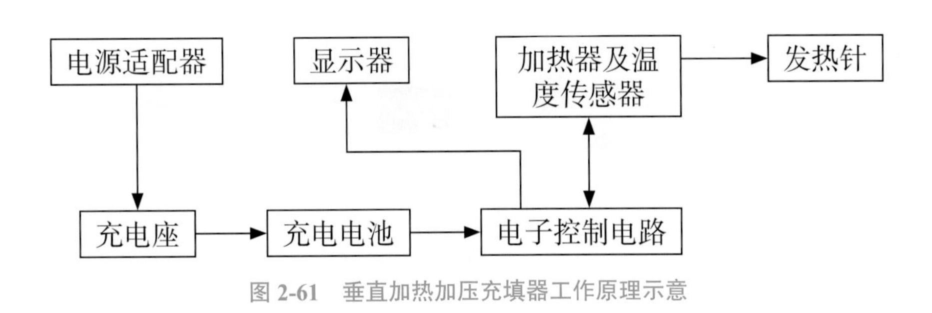

图 2-61　垂直加热加压充填器工作原理示意

3. 操作常规及注意事项

（1）操作常规

1）按设备使用说明，安装连接设备附件，使用充电电池作为加热电源的设备，要预先充满电。

2）选择适当的加压笔尖，与加热手柄可靠连接。依据待治疗牙齿的情况，调整加压笔尖的角度。

3）安装防烫隔热保护套，以防烫伤。

4）使用前，预设使用温度，一般可选预设温度有 160 ℃、180 ℃、200 ℃、230 ℃几档，启动加热开关，检查升温速度及恒温可靠性。

5）使用时，将加压笔尖触及要加压的牙胶，然后启动加热开关，连续加热时间应小于 4 s。加热深度一般需要达到距根尖 3 ~ 5 mm 处。

（2）注意事项

1）加压笔尖使用前应消毒处理。

2）加压笔尖有多种型号，使用前应注意选择合适的笔尖。

3）根据牙胶材料的使用说明，及时调整加热温度，确保牙胶性能不受过热损害。

4）鉴于笔尖升温速度快且温度高达 200 ℃，使用前必须加装隔热防护套，进 / 出口腔时要谨慎，切勿按压启动开关，以防烫伤。

（二）热牙胶注射充填器

目前使用的热牙胶注射充填器，按热牙胶加压挤出的注射方式分类，可分为电动热牙胶注射充填器（笔式）和手动热牙胶注射充填器（枪式）两种。这两种充填器的区别主要体现在加热手柄的结构上，前者靠微型电机驱动推进杆加压，采用一次性牙胶和注射针一体封装；后者靠使用者的手扣动扳机驱动推进杆给牙胶加压。加载牙胶的方法是将牙胶棒放入牙胶装填槽口，用推进杆推入加热仓。二者加热及充填原理相同。这里重点介绍枪式结构热牙胶注射充填器。

1. 结构组成及主要部件功能

（1）结构组成：手动热牙胶注射充填器主要由注射针、隔热硅胶套、注射充填枪、充电座、电源适配器等部分组成。

有线式和无线式手动热牙胶注射充填器的区别，仅在于两者的供电方式和电子控制线路板安装位置不同，前者有一个独立的主机，后者供电电源和电子线路与注射枪一体，移动、操作更方便。手动加压无线式热牙胶注射充填器如图 2-62 所示。

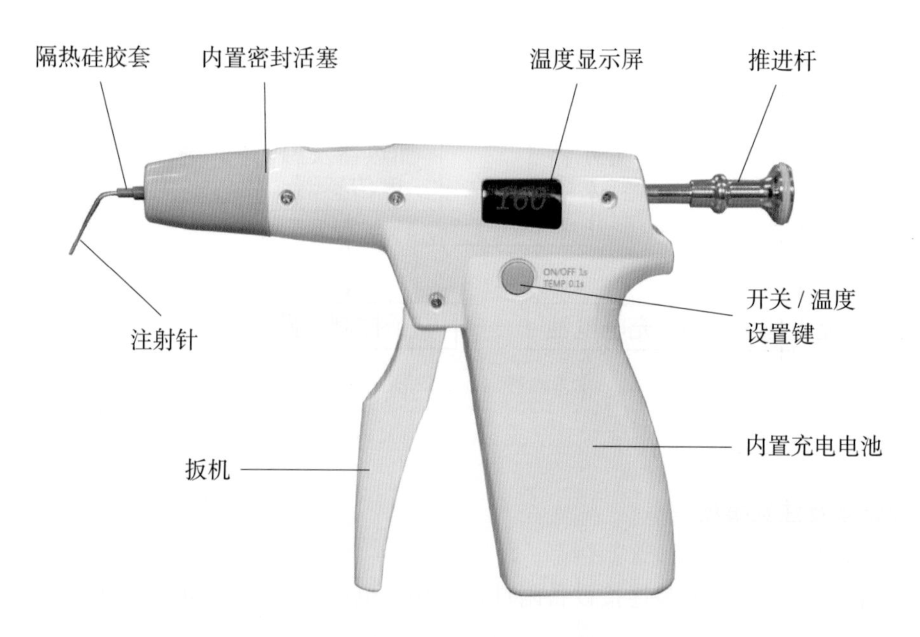

图 2-62　手动加压无线式热牙胶注射充填器

（2）主要部件的功能

1）注射针：与加热组件螺纹连接，将熔融的热牙胶输送到充填部位。

2）隔热硅胶套：防止注射针高温烫伤患者口腔组织。

3）主机：主要由加热器、牙胶加热仓与牙胶推进杆前端构成的密封活塞、温度预设及电子控制线路、温度显示屏、扳机、充电电池等，构成无线热牙胶充填器的主机。

①推进杆：给熔融的热牙胶施加压力，将牙胶通过注射针头挤出，实现牙胶充填。

②扳机：手控扣动扳机，驱动推进杆推进，给热牙胶施加压力。

③温度显示屏：显示预设加热的恒定温度及工作时的实时温度。

④开关 / 温度设置键：多功能复合键，通过不同的操作方式，可实现开 / 关机及预设温度设置。

⑤充电电池：为控制电子线路及加热元件提供电源。

4）电源适配器及充电座：电源适配器将市电转换成适合充电电池的电源，与充电座连接，供充填器充电。

2. 工作原理　手动热牙胶注射充填器是通过电加热器熔化牙胶，手控扳机驱动推进杆给熔融的牙胶施压，热牙胶通过注射针挤出，从而实现热牙胶充填。

3. 操作常规及注意事项

（1）操作常规

1）根据设备使用说明书要求，将电源适配器与充电座连接，为电池充电作好准备。

2）把牙胶推进杆从后部孔插入。

3）选择合适的注射针，用专用扳手适当拧紧。

4）安装注射针与充填器连接部位的隔热硅胶套，防止烫伤患者。

5）将牙胶棒放入牙胶槽内，向前推进牙胶推进杆，把牙胶推入加热仓，扣动扳机适当压紧。每次只能放入一根牙胶棒。

6）按压开关 / 温度设置键，长按可以打开或关闭电源；开启状态下，短按按钮，可进行温度预设（160 ℃ /180 ℃ /200 ℃ /230 ℃）。

7）开机后，温度达到预设温度时，扣动扳机，牙胶推进杆给牙胶施加压力，热牙胶从注射针前端挤出，可进行热牙胶充填。

（2）注意事项

1）热牙胶注射充填器，自身带有 200 ℃的加热器，加热元件及注射针部分高温，使用时一定要加装隔热防护装置。

2）一定要先加热到预设温度后再操作加压扳机。施加一定的压力，热牙胶匀速挤出，避免用力过猛导致机械部件损坏。

3）更换注射针时，要在热态下进行拆卸，牙胶凝固状态时拆卸，易引起结构件损坏。

4）不要在无牙胶状态下，启动加热开关，避免干烧损坏加热元件。

5）为避免医源性感染，不同患者治疗时，应更换已消毒的注射针及隔热硅胶套。

4. 日常维护及保养　热牙胶充填器看似简单，其实也是集快速加热、自动恒温控制、温度预设、温度显示、机械式加压等一体的复杂设备。因此要注意对设备进行日常维护及保养。

（1）设备表面保持清洁，沾染牙胶等污染物时，及时清洁处理。

（2）注射针连接处出现牙胶溢出时，应及时清理，重新紧固注射针。

（3）注射牙胶遇到异常阻力或不畅时，应停机检查，避免故障问题扩大。

（4）遇到电池续航能力不足时，应及时更换电池。

5. 常见故障及排除方法　热牙胶充填器常见故障及排除方法见表 2-10。

表 2-10　热牙胶充填器常见故障及排除方法

故障现象	可能原因	排除方法
电源正常，启动加热开关后不升温	加热元件烧坏	更换加热元件
	加热元件供电线开路	查找故障点重新焊接
电池续航时间短	电池老化	更新电池
开机后温度显示屏黑屏	显示屏或控制电路故障	找专业人员维修

6. 典型维修案例　热牙胶注射充填器是集机电一体的设备，故障率较低，但使用操作不当，也会带来意想不到的损坏。下面是一次维修案例讲解，维修后恢复了使用功能。

故障现象：牙胶注射针拆卸不下来。拆卸针头时，只转圈但针头螺纹接口无法脱离。

故障原因：经检查发现针头与加热器接口部件一同旋转。初步鉴定为内部加热器定位松脱。打开注射器外壳，发现接口部件及加热器主体与定位固件的连接处（图 2-63）焊点开焊，导致加热器与注射针头一同旋转。此故障发生的原因可能是，拆卸针头时，因螺纹接口有牙胶阻碍，用力过猛，或安装针头时，用力过大拧得太紧，长此以往，导致焊接点脱焊。

由于更换注射针时遇到问题没有及时查找出原因，带动加热器一同旋转，导致电源线及温度传感器导线被扭断。故障处理不当，导致问题进一步扩大，最终致使注射器处于报废边缘。

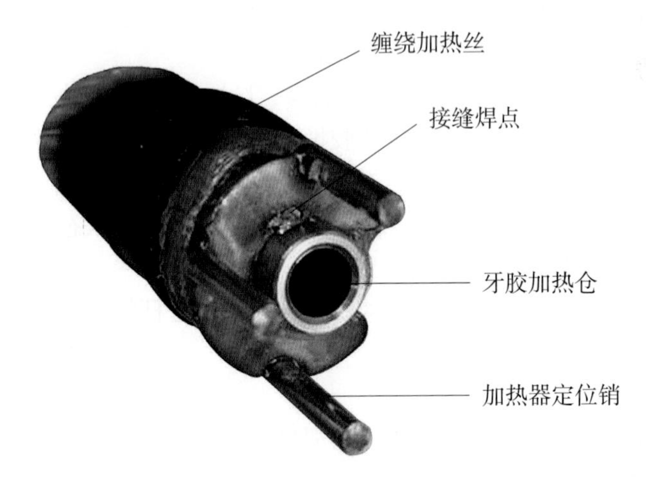

图 2-63　加热器固位件结构

维修方法：

①拆解加热器，重新焊接。

②重新缠绕加热丝，固定温度传感器的探头，恢复加热器组件（图 2-64）。

③连接加热丝电源线及温度传感器导线。

④重新装配，恢复设备使用功能。

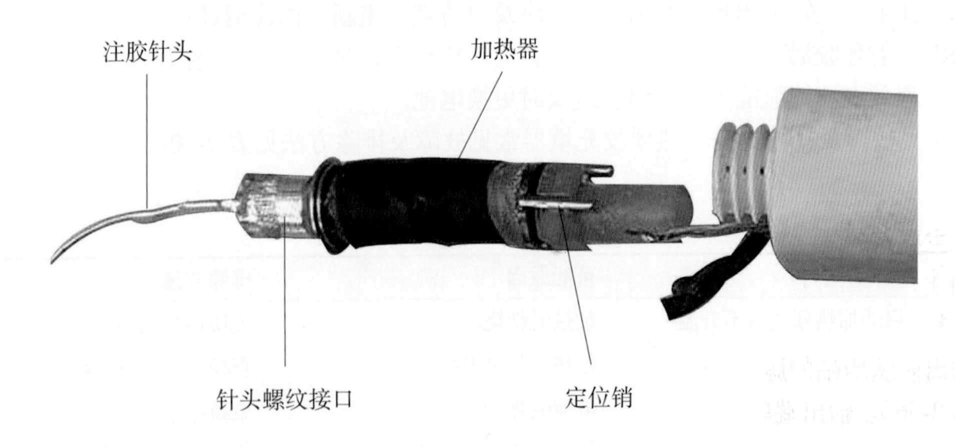

图 2-64　恢复加热器组件局部

五、牙髓活力电测仪

牙髓活力电测仪（electric pulp tester），也称牙髓活力测试仪，是口腔诊疗中利用牙髓神经对脉冲电流刺激的敏感程度，来判断被测牙髓神经活力的电生理刺激仪器。牙髓活力的测量是利用牙釉质及牙本质具有比周围生物组织更高的电阻率这一牙体组织结构特点，通过对被测牙齿表面干燥隔湿处理，使测量回路的脉冲电流集中在牙髓神经上，由此测得患者牙髓神经对脉冲电流刺激的敏感程度，患者感觉到明显电刺激时产生酸、麻、痛等感觉所对应的脉冲电流示值，记为被测牙髓活力的电测结果。由于个体对电刺激的耐受力有所不同，仅对患牙进行电刺

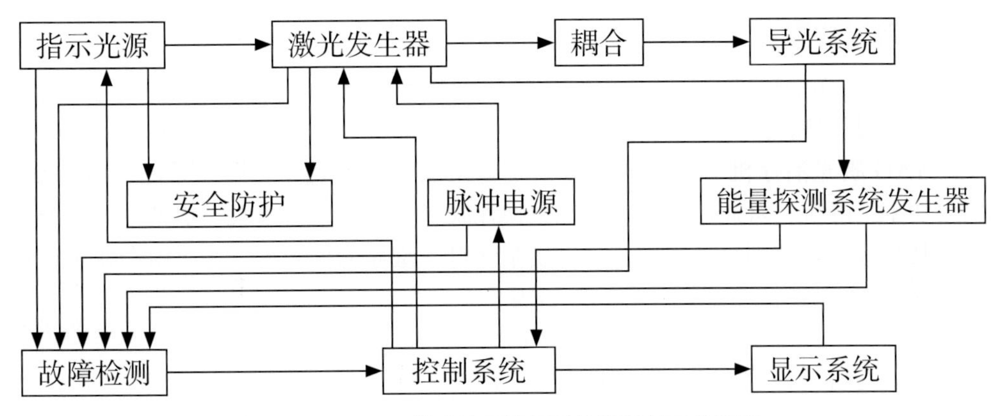

图 2-70　Nd : YAG 激光治疗机及其控制系统工作原理

（三）操作常规

由于 Nd : YAG 激光是红外光，同时激光器的高电压和大电流等因素有可能对操作人员产生伤害。因此在使用前，操作人员必须经过操作及临床培训，必须认真阅读使用说明书，严格按照说明书的操作步骤操作。

普通 Nd : YAG 激光治疗机的操作规程一般为：

1. 接通电源，使设备处于“开启”状态；首先是冷却系统的启动，此时可听到水泵的工作声；然后预燃，泵浦灯处于预电离状态。

2. 根据治疗的需要，调节各种治疗参数。

3. 开启激光输出开关，指示灯亮。此时开关处于有效状态，会有激光输出。一般的口腔激光治疗机有脚控系统，脚踩时才有激光输出。

4. 治疗时，医生和患者都应戴上激光防护镜，患者还应闭上眼睛，并遮挡其他部位。当有任何意外发生时，应立即按下急停开关。

5. 每治疗一位患者，都应按要求处理光纤治疗端，防止医源性感染。

6. 对于带程序控制的 Nd : YAG 激光治疗机，要求依据说明书按步骤操作。

（四）安全防护和维护保养

1. 激光治疗区要独立设置，应挂上激光辐射危险警告标志。

2. 操作者和患者必须戴好激光防护镜，患者闭上眼睛，不许他人旁观。

3. 使用过程中如遇到异常，应立即按下急停开关，关机，待查明情况并正确处理后再开机操作。

4. 任何时候均严禁将光导纤维指向非治疗部位。

5. 功率和脉冲频率的设定，应严格按临床验证的数据进行，严格控制参数，严禁违规操作。

6. 脚控开关是激光准备发射控制开关，严禁误踏。

7. 保持室内环境及治疗机的清洁。

8. 注意光纤的使用与取放，防止折断或人为拉断。

9. 应经常检查机器内的冷却系统，一旦发现渗水或漏水，应及时维修。冷却水应按规定定期进行更换。

10. 治疗机中有许多光学元件，应注意防震、防尘及防潮。

11. 长期停放时，每隔一段时间要通电开机预燃。

（五）常见故障及其排除方法

Nd : YAG 激光治疗机有自我诊断与故障代码提示功能，不同生产厂家规定的故障代码不同。出现故障时，应按照维修手册中的方法进行排除。

Nd : YAG 激光治疗机一般性的故障主要是泵浦灯不预燃、保险丝熔断、冷却系统漏水、激光输出功率下降等，可通过重新启动、更换保险丝、检修水管水泵、更换光导纤维等方法现场维修。其余故障，特别是光路耦合、更换泵浦灯、维修谐振腔等，建议由专业工程技术人员维修。

二、Er : YAG 激光治疗机

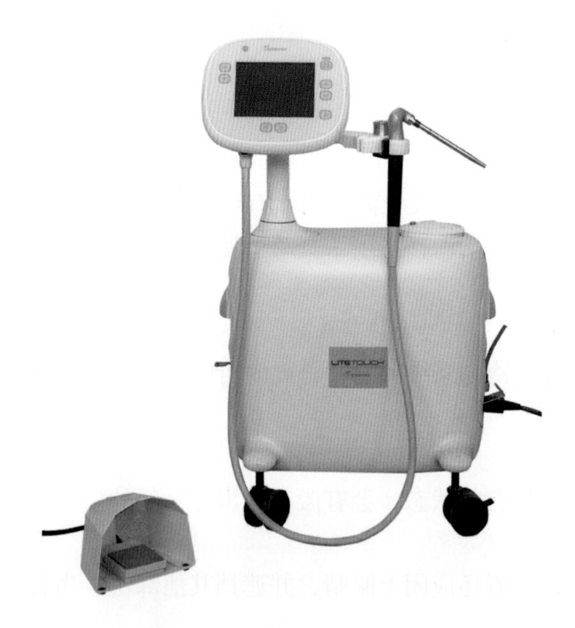

图 2-71 Er : YAG 激光治疗机

Er : YAG（掺铒钇铝石榴石）激光治疗机（图 2-71）的激光波长为 2940 nm，是红外不可见光，主要用于硬组织疾病的治疗。

（一）结构

Er : YAG 激光治疗机和 Nd : YAG 激光治疗机均属于固体激光器，两者结构相似。Er : YAG 激光治疗机也是由激光电源、激光发生器、指示光源、导光系统及控制与显示系统组成的。

两者的不同之处主要有以下几个方面：

①激光工作介质不同。Er : YAG 激光治疗机的激光工作介质为掺铒钇铝石榴石晶体。

②激光的输出波长不同。Er : YAG 激光治疗机的激光输出波长为 2940 nm。

③激光谐振腔和聚光腔是针对波长为 2940 nm 的激光输出设计的。

④不易实现连续的激光输出。

⑤由于铒离子掺杂浓度高，可以得到较大能量的激光脉冲输出。

（二）工作原理

Er : YAG 激光治疗机和 Nd : YAG 激光治疗机的工作原理类似，产生激光的原理相同。由于输出波长不同，在激光传输上，Er : YAG 激光通过激光发生器输出后，先通过中空波导管，在其内部管壁进行内反射，在末端通过聚焦耦合到输出光纤内传输到生物组织。波长为 2940 nm 的激光正好位于水的吸收峰附近，极易被水强烈吸收，形成微爆破效应，产生机械力，从而实现对硬组织的剥离。其对软组织的作用深度浅，对健康组织损伤小，但凝血效果差。

Er : YAG 激光是固体脉冲式激光，在电源部分，给激励源提供激励能力的高压发生器是决定激光脉宽的最关键因素，它决定了脉冲的形状以及可以产生的脉冲宽度。Er : YAG 激光可输出矩形方波脉冲，可对生物组织进行精确磨削。脉冲宽度决定了它的效率以及产生的热量。所以激光输出的脉冲形状和脉冲宽度也是衡量 Er : YAG 激光可否用于硬组织治疗的关键指标。

（三）操作常规

1. 接通电源。
2. 检查冷却系统，保证冷却水量充足。

3. 选择和正确安装治疗手机。
4. 开启激光治疗机。
5. 选择治疗模式；设定所需能量、脉冲频率。
6. 医生和患者戴上防护眼镜。
7. 将手机对准治疗部位，踩下脚控开关开始治疗。
8. 在治疗暂停时，应将手机放置在手机支架上。
9. 在正常操作过程中出现紧急情况时，可启动紧急终止按钮。

（四）注意事项及维护保养

1. 只有在激光治疗机关闭时才可进行设备清洁以及保养。仪器表面的残留物可使用中性、无研磨性的清洁剂清除。

2. 激光治疗设备不可倾斜，运输和使用过程中要保持设备直立状态，同时避免碰撞，防潮。

（五）常见故障及其排除方法

Er : YAG 激光治疗机常见故障包括电源开关故障、治疗手机故障、激光治疗效果不佳以及冷却系统故障等，一般通过重新开启设备、检查电源电路、清理手机阻塞物、更换出射窗口光纤、保证冷却水量等简单维修即可解决。其他如光路调整、开关电源维修更换等建议由专业技术人员完成。

三、其他口腔激光治疗机

（一）二氧化碳激光治疗机

二氧化碳（CO_2）激光治疗机（图 2-72）是一种气体激光器，输出波长 10.6 μm，属远红外不可见光。在口腔治疗中，CO_2 激光治疗机采用金属关节臂传输，指示光常用半导体激光同光路红光指示。CO_2 激光治疗机由放电管、谐振腔、水冷管、电极等组成。放电管多用玻璃或金属材料（射频管）制成，近年来常用的射频管稳定性好、损耗小，但价格相对高。

图 2-72 超脉冲二氧化碳激光治疗机

CO_2 激光常用于口腔黏膜疾病、牙龈炎的汽化治疗，牙龈软组织的切除；低能量的 CO_2 激光还可进行口腔炎症的照射治疗。

常用 CO_2 激光治疗机操作注意事项：CO_2 激光管使用玻璃或金属材料，工作时，放电管温度上升极快，因此冷却系统应在激光产生前建立。患者取合适体位，暴露治疗穴区或部位。检查各机钮是否在零位后，接通电源，调整参数。治疗结束，按与开机相反的顺序关闭机器。

（二）半导体激光治疗机

目前口腔临床使用的半导体激光治疗机越来越多，其工作介质有砷铝化镓（GaAlAs）、砷化镓（GaAs）、砷化铟（InAs）、锑化铟（InSb）等，输出波长大多在可见光到近红外之间。常见的波长有 650 nm、850 nm、980 nm 等（图 2-73）。

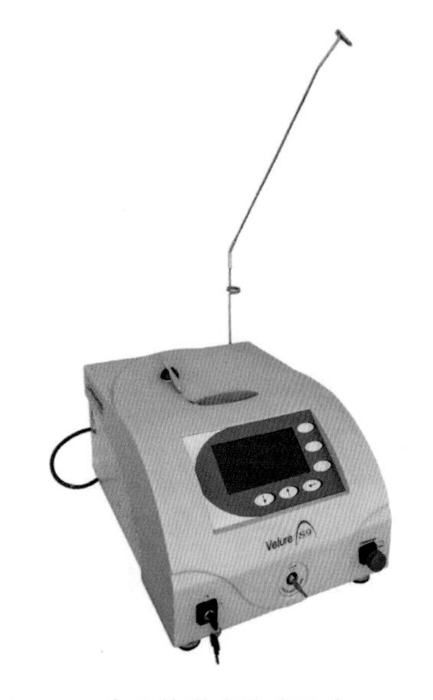

图 2-73 半导体激光治疗机（980 nm）

半导体激光器是由 PN 结构成，天然解理面自然成为谐振腔的反射面。通过激励，在半导体物质的能带或者能带和介质之间，实现非平衡载流子粒子的反转分布，处于反转状态的大量电子与空穴复合时，便产生了受激辐射。不同类型的物质及不同的结构，采用不同方式的激励，构成不同种类的半导体激光器。通过谐振腔，发射固定的激光波长，一般是多模振荡，发射角大，方向性差。大功率半导体激光，用数千个芯片排列，输出功率可达百瓦，体积小，重量轻，耗电少。低功率的半导体激光，输出功率为毫瓦级，主要用于理疗性照射和穴位照射。

半导体激光治疗机使用方便，主要用于去除龋坏组织、根管消毒、牙体脱敏、牙体倒凹的修整、牙周手术、口腔黏膜病治疗、颌面外科手术、颌面美容等。

半导体激光治疗机在使用前，操作人员必须经过有关操作培训及临床培训，严格按照操作步骤操作。检查光纤，确认无破损、中间无断裂。治疗机的工作区，应挂上相应的警告标志。操作者和患者必须戴好激光防护镜，患者闭上眼睛，不许他人旁观。使用过程中如遇到异常，应立即按下急停开关，关机，待查明情况并正确处理后再开机操作。光纤末端是激光的最终输出窗口，严禁指向非治疗部位。不工作时，使其出口光路低于人眼以下，避免误伤。功率及频率的组合设定应严格按临床验证的数据进行。治疗间隔时间较长时，可将治疗机置于待机状态或关机。脚控开关是激光准备发射状态下唯一的控制开关，严禁误踏。

（三）Er, Cr : YSGG 激光治疗机

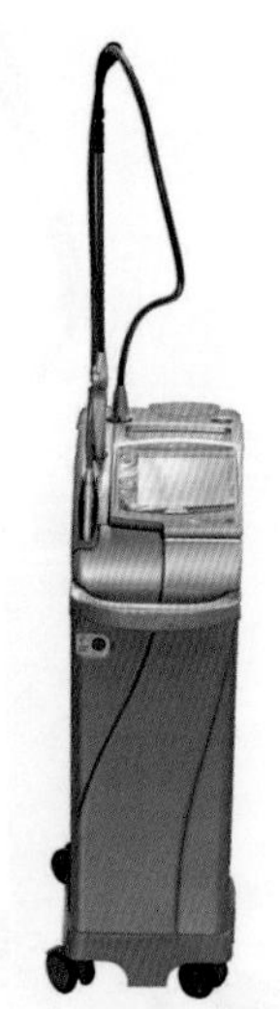

图 2-74 Er, Cr : YSGG 激光治疗机

Er, Cr : YSGG（erbium，chromium : yttrium-scandium-gallium garnet，掺铒掺铬钇钪镓石榴石）激光治疗机（图 2-74）的激光输出波长为 2780 nm，是红外线不可见光。其主要由激光电源、工作介质、泵浦和聚光系统、谐振腔、指示光源、导光系统及控制与显示系统等组成，结构与 Nd : YAG 和 Er : YAG 激光治疗机相同，工作介质是 Er, Cr : YSGG 晶体。

目前临床使用的 Er, Cr : YSGG 激光治疗机，有些厂家以水激光命名商品，这种命名方法与传统命名方法有矛盾，让人误以为激光工作介质是水分子。激光器的命名是由激光工作介质而定的，而水是不能形成粒子数反转的，也就是说水分子是不能产生受激辐射的。有厂家之所以称之为水激光，是利用了 Er, Cr : YSGG 激光器输出的 2780 nm 波长的激光，在激光器的前端加了一个特殊装置激发水分子，使水分子形成具有高速动能的粒子，利用高速动能的水分子作为生物组织作用的切割媒介，有报道称此作用为水光动能现象。水光动能现象和一般的牙钻及激光作用的不同之处在于，在作用于硬生物组织时，不会出现振动，也不会产生热量，患者不会产生敏感和疼痛。同时，2780 nm 激光能量作用于软组织时，生物组织吸收系数大，可获得比较好的切割和止血效果，创面不会产生结痂区。

常用的水光动能 Er, Cr : YSGG 激光治疗机操作常规及注意事项：水光动能 Er, Cr : YSGG 激光治疗机包括激光部分和水动力部分。首先要保证冷却系统的建立，确认冷却储水罐装满。用蒸馏水填充自控水瓶。正确安装光纤配件并与手柄连接。对激光参数、水、空气参数进行预设。开机使用后，可用体模材料进行测试，以估计参数值并进行修正。如果机器出现功能异常，屏幕会显示错误原因及处理方法。机内有高压，激光机外壳要可靠接地，检修时防止触电，保障人身安全。倍压电路带电检测，必须用专用高压测量笔。用万用表检测倍压电路中的电容器件，必须在关机状态待自放电或强行放电后方可进行。

（四）激光光动力治疗机

光动力疗法（photodynamic therapy，PDT）是利用光动力效应进行口腔疾病治疗的方法。光动力疗法的作用基础是光动力效应，它是有氧分子参与的伴随生物效应的光敏化反应。其过程是，特定波长的激光照射使组织吸收的光敏剂受到激发，而激发态的光敏剂又把能量传递给周围的氧，生成活性很强的单态氧，单态氧和相邻的生物大分子发生氧化反应，产生细胞毒性作用，导致细胞受损甚至死亡。研究表明光动力疗法作为一项肿瘤治疗技术，治疗早期口腔癌、鼻咽癌的有效率非常高。

光敏剂是能吸收和重新释放特殊波长的卟啉类分子，具有四吡咯基结构，有血卟啉衍生物（hematoporphyrin derivative，HPD）、二血卟啉酯（dihaematoporphyrin ether，DHE）；能直接掺入细胞膜，而不进入细胞核内。光敏剂可被肿瘤组织优势摄取，并较长时间滞留其内；在强力吸收特定波长的激光后产生激发态反应性单态氧，再与邻近的分子相互反应，产生毒性光化学产物，导致癌细胞凋亡和坏死。

常用的光动力治疗照射光常采用可见红光。大多数光敏剂能强力吸收 630 nm 的光。激光光动力治疗机的选择原则是方便和可携带性、单色性、可精确调控输出功率、可通过光导纤维引入器官和肿瘤内。目前临床上用氦氖激光器、半导体激光器、金属蒸汽激光器、染料激光器等作为光动力治疗照射的激光设备（图 2-75）。

图 2-75　激光光动力治疗机

四、口腔激光治疗的生物学机制

激光作用于生物组织后会产生热、压力、光化和电磁场作用现象，可使生物组织发生形态或功能的改变，也称为激光生物学效应。激光作用于生物体产生的生物学效应，既与激光的参数如激光输出波长、功率、能量、振荡方式、模式、偏振及作用时间等有关，也与生物组织的性质有关。

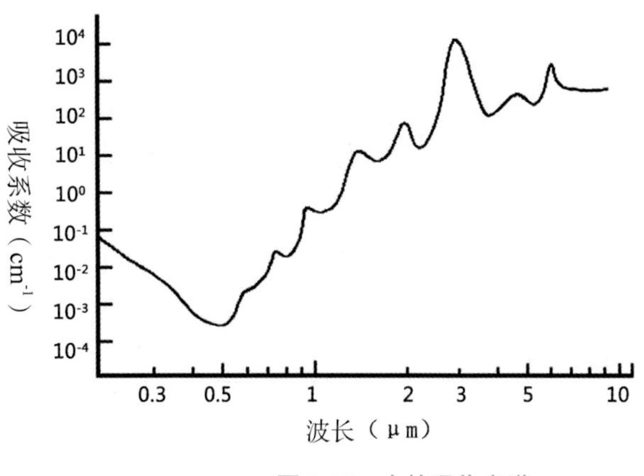

图 2-76　水的吸收光谱

生物组织的光学性质决定了激光进入组织的深度，也决定了激光的作用范围。在激光生物效应的研究领域，一般用吸收系数分析激光对组织的作用强度。图 2-76 为水的吸收系数随波长变化的规律，在近紫外和可见光范围内，水的吸收系数是很小的，生物组织的吸收主要依赖于黑色素和血红蛋白等大分子。而在红外范围内，水对激光的吸收系数比可见光范围大几个数量级。

口腔激光治疗主要是利用激光的热效应，其表现形式是生物组织被汽化、切割、凝固等。当用弱激光照射机体时，激光作为一种刺激源，将引起生物体一系列生物效应。生物体对这种刺激的应答反应可能是兴奋，也可能是抑制。生物刺激效应主要用作理疗照射，其目的是为了促使细胞生长和调整功能。

五、口腔激光治疗机的质量控制

医疗设备质量控制主要是为保持设备性能质量所进行的管理、技术措施实施和计量检测。口腔激光治疗机的质量控制以治疗目的明确、使用方法正确、定期计量检测为重点。

临床选择口腔激光治疗机首先要明确激光器的具体用途。激光的波长或种类、输出功率、光斑大小或功率密度、照射时间或能量、输出脉冲形状和宽度都是决定激光应用的关键因素，同时设备的培训验收也非常重要。

设备使用过程中要确保操作流程正确，保证诊疗安全和患者健康，同时要通过适宜的维护保养与定期检测解决潜在隐患、提升设备质量水平、延长设备使用寿命。此外，还要对激光功率、脉冲等参数进行定期计量。

要在口腔激光治疗设备工作区域的醒目位置设置激光安全专用警示牌，并标明危险级别，非工作人员一律不得入内。设备工作区域要保证有良好的通风透气并配备抽吸烟雾设备，及时排除治疗中产生的烟雾，避免对医护人员和患者造成危害。

设备使用时，操作人员应佩戴激光防护镜，患者应佩戴激光防护眼罩，且不可在无防护的情况下直视激光或反射光，防止对眼部造成伤害。操作和维护人员需要具备一定的激光相关专业知识，并经过严格的培训考核，达到能够熟练掌握操作步骤、清楚维护保养注意事项、解决常见的使用故障，才能上岗。

应该建立详细的设备管理档案，包括设备名称、生产厂家、规格型号、出厂和启用日期、存放位置、使用记录、维护保养记录及维修记录等。其中使用记录要包括使用人、使用时间、性能状态、应用类型以及消毒时间；维护保养记录包括保养人、保养时间、保养内容及设备状态；维修记录包括维修时间、故障状态、维修详情、检修后状态。激光治疗仪在投入使用前、更换配件及维修后以及年度周期性检测中，均应由具有资质的医疗器械检测机构对设备的性能指标进行检定，确保各项指标符合要求。

（杨继庆）

第七节 高频电刀（口腔临床用）

Dental High Frequency Electrosurgery Unit

高频电刀（high frequency electrosurgery unit）又称高频手术器械，是一种电外科手术器械。高频电刀是利用高频电流集中在刀口，对生物组织放电释放热能，使接触的组织快速脱水、分解、汽化蒸发、血液凝固等，实现组织切割和凝血的功能。与使用传统手术刀相比，高频电刀可减少手术过程中的出血，术野清晰，缩短手术时间，提高工作效率。近年来小型高频电刀在口腔临床上的应用越来越广泛，主要应用在口内软组织的切除（如牙龈瘤和牙龈息肉的切除）、临床冠延长术、牙龈成型及切除术等领域。

（一）结构组成及主要部件功能

1. 结构组成　高频电刀由主机和相应附件组成，其中附件包括电刀手柄电极线、电刀手柄、高频电流回流电极板（回流板）、脚控开关等（图 2-77）。

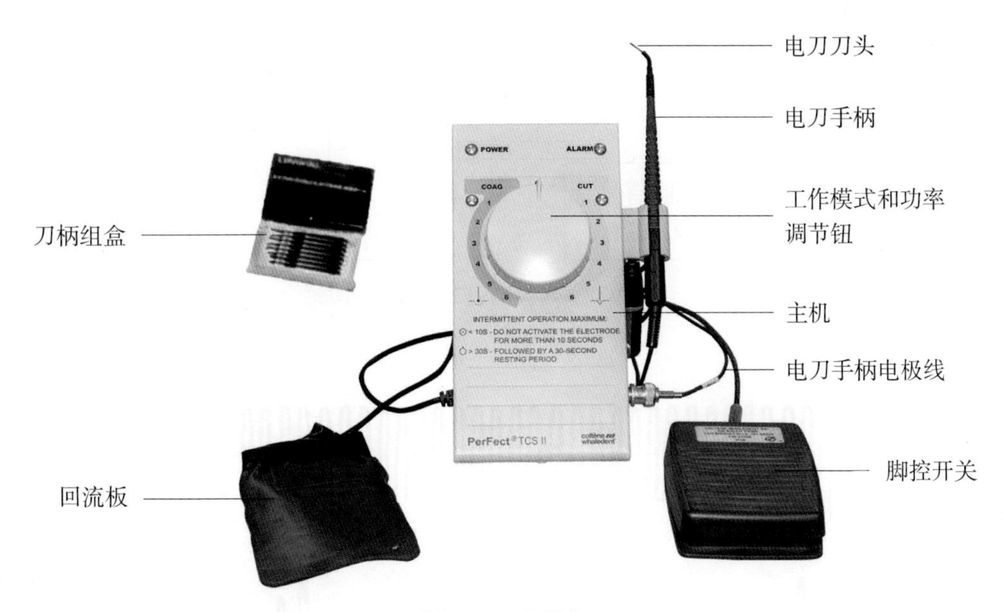

图 2-77　高频电刀

2. 主要部件的功能

（1）主机：通过电源变压器把市电转换成适合高频电刀所需的低压电，同时实现电刀用电与市电的隔离。变压器输出的低压交流电经过整流、滤波、稳压后，为高频信号发生器及控制电路提供所需的直流电。小型高频电刀高频信号的工作频率可高达 1 MHz 以上，输出电压范围为 600 ~ 1200 V。兆赫兹级高频信号被百赫兹级低频信号调制，可输出间歇性的高频信号，通过设置适当的高频信号输出模式，实现混切（边切割边凝血）或凝血模式的功能。

（2）电刀手柄电极线：连接电刀手柄的高频信号输出线。

（3）电刀手柄：电刀手柄与刀头固定连接，刀头有不同形状，以适应不同切割要求，接口由螺纹锁紧，可快速整体更换。

（4）回流板：回流板是高频电刀高频信号的一个电极，由包裹一层绝缘材料的金属板连接一根导线组成。使用时，将回流板贴紧患者（后背）平整的肌肤处，高频电刀作用于人体后，电流通过人体、回流板回流到主机，构成高频信号的回路。回流板面积较大，可降低高频电流密度，避免其过热造成灼伤。

（5）脚控开关：操控电刀工作或停止的控制开关。

（二）工作原理

高频电刀是利用主机内的高频振荡器产生高频信号、调制信号发生器依据选择的工作模式产生低频调制信号，再由信号调制电路把上述两种信号加以调制，然后经功率放大电路产生供切割或电凝使用的调制的高频电流，通过刀头将该电流作用到病患部位，利用刀头对所接触的组织进行放电，放电瞬间产生高温烧灼现象，从而达到切割、电凝或混切的效果。三者的区别主要在于输出高频电流波形的不同，切割以切割刀口或切除组织为主要目的，电流波形为连续的高频等幅波形；凝血以凝血、止血为主要目的，高频电流输出强度比切割强度低，并配合专用凝血刀头实现电凝止血；混切是介于切割与凝血之间，高频电流波形被低频信号调谐，实现切、凝交替进行，达到边切割边凝血的效果，减少切割伤口的出血量，使术野更清晰。高频电流的工作原理如图 2-78 所示，三种模式的高频电流波形示意如图 2-79 所示。

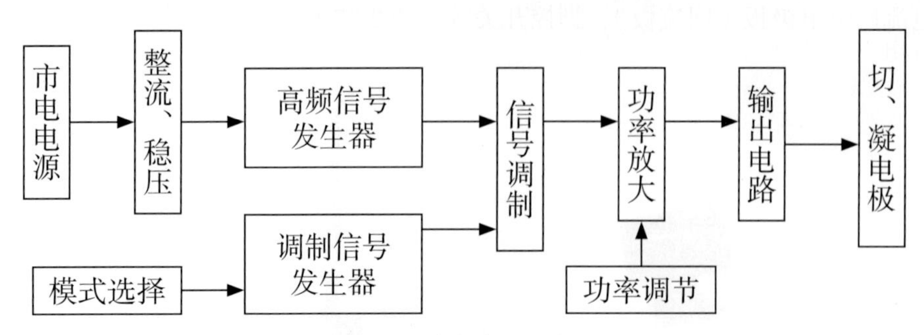

图 2-78　高频电刀工作原理

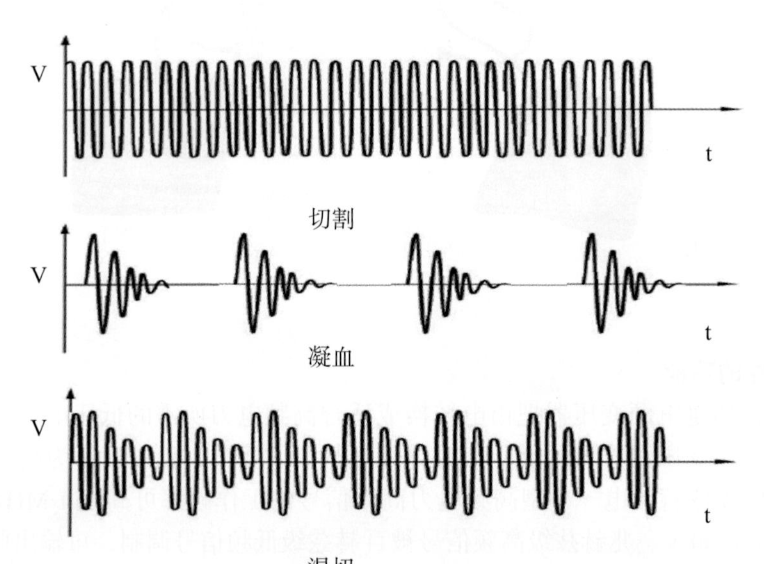

图 2-79　切割、凝血、混切模式高频电流波形示意

高频电刀的主要技术参数如下：

①供电电源：交流 220 V / 50 Hz。

②切割模式最大输出功率：约 60 W。

③凝血模式最大输出功率：约 35 W。

④凝血模式调谐频率：约 120 Hz。

（三）操作常规及注意事项

1. 操作常规

（1）使用前要详细阅读设备使用说明，按要求连接设备电源线、电刀手柄连线、回流板及适合手术需要的电刀手柄。

（2）高频电刀是电外科手术设备，使用者在临床操作前，应进行必要的操作练习。

（3）切割操作练习：

1）选择新鲜的牛肉块在室温下作为练习对象。

2）将瘦牛肉块放置于回流板上，选用直线型电刀手柄，做切割练习。

3）将强度控制旋钮旋至切割模式，输出强度选择低档，开启电源。

4）踏下脚控开关，启动电刀手柄。

5）以平稳、快速的执笔式动作，在牛肉块上进行不同长度及深度的切割练习。如果在切割过程中感觉阻力较大，适当调高输出强度。输出强度较低时，电刀可能无法完成切割，或切割不畅、有组织拖拽现象，刀头有组织碎屑黏附。

6）及时调整电流输出强度，以使切割顺畅。保证沿切割轨迹没有电火花及焦灼变色现象，是切割所需的最低输出强度，此强度称为最低有效切割强度。同一部位再次切割之前，应适当等待组织冷却。

7）将输出强度旋钮调至比最低有效切割强度高的位置，可看到切割轨迹两侧有电火花、组织焦灼变白现象。

8）使用不同的电刀手柄，不同的输出强度，观察切割效果。选用最低有效切割输出强度，可获得最佳切割效果。

（4）凝血操作练习：

1）连接好球形凝血手柄，选择凝血模式，输出强度调至较低位置。

2）启动电刀手柄，将球形刀头接触瘦牛肉组织 1 s。等待 10 ~ 15 s 至组织冷却，重复前述操作，直至白色点状出现，表明凝血成功。

3）逐渐增强输出强度，直至仅需 1 ~ 2 次点接触即出现白点，此强度适合大多数凝血要求。

4）选用直线型电刀手柄，做上述凝血练习，可用于细微凝血要求的场景。直线型刀柄头能量集中，输出强度应比球形刀柄更低。

（5）临床操作时，正确放置回流板。回流板能确保电刀手柄输出的高频电能稳定、均匀。使用电刀进行外科手术必须安置回流板，整个回流板应紧密且绝缘地与患者背部有最大的接触面积，减少回流板接触面的电流密度，避免高温烫伤。

2. 注意事项

（1）小型口腔临床用高频电刀，工作频率在兆赫兹级以上，具有一定的电磁辐射影响，因此禁止对带有心脏起搏器、耳蜗植入体、神经刺激器等的患者使用。

（2）术前应将患者口内的活动义齿取出，避免金属部件将高频电流传导到局麻以外区域，引起患者不适。

（3）使用过程中，应及时用纱布等清除刀头上的污物；若发现切割或止血作用降低时，还应检查回流板是否接触良好。

（4）在清除刀头上的污物时应断开脚控开关，避免使用利器，以防伤害操作者。

（5）在同一部位连续操作时，两次切割操作应间隔 10 s 以上，防止累积温升过高，影响切割效果。

（6）放置导线时，应避免与患者或其他导体接触。

（7）若有报警信号出现，应立即停止使用。针对不同的报警信号排除故障后，方可恢复使用。

（四）日常维护及保养

1. 使用高频电刀后，应用厂家推荐的清洁消毒方法对主机及附件进行清洁消毒处理。

2. 定期检查配件（尤其是电刀手柄及回流板连线），若发现折断应及时维修。

3. 电刀手柄属于损耗部件，应随时检查，若刀头出现明显损坏或腐蚀迹象，应及时维修或更新。

4. 若需清洁回流板，应先将其从主机接口处拔下。使用前要确保其干燥。

5. 可使用高温蒸汽对电刀手柄进行灭菌消毒，安装手柄前要确认连接处干燥。

（五）常见故障及其排除方法

高频电刀常见故障及其排除方法详见表 2-12。

表 2-12 高频电刀常见故障及其排除方法

故障现象	可能原因	排除方法
开机后电源指示灯亮，但踏下脚控开关无功率输出	脚控开关触点接触不良 开关损坏	打磨脚控开关触点至接触良好 更换开关
电源指示灯和工作指示灯都不亮，且踏下脚控开关无提示音	电源线断线或插头松动 电源保险丝熔断 主机内部电子线路故障	检查供电线路或重新接通电源 更换相同规格保险丝 联系专业人员维修

（吴书彬　许慧祥）

第八节　种植设备
Implant Equipment

一、牙科种植机

牙科种植机（dental implant unit），又称牙种植机，是在口腔种植修复工作中，控制微型电动马达，驱动装有相应刀具的牙科手机，切割口腔中的软硬组织以及植入牙种植体，用于种植床成形手术的一种专用口腔种植设备，用于全口和局部缺牙患者的牙种植治疗。目前常用的牙种植机主要包括德国 KaVo、日本 NSK、瑞士 Bien Air 和奥地利 W&H 等，市场上的牙种植机一般适用于主流的种植系统。从控制方式上来看，大多数牙种植机都采用脚踏或面板控制来调节马达的转速、方向和扭矩大小，冷却水流量，程序的转换等。随着科学技术的不断创新和提高，牙种植机液晶显示方式逐渐转变为触摸屏显示，减少了外设键盘，便于操作。

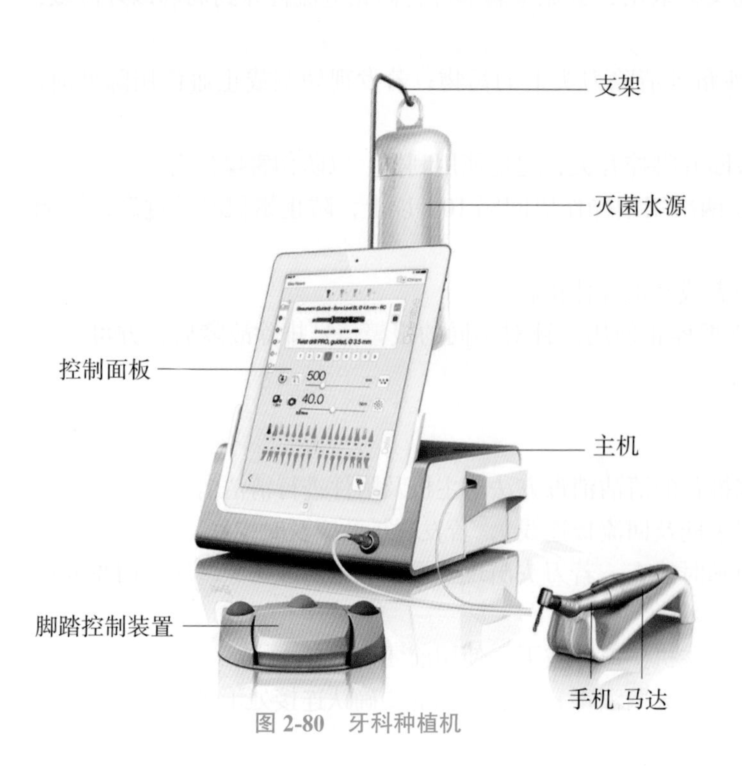

图 2-80　牙科种植机

（一）结构组成与特点

牙种植机通常由主机、马达、手机、冷却降温系统及脚踏控制装置等组成（图 2-80）。

1. 主机　一般由控制面板、电源接口、马达线连接口和机身等组成。主机为马达提供动力，调节马达的转速、输出扭矩和转动方向；通过控制蠕动泵的电机转速，调节冷却水流量；屏幕显示器同步显示牙种植机的状态和使用过程的相关参数值。各品牌牙种植机的控制面板结构虽有所不同，但基本上都具备转速调节、扭矩调节、正反转选择、冷却水流量调节、钻削模式选择等功能。一般牙种植机有程序记忆功能，可以在操作前设置程序操作，方便术中直接调用；报警模块则在误操作时发出警报。

2. 马达　牙种植机的马达由于体积较小，常被称为微型马达，通过马达线缆与主机完成电气相连，为种植钻针提供驱动力。牙种植机中使用的马达要求无碳刷、大扭矩、耐高温高压消毒、体积小、发热量小、手持使用工作舒适度良好、稳定性好。微型电动马达可以配备 LED 照明灯，其发光强度可调节。

3. 手机　由操作者握持，是夹持并驱动钻针实现手术目的的部件。临床上，根据转速和扭矩需求配备不同的减速手机（能将马达速度减少的手机称为减速手机，手机减速的同时，扭矩以同样的比例增加）。不同的最高转速马达与不同的减速手机搭配后，通常有一最佳速度动力范围。种植手机有多种减速比，如 1:1、2:1、8:1、16:1、20:1、32:1 和 64:1 等。

4. 冷却降温系统　降低或消除术中钻削摩擦产生的热量，以减少对骨细胞造成的损害。在手术过程中，系统控制蠕动泵，通过一次性灌注管将灭菌冷却水（多为生理盐水）输送到种植手术区进行降温。

5. 脚踏控制装置　通常具有启动 / 停止马达、马达调速、马达正反转、启动 / 停止灌注及流量调节和更换程序等功能（图 2-81）。

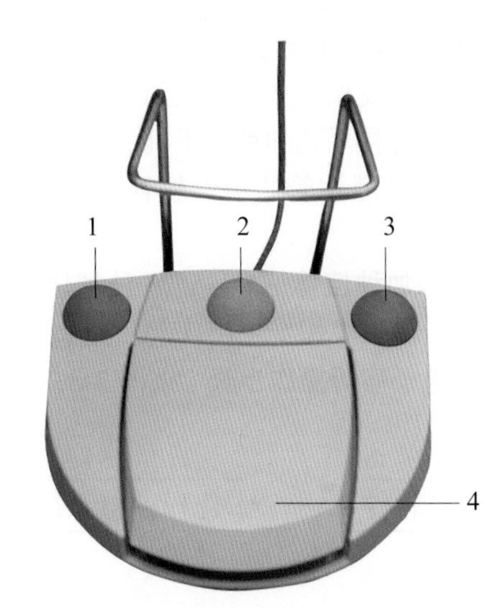

图 2-81　脚踏控制装置功能键
1. 启动 / 停止灌注和确认高速步骤警告；2. 更换程序（短按：下一步骤，长按：下一个植入或下一个手术程序）；3. 转换马达旋转方向（正反向驱动）；4. 启动马达（无极变速或开 / 关）

（二）工作原理

牙种植机采用数字电路技术，通过主机和脚踏控制装置预设或调节与种植手术操作步骤相对应的功能，将电能和信号通过马达线缆传递给马达，马达驱动手机，手机驱动种植手术用器械实施手术。调节马达的工作电压可调整马达转速；调节马达的工作电流可有限补偿输出力矩；改变蠕动泵驱动马达的转速可以调节无菌供水量。屏幕显示器同步显示设备状态和使用过程的相关参数值。牙种植机的工作原理流程如图 2-82 所示。

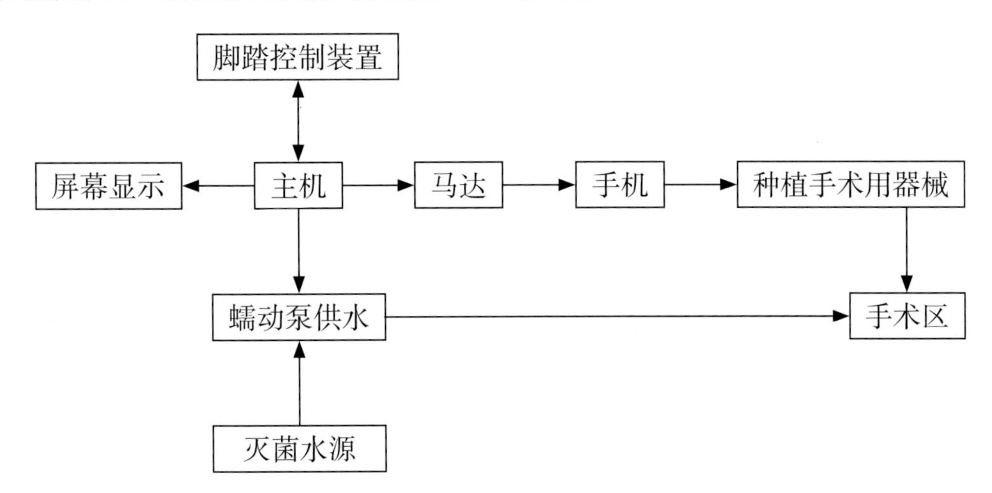

图 2-82　牙种植机工作流程示意

（三）日常使用

1. 连接设备

（1）将设备放置于能够承受其重量的平整表面。可以放置在桌面、手推车上，不得放置在地面上。

（2）将马达线缆、脚踏控制装置、电源线与种植机连接，每个接口均有防插错设计，分别对齐后直接插线，插头不能左右拧动。

（3）连接电源，打开主机电源开关，打开平板电脑，与主机相连，平板电脑右上角充电标识亮起，表示已经连接上。

（4）将支架对齐并连接到主机后侧，挂上供水瓶。

（5）连接马达和种植手机，注意对齐接口。

（6）将灌注管的柔性软管连接到手机或马达的喷射管，用灌注管的尖端刺穿供水瓶的封盖。

2. 添加种植体信息 进入种植体选择界面，点击“+”，添加种植体的品牌、型号、直径等信息，设置操作步骤，自定义各步骤名称。下次使用时可直接选择调用。

3. 电子病历操作步骤 按图 2-83 的流程进行操作。

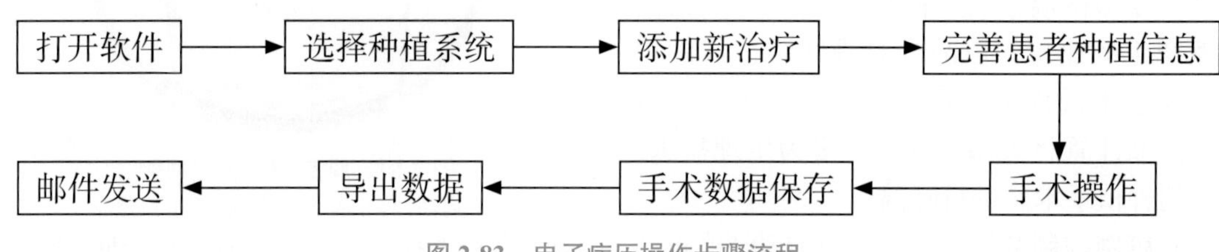

图 2-83 电子病历操作步骤流程

4. 常规操作

（1）调整和选择程序。程序可以分配给不同的使用人员或者种植体系统。每个程序包括程序步骤或操作。转速、扭矩、传动比、光强度和冷却剂输送量等参数值，可在出厂设置值基础上进行相应更改，也可添加自定义程序自行设置。

（2）装入选定的钻针。在口外测试一切正常后，方可将手机置入手术区开始工作。

（四）日常维护保养与注意事项

1. 连接设备时，注意需要对齐接口，尤其注意马达线与脚踏线接口，禁止插头左右拧动，防止接口处金属针折断。

2. 连接设备时，先插入电源线，再打开主机电源开关；关闭设备时，先关闭主机电源，再拔电源线。

3. 只有在牙种植机软件进入操作界面后，脚踏控制装置才进入工作状态。

4. 必须选择对应传输比的种植手机。

5. 钻针应与手机相匹配，不出现偏心、尺寸超差（外形尺寸超出了相应标准规定的公差范围）、粗钝等现象，更不应勉强使用不合格钻针，以免在高速大扭矩工作时损伤手机。

6. 需安装好灌注管后才能合上蠕动泵盖，防止蠕动泵损坏。

7. 严禁通过拉拽连接管线移动脚踏控制装置。

8. 严禁通过拉提马达线握持马达。

9. 种植手机和马达严禁摔落或磕碰。若手机或马达意外掉落，应及时联系厂家检测，防止因部分变形而磨损其他部件。

10. 应做好种植手机内部的防锈、清洁、润滑等工作，防止手机内部生锈损坏。

11. 正确放置并确认钻针卡紧后，方可踩下脚踏控制装置，防止使用过程中钻针脱落或异常转动后无法取下钻针。

12. 使用一次性柔软抹布和经过许可的消毒剂，擦拭设备表面、瓶架、脚踏控制装置表面和连接线路。

13. 设备出现问题时，应及时联系厂家进行检修。

（五）常见故障及排除方法

牙种植机发生故障时，显示器上一般会显示故障名称或故障编号，可在维修手册上查找对应故障的可能原因和排除方法。其常见故障及排除方法详见表 2-13。

表 2-13　牙种植机常见故障及排除方法

故障现象	可能原因	排除方法
手机马达不工作	电源线未连接	插入电源线
	设备处于关闭状态	打开设备电源开关
	力矩设定太小	重新设定输出力矩
	机械嵌顿	检查并调整马达、手机、钻针等的连接
无冷却水	水源无水	更换水源
	灌注管反向接入蠕动泵	正确接入灌注管
	灌注管弯折	理顺灌注管
	蠕动泵不工作	检查蠕动泵
马达过热	马达绕组老化，润滑不良	加注润滑油
	输出力矩过大	减小输出力矩
转速不稳	参数设定错误	重新设定参数
	手机故障	检修或更换手机
	马达故障	检修或更换马达
	手机和马达连接不良	重新连接

（王建霞）

二、数字化种植导航

种植修复已经被广泛应用于缺失牙患者的修复治疗，以修复为导向进行种植体的植入，是种植修复获得长期稳定疗效的关键。种植体的植入方式分为自由手植入、导板辅助植入、导航辅助植入三种形式。导板和导航辅助植入都是由计算机技术辅助进行精准种植的数字化技术，和自由手植入相比，可以获得更高的植入精度。导航在医学领域中的应用最先始于脑科、神经外科、骨科等，近年来被越来越多地应用于口腔医学领域。

数字化种植导航系统（computer-aided implant surgery navigator system）（图 2-84）术前使用 CT 等三维影像信息对颌骨解剖结构进行扫描重建、规划手术并标记重要解剖结构，术中通过定位装置实时呈现患者口腔和手术器械的空间位置，并通过计算机辅助成像和配准将术前虚拟和术中真实口内空间匹配，以实现术中钻针及种植体的精确定位。

和导板相比，使用导航具有如下优势：

①不受患者开口度的限制。

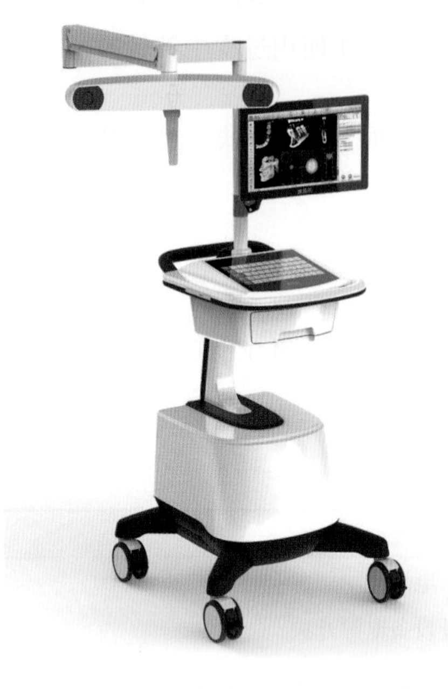

图 2-84 数字化种植导航系统

②无需配套工具盒，任何系统通用。

③不会覆盖术区，不会对术区冷却造成影响。

④实时显示种植洞型制备及植入的位置、角度和深度，实时显示术中操作和术前规划的一致性。

⑤可同时设计多个方案，术中可调整手术计划。

和导板相比的劣势在于：

①需佩戴基准点配准装置，术中会影响医生的操作空间。

②精度可靠的情况下，手术过程没有导板（尤其是全程导板）快。

③仪器昂贵，前期固定投入可能相对较大。

按照导航定位原理，种植导航系统主要可分为光学导航和电磁导航。由于电磁导航对手术室环境要求较为严格，因此目前临床应用最广泛的种植导航系统是光学定位导航系统。

根据使用的光源类型，种植导航系统可分为可见光导航和不可见光导航。可见光导航利用图像识别技术，对硬件进行追踪，主要有棋盘格、特征点、二维码等形式，易受外界强光干扰，如室内灯光、无影灯等。不可见光导航多利用敏感红外摄像传感器直接采集物体的图像，图像清晰、可视范围广、精准度高、抗干扰能力强，但成本高。

根据光源的位置，种植导航系统又可分为主动式和被动式两种。被动式导航通过导航仪发射光源，易受背景光线和其他反射物干扰，可视角小。主动式导航的光源位于手机和参考板上，不易受外界环境及光线影响，且单面视角大。

下面以一款主动式数字化种植导航系统为例进行介绍。

（一）结构组成及主要部件功能

1. 结构组成 数字化种植导航系统主要由红外光导航装置、导航电脑控制系统、导航配套手机、参考板、定位配准装置等部分组成。

2. 主要部件的功能

（1）红外光导航装置：接收手机和参考板发射的光信号，确定手机及颌骨位置。如图 2-85 所示。

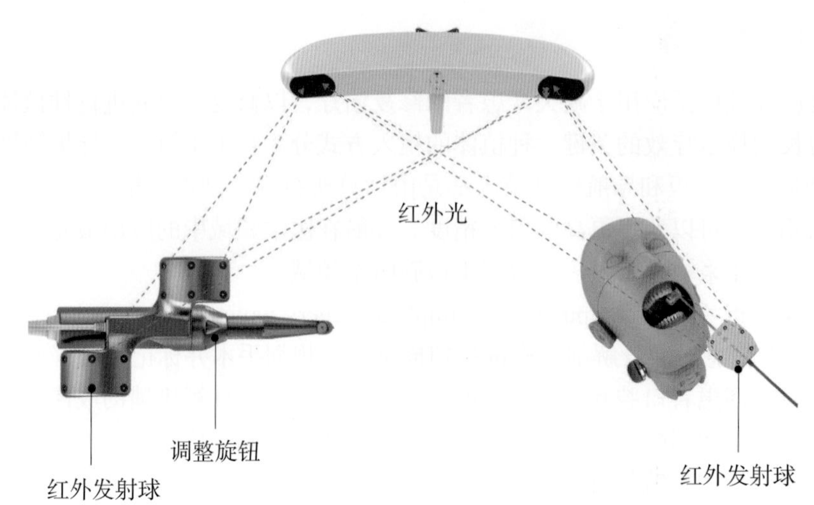

图 2-85 不可见光通过手机和参考板发射并被导航装置接收

（2）导航电脑控制系统：运行软件，用于数据重建及手术模拟规划、术中实时导航及监测手术操作情况。

（3）导航配套手机：发射光学信号，被导航装置识别，并具有普通种植手机的手术操作功能。

（4）参考板：与牙列或颌骨连接，固定于患者口内，间接传递牙列和颌骨位置信息，同时发射红外光。

（5）定位配准装置：作为参照物，用于 CT 影像和患者牙颌的位置配准。

（二）工作原理

数字化种植导航系统在手术前对患者口内配准标记点与术前 CT 影像中的配准标记点进行一一对应匹配，确保实时影像与口内数据的一致性，然后通过算法统一坐标系，建立空间关系，之后通过口内安装参考板发射红外线并被导航仪接收，实现患者口腔内位置与三维重建图像配准；手术器械同样通过发射红外线被导航仪识别，通过此方法确定导航系统中患者与手术器械之间的位置关系，以此指导医生进行种植手术操作，对种植窝洞预备过程以及植体植入过程的位点、角度、深度进行实时引导。种植导航系统的工作原理流程如图 2-86 所示。

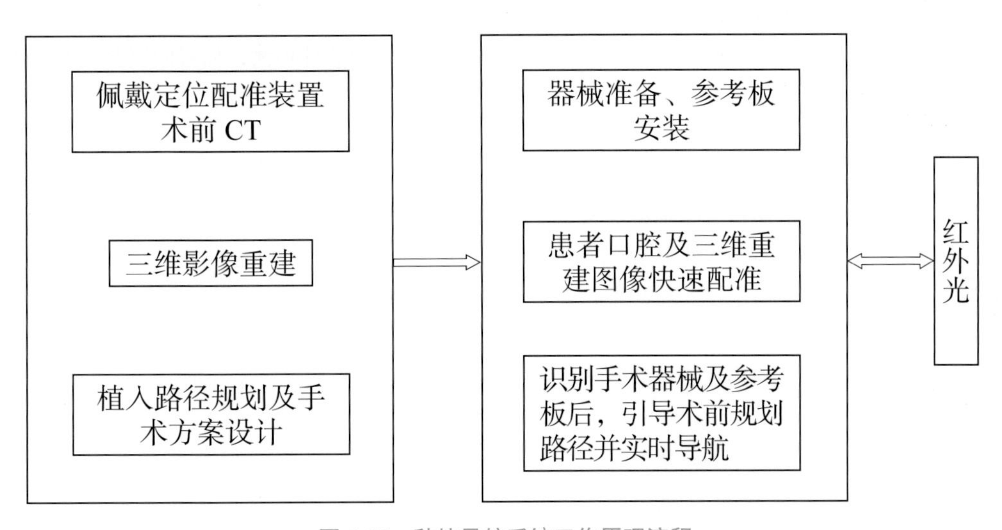

图 2-86　种植导航系统工作原理流程

（三）操作常规

1. 术前拍摄 CT　患者佩戴合适的 U 型管配准装置拍摄 CT 图像，获取影像数据。

2. 术前手术方案设计　使用导航软件进行以修复为导向的种植手术方案设计。

3. 术前准备　手术器械整理及安装。

4. 标定及配准　手机和参考板的标定，患者口腔和 CT 图像的快速配准。

5. 实时导航　术中引导植入点、种植轴向和种植深度进行实时导航种植。

（四）日常维护及保养

1. 导航设备主体主要结构维护及保养　导航设备主体框架通常为钣金结构或硬质塑料外型，需定期清理及维护。清理外观前需切断外部与内部电源，可用洁净软布擦拭设备并可使用乙醇消毒设备；检查设备各部件螺母铆合处，检查互锁、保险装置，防止脱落；各部件避免与强酸、强碱接触；保证设备工作区周围无静电源。

2. 红外跟踪定位系统（导航仪）维护及保养　红外跟踪定位系统（导航仪）是导航手术中决定导航精度的重要关键部件，需定期（6 个月）进行精度验证或调校；导航仪使用或搬运过程中应避免硬物碰撞，工作环境温度为 10～40 ℃；避免阳光直射；导航仪不可连续工作超过 5 h。

3. 手机定位器、参考板维护及保养 手机定位器及参考板上均有红外光发射小球，定位器及参考板应轻拿轻放，避免与硬物碰撞或跌落；不使用时可静置；手机定位器及参考板内部有线路，不可浸泡消毒，遵循《口腔器械消毒灭菌技术操作规范》（WS 506—2016）或《医院消毒供应中心管理规范 / 操作规范》（WS 310—2016），首选高温高压灭菌，或使用低温等离子灭菌；手机定位器及参考板运输过程中需使用专配的器械箱，避免途中遇外力撞击；手机定位器及参考板与导航设备连接线为 14 芯线，需轻插轻拔。

（五）常见故障及排除方法

数字化种植导航系统常见故障及排除方法详见表 2-14。

表 2-14 数字化种植导航系统常见故障及排除方法

故障现象	可能原因	排除方法
导航仪连接失败	导航仪没有打开	查看导航仪面板工作灯是否为绿色（打开状态），如果不是则打开导航仪
	导航仪 14 芯线损坏或无法正常与控制器连接	关闭机器后重新连接线路，并重新启动
	导航仪硬件问题	使用软件检测，如有问题联系专业工程师维修
	保险丝烧断	检查导航仪控制器工作灯是否点亮，若不亮则更换相同规格的保险丝
	导航仪控制器无法与电脑正常连接	检查导航仪与电脑之间的连接线路
	没有将软件中导航仪的工作开关打开	检查软件开关是否打开
定位器械无法识别	手机定位器和参考板编号与软件中选择的不一致	重新核对选择
	手机定位器和参考板不在导航仪视场范围内	调整导航仪接收角度
	手机定位器和参考板红外光发射小球损坏	更换二者的红外发射装置
	手机定位器或参考板使用过久，精度降低，需重新调校	重新调校手机定位器和参考板

（葛严军）

第九节 龋病早期诊断设备

Diagnostic Equipment for Early Caries

随着生活水平的不断提高，龋齿作为严重危害人们生活品质和口腔健康的疾病，越来越得到社会的关注。牙菌斑是牙齿龋变的罪魁祸首，其代谢产生的酸性物质破坏了牙齿内部的脱矿平衡，致使牙齿矿化龋变。龋齿的早期无损检测和诊断是口腔临床医学领域面临的重要问题，目前临床应用的龋病早期诊断设备（diagnostic equipment for early caries，即龋检测仪）主要有四种：①电阻抗龋检测仪，主要通过牙齿健康组织与龋损组织的电阻差异程度判断龋损；②激光龋检测仪，依据激光遇到钙化程度不同的牙齿和细菌产物浓度不同的部位时，可激发出不同波长的荧光判断龋损；③定量光导荧光龋检测仪，基于牙齿组织的荧光现象，利用定量光导荧光技术和数字信号图像处理技术，检测龋损组织矿化状态的早期诊断设备；④透射光龋齿探测系统，利用光学原理获得龋病诊断影像，具有无损、直观、准确等优点，被认为是很有发展前景的龋齿早期检测设备。

本节主要介绍透射光龋齿探测系统。透射光龋齿探测系统基于牙齿结构，以数码影像光纤透照技术（digital imaging fiber optic transillumination，DIFOTI）为工作原理，通过特定波长的光线照射，利用牙体组织的透射光线由数码影像系统提供类似于X线片的图片，但全程无辐射。

（一）结构组成及主要部件功能

1. 结构组成　透射光龋齿探测系统主要由图像采集手柄、光纤传输检测光探头、计算机、图像处理存储软件等部分组成（图2-87）。

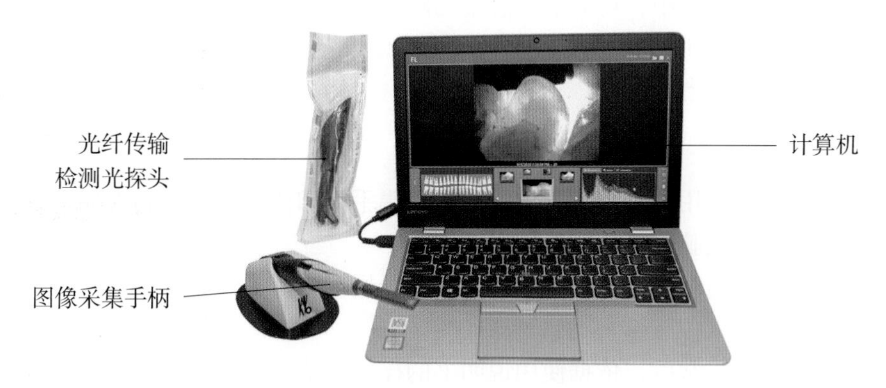

图2-87　透射光龋齿探测系统

2. 主要部件的功能

（1）图像采集手柄：主要由摄像头、操控按键、光源等组成，通过USB接口与电脑连接。

（2）光纤传输检测光探头：为检测成像提供光源及光照射点，连接于图像采集手柄前端。

（3）计算机：安装图像编辑软件，用于显示并保存图片，能够记录实时状态。

（二）工作原理

透射光龋齿探测系统用特定波长的光线照射牙齿，并将其用作光源，牙齿结构允许光从进入点穿过，透射至摄像头成像（图2-88），透光性不佳的区域（如龋齿）将被清晰地成像并显示为暗区（图2-89）。数字摄像头可以记录实际状态，并实时显示在屏幕上。医师可根据需要拍摄图片或录制检测过程的影像，供后续诊疗比对及资料保存。

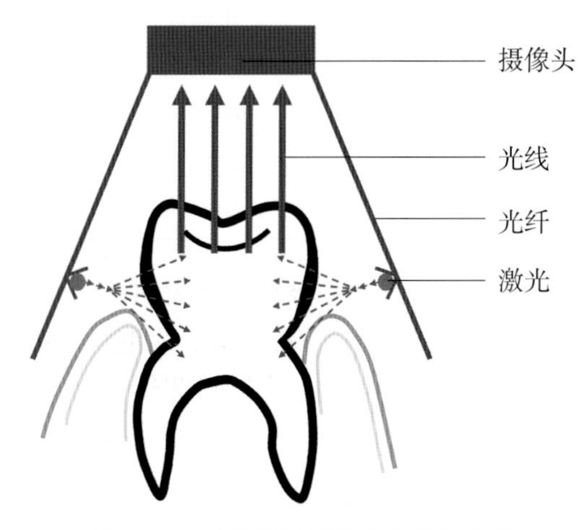

图2-88　光源照射透射成像原理示意

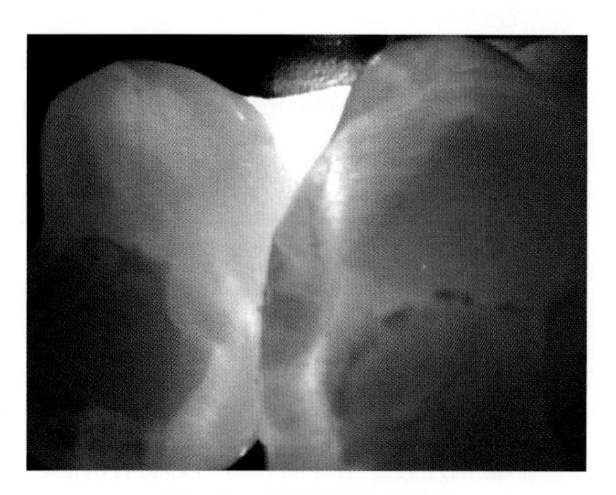

图2-89　光源照射透射成像

（三）临床应用的意义

龋病早期诊断设备在龋病诊断和监测等领城的用途越来越广泛，与传统的视诊、探诊等诊断方法相比，龋检测设备可以敏感、客观地评价龋损状况，有效地做好医患沟通。透射光龋齿探测系统在以下几个方面具有显著意义。

1. 口腔健康教育 透射光龋齿探测系统类似于常规口腔内镜，利用数码影像光纤透照技术采集高分辨率的数码图像，实时显示于计算机屏幕上，可向患者清晰展示牙面菌斑和龋损状况，使患者对牙齿健康状况有直观明确的认识，从而提高其对口腔健康的重视程度。

2. 龋病诊断和监测 透射光龋齿探测系统的龋病诊断无辐射，安全性高，并可显著提高诊断质量，适用于检测咬合面龋、邻面龋、继发龋和牙齿裂纹等，类 X 光成像质量可以检测一般手段无法发现的早期龋，敏锐发现病损的动态变化，评价防治措施的效果。

3. 辅助治疗 诊疗过程中，可为清除感染的龋损牙体组织提供参考。

4. 操作简单 设备随时可用，使用前无需清洁牙齿，易于融入日常诊疗中；可单独使用，也可连接在口腔综合治疗台上使用。

（四）操作方法

1. 设备安装 按照使用说明书正确连接图像采集手柄和传输光纤检测光探头。

2. 开启系统 启动电脑，打开图像编辑软件。

3. 检查主要部件 检查图像采集手柄、传输光纤检测光探头是否连接正常，检查电脑显示屏是否有影像显示。

4. 诊疗操作 系统正常后，依据使用说明书的操作规范，进行龋病探查、诊断。

（五）维护保养

1. 传输光纤检测光探头 可用高压蒸汽（135 ℃）灭菌。

2. 图像采集手柄 光龋齿探测系统的专用核心部件，使用及存储时要特别谨慎，严防磕碰、跌落。可使用 75%乙醇进行表面擦拭消毒，但不可用腐蚀性液体。

3. 图像采集手柄 USB 线缆 保持清洁，防扭折以延长使用寿命。

（六）常见故障及排除方法

透射光龋齿探测系统的常见故障及排除方法详见表 2-15。

表 2-15 透射光龋齿探测系统常见故障及排除方法

故障现象	可能原因	排除方法
电脑无法开启	电源未连接	正确连接电源
	电池电量过低	给电池充电
图像采集手柄不工作、传输光纤检测光探头无光	USB 连线未有效连接	确认连接可靠性
	传输光纤检测光探头未安装到位	确认连接可靠性
	图像采集硬件故障	请专业人员维修

第十节 口腔无痛麻醉注射仪
Dental Local Anesthetic Injection Apparatus

口腔治疗时产生疼痛容易引起患者的恐惧心理，如何通过安全注射获得理想的麻醉效果一直是困扰口腔医师的难题。计算机辅助无痛麻醉注射仪能够很好地满足医患双方的要求，口腔医师执笔式握住手柄，用指尖精确控制注射针的定位，通过脚踏即可控制局部麻醉药的注射。口腔无痛麻醉注射仪能够降低局麻注射痛感，有效消除患者的紧张情绪，且不产生穿刺遇阻力时的针头偏转等现象；也能够精准控制给药速度，适应相关临床疗程；设备注射方法舒适安全，符合人体工程力学原理。

（一）结构组成及主要部件功能

1. 结构组成　口腔无痛麻醉注射仪主要由主机、脚踏控制器、麻醉输液管及麻醉针手柄等组成（图 2-90）。

2. 主要部件的功能

（1）主机：以微电子线路为核心的控制器控制电机运转，驱动活塞杆施压于麻醉药筒的活塞，给药液持续加压，麻醉药液通过输液管及针头为需要麻醉的组织提供麻醉药。主机上的操作面板功能丰富，可进行多种输液模式的设置。

（2）脚踏控制器：麻醉药输液模式设定后，用脚踏控制器控制给药或停止。

（3）麻醉输液管：用于无痛麻醉输液泵的输液管路。

（4）麻醉针手柄：是麻醉输液时医师握持的手柄，长短可依据需要取舍。

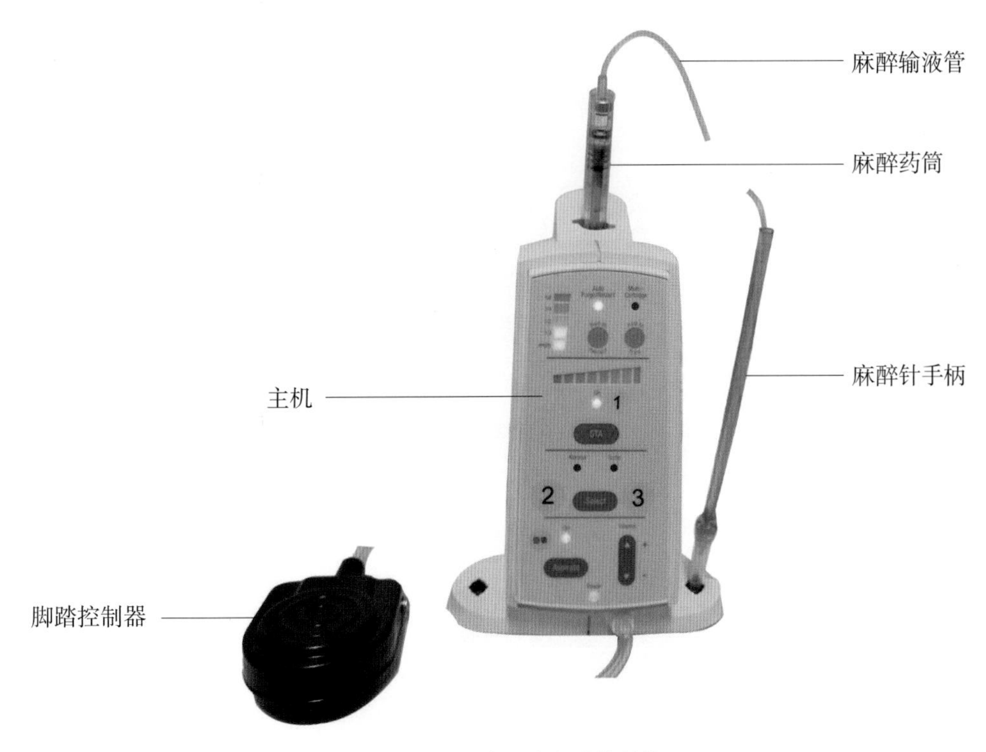

图 2-90　口腔无痛麻醉注射仪

（二）工作原理

口腔无痛麻醉注射仪采用微电子控制技术，以微电机为动力，用电动活塞杆取代传统针筒式手工注射给药的手动加压活塞杆，通过步进的进针方式（每次进针 2 mm）持续、匀速、定量给药，即注射适量麻醉药后停留数秒以建立进针过程的麻醉通道，到达预定位置后，持续注射所需药量，从而实现无痛麻醉的目的。

（三）手推针筒注射与无痛麻醉注射的比较

传统手推针筒注射方式与无痛麻醉注射方式的比较详见表 2-16。

表 2-16 传统手推针筒注射与无痛麻醉注射的比较

手推针筒注射	无痛麻醉注射
注射用力不均，药速不稳，易引起疼痛、肿胀感	匀速给药，流速低于疼痛阈值，患者感觉更舒适
因口内注射的局限，手推注射难度较大，人为因素影响进针给药时流速和流量的配合	针刺入表皮后即开始慢速、均匀给药，吸收率高，进针一直在麻醉通道内，能以最少的麻药剂量完成最佳的麻醉效果，治疗全程几乎无痛感
针头穿刺组织时产生的阻力，易导致针头偏离，麻醉阻断效果不佳	可旋转进针，降低针尖阻力，改变斜切面位置，使针尖精确抵达目标位置，麻醉阻断效果好
注射针筒大，患者易产生恐惧心理	麻醉针手柄小巧，可减少患者的焦虑情绪

（四）操作常规及注意事项

1. 操作常规

（1）首次使用前认真阅读使用说明书，充分了解功能键的使用方法，以提高安全麻醉的效果（图 2-91）。

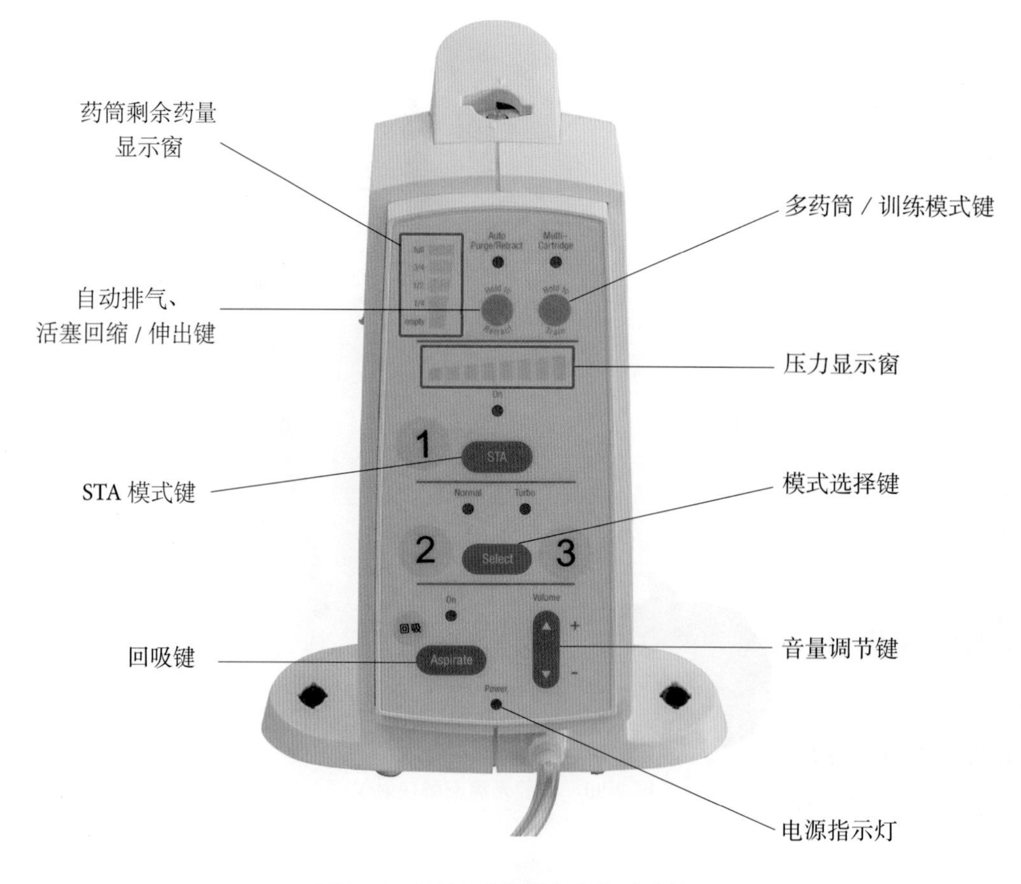

图 2-91 口腔无痛麻醉注射仪功能键

1）自动排气、活塞回缩 / 伸出键（Hold to Retract）：开机时默认可自动排气；卸药筒时，长按此键活塞回缩；维护保养设备时，先关闭电源，按下此键同时打开电源开关，可使活塞推杆全长伸出。

2）多药筒 / 训练模式键（Hold to Train）

①多药筒功能：多支注射时，无需拔针，即可换药使用。

②训练模式：在使用初期可帮助医生熟练操作使用。长按此键，语音提示训练模式开启；再次长按此键，语音提示训练模式关闭。

3）回吸键（Aspirate）

①功能：安全回吸。进针到预定位置后，在给药之前确认针头未刺入血管。

②使用：设备开机时回吸指示灯自动开启，当停止给药时，即可回吸；按下此键指示灯熄灭，回吸功能关闭。

4）音量调节键（Volume）

①功能：调节音量大小。

②使用：可按"+"或"-"调节音量大小。

5）单颗牙麻醉（single tooth anesthesia，STA）模式键：此模式下，只有一个 207 s/ml 的慢速给药速度。适合注射阻力大的部位，例如牙周膜、牙龈的麻醉注射。

6）模式选择键：可选择正常模式和涡轮模式。

①正常模式：有 207 s/ml（慢速）和 35 s/ml（快速）两种给药速度可选择。

②涡轮增压模式：有 207 s/ml（慢速）35 s/ml（快速）和 17 s/ml（超快速）三种给药速度可选择。

（2）按设备说明书的要求安装、连接口腔无痛麻醉注射仪的电源及附件，将其放置在稳固的平台上。

（3）按要求正确设置麻醉使用功能，装载麻醉安瓿、连接针头等。

（4）踏下脚踏控制器启动开关时注射麻药，脚掌抬起时停止给药。

2. 注意事项

（1）口腔无痛麻醉注射仪功能丰富，使用前应确认功能设置正确无误。

（2）设备应放置稳固，谨防电源线、麻醉药输送管线缠绕等不安全因素出现。

（3）注意操作面板清洁，使用非腐蚀性液体擦拭面板。

（五）维护及保养

1. 可将消毒剂喷洒到柔软的毛巾上，对设备进行擦拭消毒。

2. 可用塑料罩套在设备外，以保持清洁。

3. 每 24 次循环后，设备将自动提示进行活塞及 O 型圈的润滑保养。保养步骤如下：

（1）先将设备关闭，然后按住控制面板上的 Hold to Retract，同时打开设备电源开关，此时活塞全部伸出，处于保养状态。

（2）用硅凝胶剂润滑油对伸出的全长活塞推杆及 O 型圈进行润滑，如果发现 O 型圈磨损或破裂，应立即进行更换。

（六）常见故障及排除方法

口腔无痛麻醉注射仪的常见故障及排除方法详见表 2-17。

表 2-17 口腔无痛麻醉注射仪常见故障及排除方法

故障现象	可能原因	排除方法
打开电源开关，指示灯不亮	电源未连接	检查电源连接
	电源保险管断路	更换保险管
踏下脚踏控制器，设备不工作	脚踏控制器故障	检查脚踏控制器连接及开关
	主机控制器故障	请专业人员维修

第十一节　硅橡胶印模材自动混合机

Automatic Mixing Machine for Vinyl Polysiloxane Impression Material

在口腔修复治疗中，制作的义齿与预备体精准吻合的前提条件是临床医师能够制取清晰准确的印模。传统的混配方法多以手工配比调合，受人为因素影响较大，不可避免地存在配比差异、混配调合不均等现象，给口腔修复取模的精确度带来不良影响。为提高印模材料在使用中的便捷性和可靠性，硅橡胶类印模材料的生产商提供了与之配套的印模材自动混合机，极大地提高了材料的混合质量，降低了医护人员的劳动强度。硅橡胶印模材自动混合机的优点是可使印模材的调和质量保持一致，自动控制各种成分的混合比例。

（一）结构组成及主要部件功能

1. 结构组成　硅橡胶印模材自动混合机主要由主机、印模材储料盒和混合头等部件组成（图 2-92）。

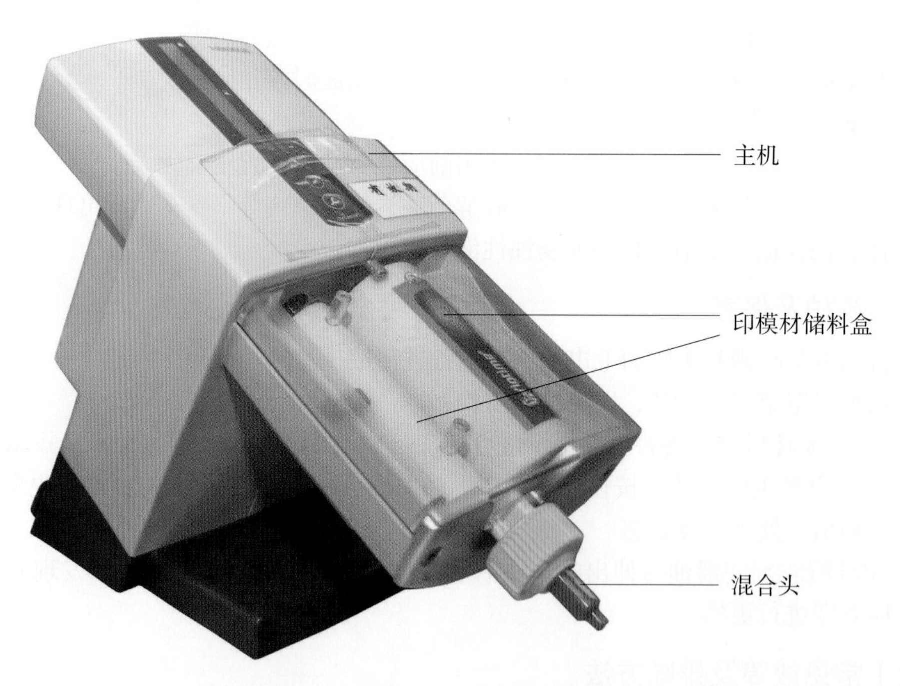

图 2-92　硅橡胶印模材自动混合机

2. 主要部件的功能

（1）主机：以微电子控制系统为核心的控制单元，控制为混配提供动力的伺服电机，通过减速齿轮、丝杆等机械传动装置，推动储料盒活塞挤压硅橡胶印模材从出料口进入混合头内。

（2）印模材储料盒：机混硅橡胶印模材一般为双组份，分装在密闭的容器里，使用时硅橡胶基质和催化剂按比例混合均匀，在预定的时间内固化成型。

（3）混合头：将双组份按预定比例挤入的印模材，在其内搅拌混合并从出料口挤出至印模托盘（图 2-93）。

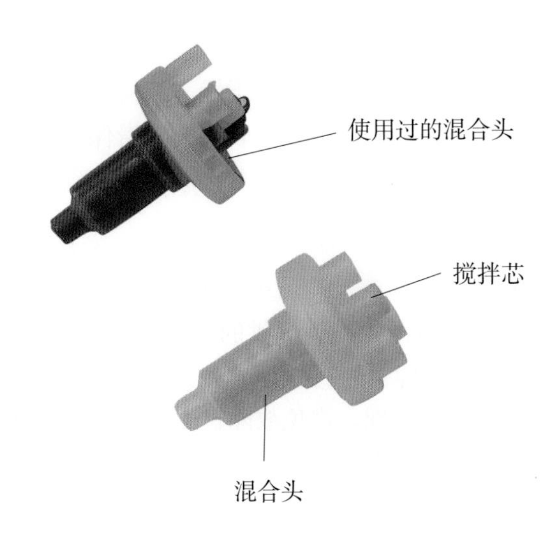

图 2-93　机混印模材料混合头

（二）工作原理

硅橡胶印膜材自动混合机以市电为电源，以微电子控制系统为核心，手控启动伺服电机运转，通过齿轮、丝杆等装置，驱动储料盒的活塞给印模材施压，按预设比例同时将两种组份的印模材挤入混合头内，由旋转杆驱动混合头内的旋转搅拌部件，使硅橡胶基质与催化剂均匀混合。搅拌的同时，混合均匀的印模材料从出料口挤入印模托盘，当达到所需印模材用量时，手动停止混合搅拌。硅橡胶印膜材自动混合机的工作原理如图 2-94 所示。

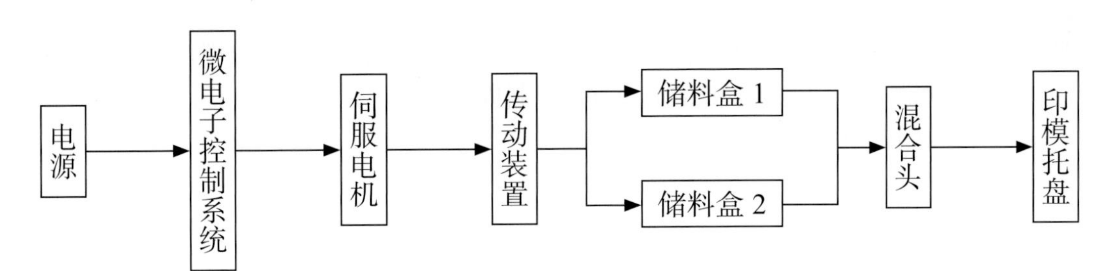

图 2-94　硅橡胶印膜材自动混合机工作原理

（三）操作常规及注意事项

1. 操作常规

（1）选择稳固的平台放置设备，接通电源。

（2）按设备使用说明书要求，加载硅橡胶印模材。

（3）开启电源，检查设备的指示信息，确保各部件连接紧密、稳固、正常。

（4）启动混合键，按预设比例的混合硅橡胶从机混印模材专用混合头中挤出。

2. 注意事项

（1）设备正面设有“料位指示器”，使用者可以随时观察确认印模材料的剩余量，应注意及时更换。

（2）使用完后无需取下混合头，待其内留存的印模材自行凝固，起到密封硅橡胶储盒的作用，下次使用设备时再更换新的混合头。

（四）日常维护及保养

1. 设备放置在稳固的平台上，通风良好，环境干燥。保持设备清洁卫生。

2. 印模材混合机是机电一体化设备，注意机械装置的润滑保养。

3. 设备运行时出现异常噪声，应立即断电停用。排除故障，确认无误后再使用，避免故障程度加重。

（五）常见故障及维修

硅橡胶印膜材自动混合机大多是由生产商提供的与材料匹配的专用设备，除保险丝熔断、供电线缆断路等易于处理的一般性故障可自行处理外，其他较为复杂的故障现象，建议报请生产商或具有相应资质的专业维修人员处理，避免故障扩大，造成更为严重的损失。硅橡胶印膜材自动混合机常见故障及排除方法详见表 2-18。

表 2-18　硅橡胶印膜材自动混合机常见故障及排除方法

故障现象	可能原因	排除方法
开启混配开关无反应	电源未连接	正确连接电源
	电源保险管烧坏	更换保险管
	启动开关故障	排除故障或更换
	电机控制系统故障	请专业人员维修设备

第十二节　临床用光聚合器
Clinical Light Polymerizer

光聚合器（light polymerizer）是使用光固化材料制作暂基托或个性化取模托盘时，提供所需特定辐射光的光源装置，特定波长的光可加快材料固化速度。光聚合器广泛用于口腔修复诊室，供医护人员临床工作中使用。

（一）结构组成及主要部件功能

1. 结构组成　光聚合器主要由一个抽屉式箱体、特定波长光源、定时控制器等部件组成（图 2-95）。

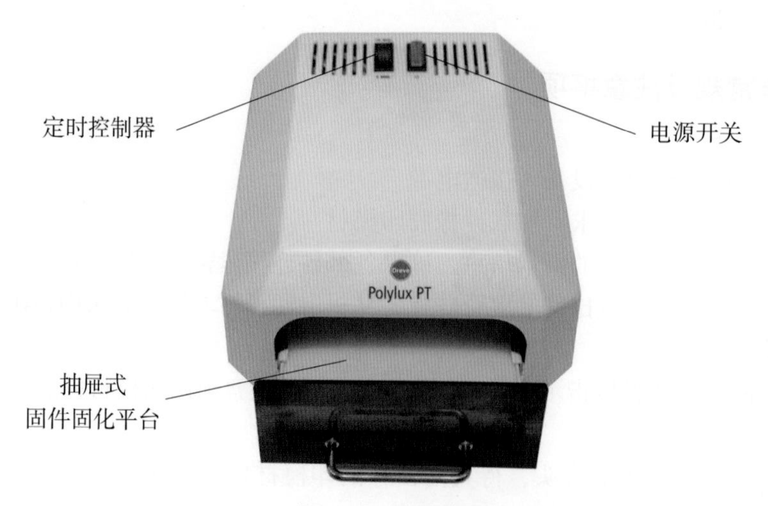

图 2-95　光聚合器

2. 主要部件的功能

（1）箱体：内部安装光源，配有舱门。

（2）抽屉式固件固化平台：放置待固化的基托部件。

（3）特定波长光源：三只 U 型冷光灯管作为光聚合器光源（图 2-96）。

（4）定时控制器：可预设光固化时间，一般分为 5 min 和 10 min 两档。

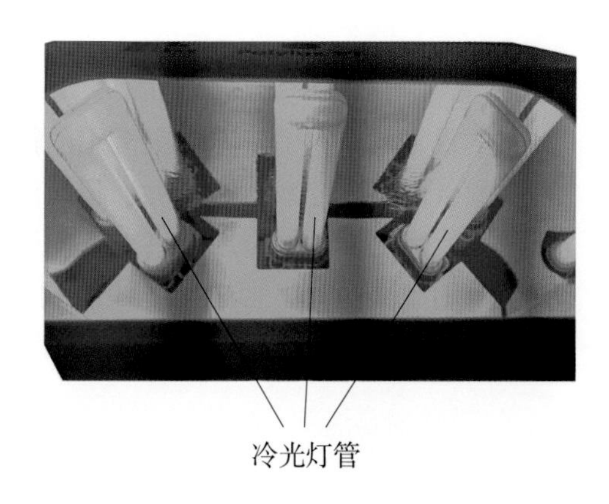

图 2-96　光聚合器光源

（二）工作原理

光聚合器是对使用光固化材料制作的基托进行光辐照，以实现快速固化。因此光聚合器应提供光固化材料所需有效波长范围的特定光源，并且具有符合要求的光辐照强度。当光源开启，暂基托或个性化托盘经预定时间的照射后快速固化。

（三）操作常规及注意事项

1. 操作常规

（1）打开主电源。

（2）预设光辐照时间。

（2）打开主机舱门，将所需光照基托置于舱中间，关闭舱门。

（3）启动光聚合器，开始固化。

（4）光照结束取出基托。

2. 注意事项

（1）使用结束后，如有冷却风扇，应待其自动停止后再关闭电源。

（2）更换光源时，应在其冷态下进行，谨防灼伤。

（3）更换光源时，禁止用手触摸光源表面。

（四）日常维护及保养

1. 设备应保持清洁，不使用含腐蚀性的清洁剂擦拭。

2. 应定期检查光源，如光照强度不足，应及时更换。

（五）常见故障及排除方法

光聚合器常见故障及排除方法见表 2-19。

表 2-19　光聚合器常见故障及排除方法

故障现象	可能原因	排除方法
开机电源指示灯不亮	供电线路没有供电	检查供电线路，接通电源
	电源开关损坏	更换电源开关
启动定时光照，聚合器光源不亮	定时器故障	检查定时器电路
预定照射时间固化不完全	光源老化，光照强度弱	更换冷光灯管

（吴书彬　许慧祥）

小结

本章主要介绍了口腔临床常用的设备，包括口腔综合治疗台、牙科手机等基本设备；根管长度测量仪、口腔激光治疗机、超声洁牙机等诊断和治疗设备。随着数字化技术的发展，种植导航等数字化设备的应用方兴未艾。近年来，口腔医疗设备在降低医源性感染方面作过不少尝试；今后，随着数字智能化时代的到来，口腔医疗设备将进一步受数据、信息和智能化驱动，改变患者和医护的互动方式，提升患者医疗体验。

Summary

This chapter introduces the equipment often used in dental clinical, including essential equipment such as dental units, dental handpiece, as well as those diagnostic and therapeutic equipment like root canal length meter, dental laser and ultrasonic scaler. With the development of digital technology, the applications of implant surgery navigator and other digital equipment are blooming.In recent years, many attempts have been made for oral medical equipment to reduce iatrogenic infections. Down to the digital intelligent era it would go, oral medical equipment will be further driven by data, information and intelligence, changing the interaction between patients and healthcare motion, together improving patients' healthcare experience.

（范宝林）

第三章数字资源

第三章　口腔教学设备

Dental Teaching Equipment

口腔医学教学包括理论课、讨论课、实习课（含常规实验室实习及临床前专业实习等）、临床实习等多种方式，其中理论课、讨论课、常规实验室实习的教学和其他学科的教学类似，采用多媒体教室、讨论室以及常规的物理、化学和生物实验室等即可完成教学工作。

口腔疾病的诊治主要依靠医师的操作来完成，绝大多数操作在口腔内进行，空间小（儿童患者更小），难度大；有些操作还需要用大力（比如拔牙等），而力的控制难度很大。除此之外，口腔诊疗还具有以下特点：①独立性强，操作在患者口腔内完成，外人不易观察、干预，操作者的独立性很强；②有创性，几乎所有操作都具有一定的创伤性，使用的器械如高速手机、超声器械等均依靠工作端锋利的刃达到切割软硬组织的目的，稍有不慎还会伤及周围组织导致不良后果；③不可逆性，软组织有一定的自愈力，而牙体硬组织损伤是不可逆的。以上特点均决定了临床前培训的重要性：要学会在小空间里进行各种精细的操作（包括对力的控制），以避免造成患者不可逆的损伤。口腔医学在长期的发展过程中形成了良好的教学传统，学生需要在临床接诊患者前逐级学习具体的口腔诊疗操作技术：开始以师授徒的方式进行；随后逐渐发明制造出各种装备、设施（如仿真头模、各类模型、人工牙、离体牙、动物头颅等）模拟实际临床诊疗的情形，便于医学生在接触患者前能进行模拟训练；近年来随着科学技术的发展，尤其是计算机技术、虚拟技术及数字技术的发展，结合了最新扫描、定位、虚拟技术、力反馈技术的口腔医学实时评估系统、虚拟仿真培训系统等也开始进入口腔医学教育领域，这些进步在医学教育发展中具有里程碑意义，而口腔医学在这一方面走在了其他临床医学学科的前面。

口腔医学临床前专业实习期间教学所需的设备中，绝大多数可以和口腔临床设备通用（比如各种磨削修整用设备、光固化机等），但也有一些设备是教学专用的，比如各类用于模拟口腔环境的设备、各类评估设备、用于模拟口腔诊疗操作过程的虚拟仿真设备和用于模拟口腔疾病患者的机器人等。

第一节　口腔模拟教学设备

Dental Simulation Teaching Equipment

在口腔临床基本操作技能中，牙及牙列的模拟培训主要依托口腔临床模拟教学实习系统来实现，另一些比如切开、缝合以及外伤包扎等的培训和临床医学的相关培训类似，可以采用相应的模拟设备来完成。

一、口腔临床模拟教学实习系统

口腔临床模拟教学实习系统是口腔医学技能培训的主要装备，利用它可以完成大多数涉及牙及牙周组织相关临床操作的培训，如牙体牙髓专业的充填、根管治疗，修复专业的备冠、取模、戴牙，牙周专业的洁治、刮治及牙周手术，口腔颌面外科专业的拔牙等。此设备同时也是口腔医学生安全使用临床基本医疗设备和器械的培训系统。

（一）结构组成及主要部件功能

1. 结构组成 口腔临床模拟教学实习系统主要由无影灯、桌体、仿真头模、系统主体、医师椅等组成（图 3-1）。其中无影灯、桌体、系统主体、医师椅等和口腔综合治疗台基本一致，在功能、工作原理、维修保养等方面也基本一致，在此不再赘述。下面重点介绍仿真头模。

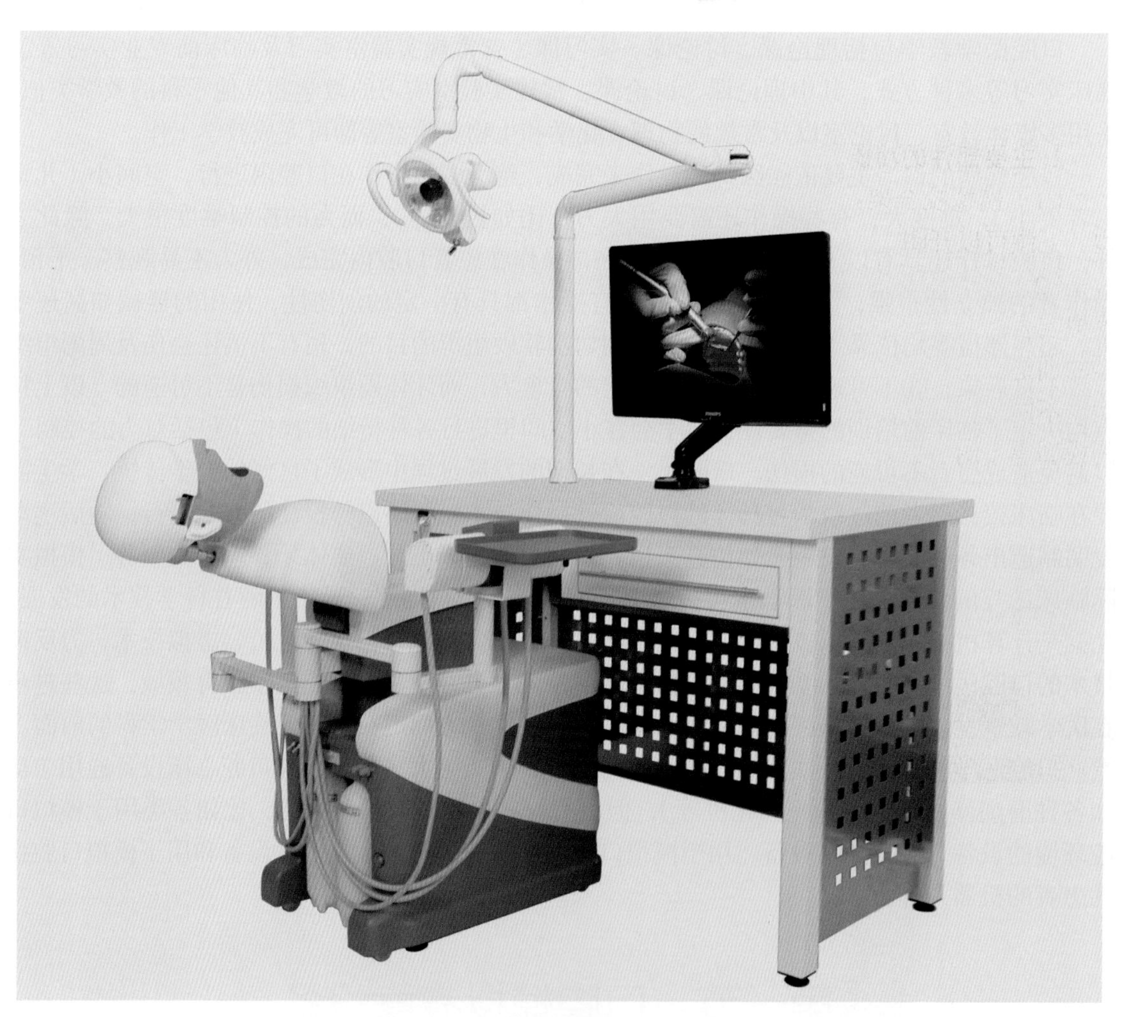

图 3-1 口腔临床模拟教学实习系统

仿真头模（dental simulator），简称仿头模（phantom），是模拟人的头部制作而成的，最基本的特征是上下颌可以安装定制模型（不同的模型针对相应的技能训练内容）、模型上的人工牙可以替换（可指定针对特定牙位的操作）、下颌可以做开闭运动，同时还可以模拟人的头部转动。

仿头模由模拟咬合架、上下颌模型、面罩和仿真肩体等组成（图 3-2），是模拟患者口腔的基础装备。

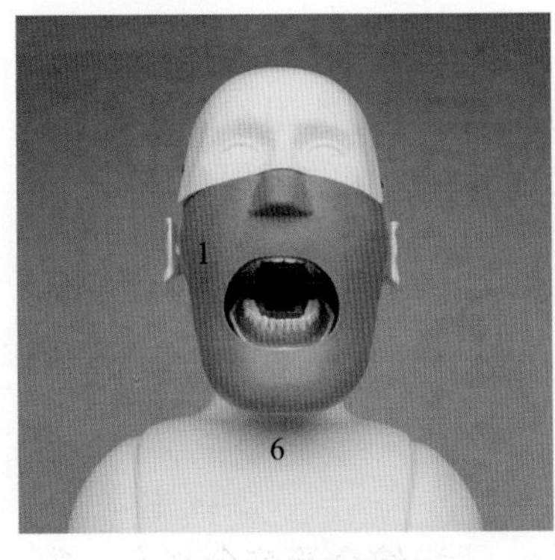

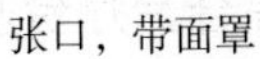
张口，带面罩

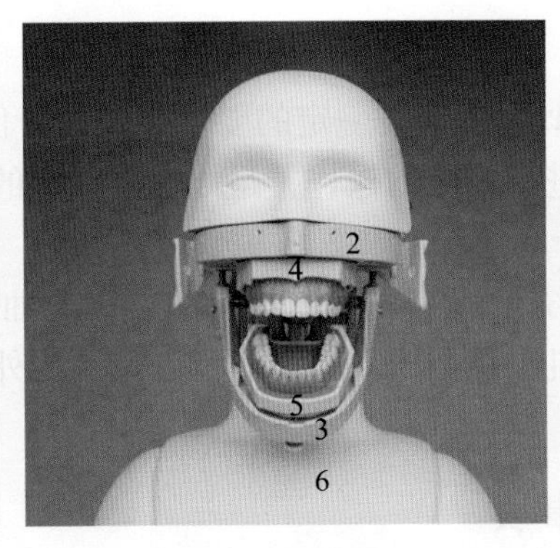

张口，不带面罩

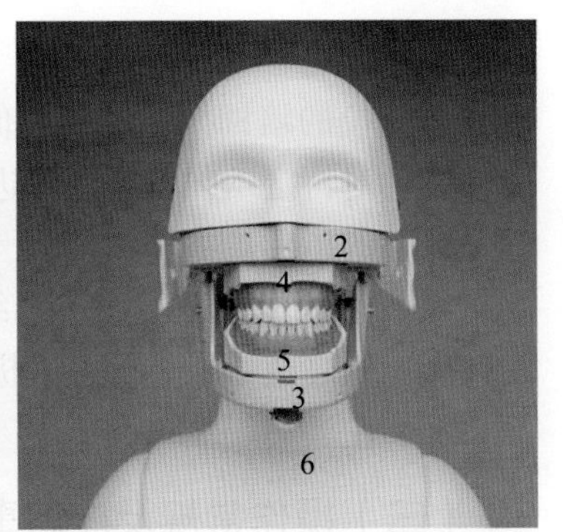

闭口，不带面罩

图 3-2　仿头模的基本结构

1. 面罩；2. 模拟咬合架上颌；3. 模拟咬合架下颌；
4. 上颌模型；5. 下颌模型；6. 仿真肩体

2. 主要部件的功能

（1）模拟咬合架：仿头模的核心部件，用于模拟人的上下颌，其上可以安装各类配套模型，下颌可以开闭。

（2）上下颌模型：仿头模开展教学活动的关键部件，通过机械固位和（或）磁力固位与模拟咬合架的上下颌结合，不同设计的模型及配套的人工牙（或离体牙）可以用于不同教学内容的训练。培训所能开展的项目主要在于相关工作模型的配置，如成人标准模型、儿童标准模型、不同程度牙周炎的模型、牙列缺损及缺失的模型、带离体牙的石膏模型以及部分特定用途的模型等（图 3-3）。

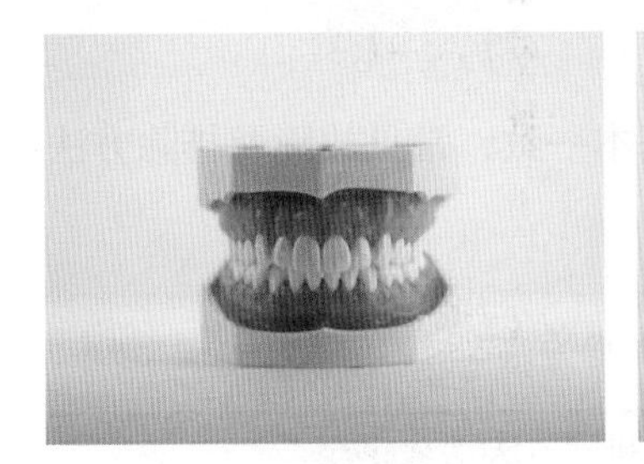
成人标准模型

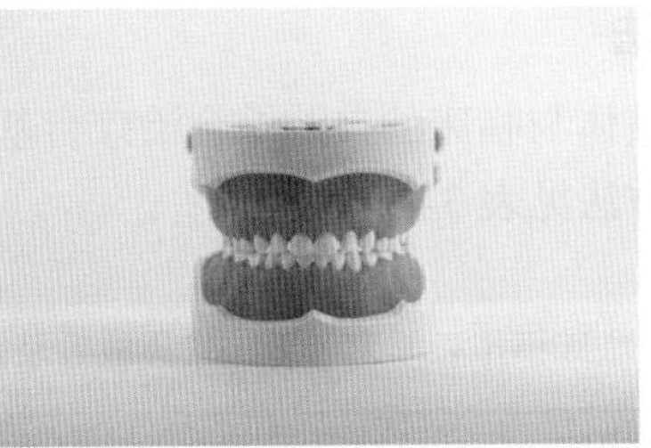
儿童标准模型

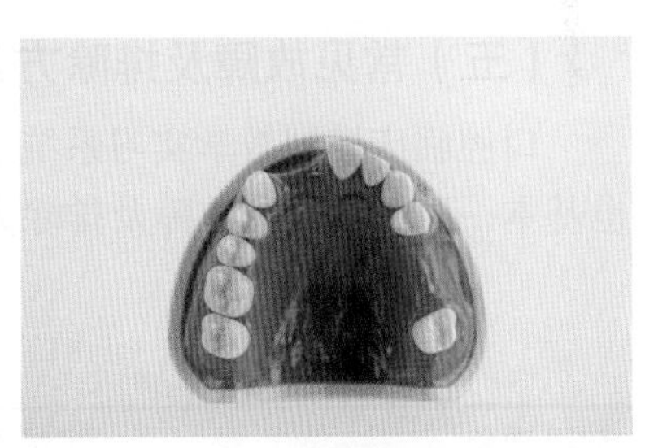
牙列缺损模型

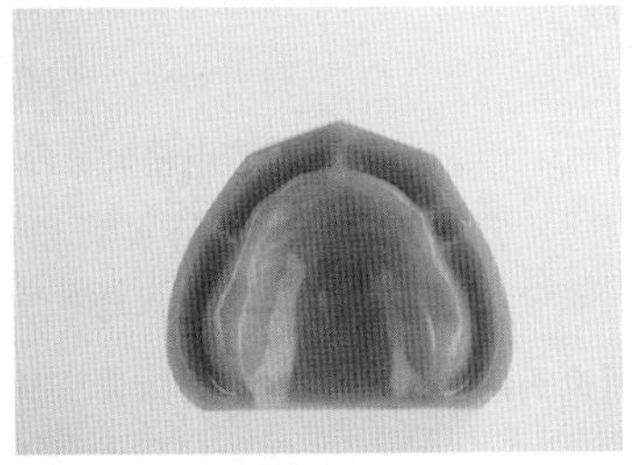
牙列缺失模型

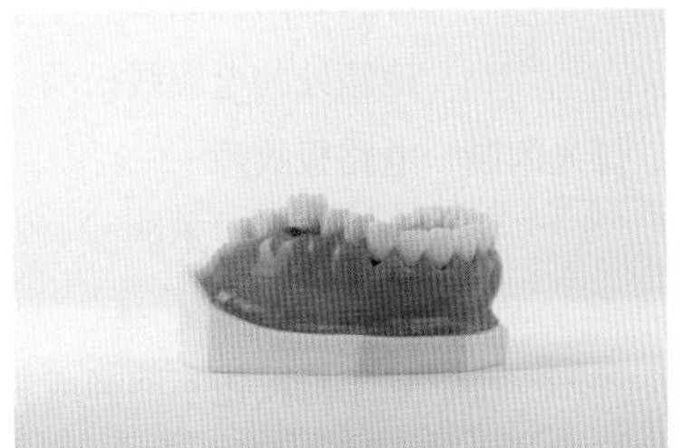
牙周炎模型

图 3-3　不同类型的上下颌模型

（3）面罩：包绕模拟咬合架及其上的模型，形成模拟口腔的界限。

（4）仿真肩体：模拟患者的肩部，使训练场景更接近实际。

（二）工作原理

仿头模的培训操作基本类似，学生按一定的要求（包括椅位、体位），选用相应的设备或工具，针对特定的牙位或区域进行相应的操作并最终达到预定的标准，操作的过程及最终结果都是评估的指标。

口腔临床模拟教学实习系统目前一般采用气动式，以无油压缩空气为动力，通过各种控制阀体，供高速手机、低速手机、三用枪和吸引器等使用。另外，通过机械装置对仿头模进行上、下、左、右等位置调节。

（三）操作常规及注意事项

1. 操作常规

（1）按设备使用说明书要求，将主机及附件有效连接，开机检查设备功能完好性。

（2）根据预定的教学内容，将准备好的模型（带人工牙或离体牙）在仿头模上就位。

（3）按教学要求进行椅位调整、仿头模位置调整、灯光调整、模拟口内操作等，如产生废水，定期从面罩内吸走。

（4）使用完成后将设备整体复位，取下模型，做好清理工作。

2. 注意事项 进行模拟培训时必须遵循的基本原则是“将仿头模当作患者来对待”，除了没有交互式的医患交流外，操作流程、动作要求、对患者及操作者自身的保护等都应该体现，使用的设备、器械、耗材等也要和临床实际尽量靠近，以达到“仿真”的效果。

（四）日常维护及保养

（1）保持系统整体表面清洁，如遇到被污染的情况，应及时用软抹布蘸无腐蚀性清洁剂擦拭干净。

（2）系统中管线较多，使用时避免缠绕、猛拽。

（五）常见故障及排除方法

口腔临床模拟教学实习系统整体与临床的口腔综合治疗台基本一致，常见故障及排除方法也基本一致。其常见故障及排除方法见表 3-1。

表 3-1 口腔临床模拟教学实习系统常见故障及排除方法

故障现象	可能原因	排除方法
无影灯灯头晃动	灯头固定螺丝松动	检查并紧固螺丝
无影灯灯光不亮	灯头处的线断裂	检查灯头线路是否断裂
	地箱处的电源线松动	打开地箱，检查电源线是否松动
无影灯电路板异响，灯光闪断	电路板故障	检查电路板是否短路，表面有无异常
手机漏水或不出水	给水阀密封不严	维修给水阀和总阀膜片，如未解决则需更换相应配件
三用枪漏水、漏气	三用枪按钮不回弹或三用枪头内芯丢失	检查并维修三用枪按钮和弹簧
蒸馏水瓶漏水、漏气	蒸馏水瓶螺纹处滋扣	适当旋松蒸馏水瓶
头模松动	头模螺丝松动	检查并紧固头模螺丝
模型松动	固定螺丝松动	紧固固定螺丝

仿头模技术可以用来模拟牙及牙列相关操作的绝大部分内容，在口腔医学模拟培训中占有极其重要的地位。但口腔操作中还有其他的内容，如切开、缝合、麻醉、外伤包扎等，不能使

用仿头模技术，而需要通过其他的模拟培训技术来实现。

二、神经阻滞麻醉模拟设备

局部麻醉是口腔临床操作的基本技能之一，局部浸润麻醉操作简单，易于掌握；神经阻滞麻醉则因为进针深（常需要 2 ~ 2.5 cm）、对穿刺精度要求高、有效着针点区域小，掌握难度较大。传统教学时主要靠学生间互相注射，具有一定的风险，且很难做到反复练习。有厂家开发了专用的神经阻滞麻醉模拟设备，较好地解决了这个问题。

（一）结构组成及主要部件功能

1. 结构组成　主要由麻醉模型主体及感应器构成（图 3-4）。

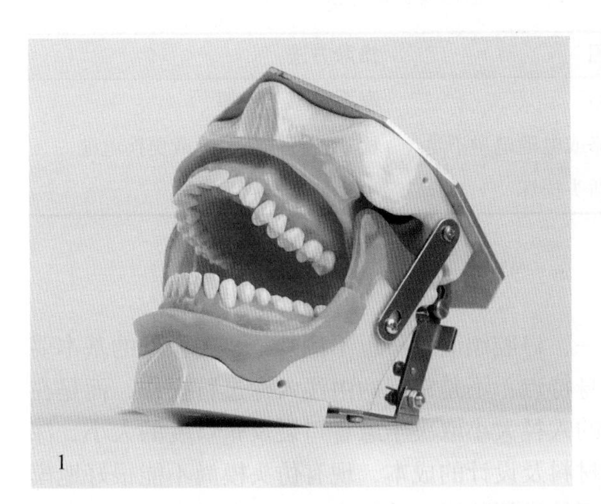
1

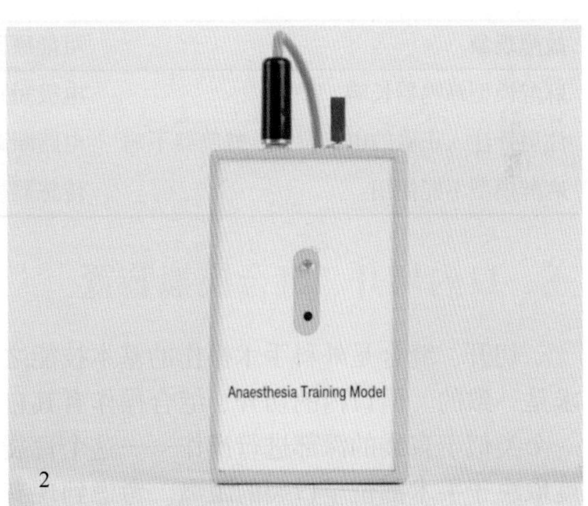

2

图 3-4　神经阻滞麻醉模拟设备的基本结构

1. 麻醉模型主体；2. 感应器

2. 主要部件的功能

（1）麻醉模型主体：模拟设备的核心部件，外观和仿头模里的模拟咬合架及其上的上下颌模型类似，以模拟患者大张口的状态，但麻醉模型主体的上下颌黏膜是整体结构，其内部安装传感器感应点。

（2）感应器：通过接受模型黏膜内感应信号，判断神经阻滞麻醉穿刺是否准确。

（二）工作原理

神经阻滞麻醉模拟设备黏膜内含有多个麻醉接触传感器感应点，当麻醉进针位置和角度正确时，针头推动感应开关，感应开关将信号传输到感应器内，感应器发出音频信号和（或）光信号，代表进针位置正确；如感应器无信号发出，说明操作失败。

（三）操作常规及注意事项

（1）应在具有口腔教学资质人员的指导下使用。

（2）使用时应谨慎小心，以免撕裂上下颌整体黏膜。

（3）进行进针练习时，不能使用水、麻醉液或其他液体。

（4）在取下整体黏膜时，务必按照厂家说明书的顺序进行。

（5）勿对设备施加过大的力或震动本设备，否则可能造成损坏。

（四）日常维护及保养

（1）注意轻拿轻放，及时清理。

（2）清洁整体黏膜时，不能过度用力擦拭，不能使用乙醇等有机溶剂，也不能用超声波清洗机或蒸汽清洗机清洁设备。

（3）整体黏膜应置于阴凉干燥（室温）处保管，不能置于高温、多湿、阳光直射处。

（4）保管时，可以将婴儿爽身粉轻轻涂抹在整体黏膜表面，确保产品不会与木材、纸张、乙烯树脂或其他可能黏附的材料接触。

（五）常见故障及排除方法

神经阻滞麻醉模拟设备常见故障及排除方法见表3-2。

表3-2 神经阻滞麻醉模拟设备常见故障及排除方法

故障现象	可能原因	排除方法
麻醉模型蜂鸣器长响	电极短路	联系厂家工程师
注射针注入正确的电极位置，蜂鸣器不响	电路断路或电池电量不足	检查设备连接情况或更换电池
麻醉模型不能使用	传感器插头损坏	更换传感器插头

三、口内切开、缝合模拟装置

切开、缝合是外科手术操作的基本技能之一，口腔颌面外科也不例外，相关操作的基本要求是一致的。但口内的切开、缝合操作有其自身特点：不是常规的由浅入深进行操作，而是在一个类似于盲袋的深部进行操作——这个盲袋的入径大小取决于患者口裂及张口度的大小，深度取决于手术部位至口裂的距离。考虑到现有材料及设计的成本，现有仿头模尚不能很好地模拟口内切开、缝合的操作，部分企业开发了专用的模拟装置，并经国家医学考试中心组织专家论证，认为可应用于医师资格实践技能考试的操作技能考试中。

（一）结构组成及主要部件功能

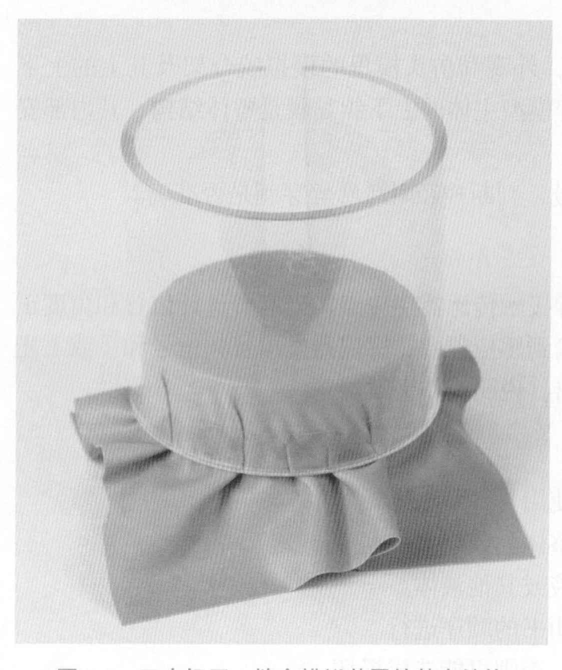
图3-5 口内切开、缝合模拟装置的基本结构

1. 结构组成 主要由不同高度的内外套筒及模拟黏膜的橡皮布组成（图3-5），由内外套筒及橡皮布形成的局限空间模拟口腔，操作者在此空间内进行操作。

2. 主要部件的功能

（1）内外套筒：用于模拟经口入路的口腔内深部空间，二者配合固定、绷紧模拟黏膜的橡皮布。

（2）橡皮布：用于模拟被切开及缝合的黏膜组织，参与形成模拟的口腔内空间。

（二）工作原理

有高度差的内外套筒及由二者固定、绷紧的橡皮布，构成模拟的经口入路的口腔内局限空间，操作者只能在这个局限空间内进行操作，可以较大程度地模拟口内切开、缝合的操作。

（三）操作常规及注意事项

教学中严格限定只能在内外套筒间形成的局限空间内进行操作。

（四）日常维护及保养

无特殊。注意轻拿轻放、及时清理即可。

（五）常见故障及排除方法

无特殊。

第二节　口腔模拟教学评估设备

Dental Simulation Teaching Evaluation Equipment

模拟培训作为口腔医学的重要教学方法，在培养口腔医学人才方面发挥着不可替代的作用。对模拟教学的评估，以前多半是依靠带教老师对学生的操作过程和结果进行综合主观评判为主的评分。现在则有针对预备体的扫描评估和全过程的实时评估两大类的评估设备。

一、预备体扫描评估系统

预备体扫描评估系统是利用现代扫描及数字技术，对特定人工牙预备体进行扫描评估的专用设备。

（一）结构组成及主要部件功能

1. 结构组成　主要由三维扫描仪、电脑主机（内置专用软件）组成（图 3-6），三维扫描仪还包含扫描基台、人工牙固定底座等附件（图 3-7）。

图 3-6　预备体扫描评估系统（仓式扫描仪）

2. 主要部件的功能

（1）三维扫描仪：用于快速获取目标外形数据。

（2）电脑主机（内置专用软件）：是评估系统的核心部件，完成扫描数据的运算合成与评分，最终形成一份完整的评估成绩单。

（3）扫描基台：和人工牙固定底座一起，保证预备体在扫描时的位置相对恒定。

（4）人工牙固定底座：不同人工牙对应不同的特定底座，与扫描基台一起保证预备体在扫描时的位置相对恒定。

图 3-7　扫描基台及人工牙固定底座

（二）工作原理

数据采集：利用多种三维扫描技术，快速获取目标数据，再通过软件运算合成，从而得到所需的三维数据。

数据评分：将获取的三维数据与系统内置的评测标准（肩台、聚合度、窝洞形态等）各个方面作逐一比对，最终形成一份完整的成绩单。学生和老师可以直观地看到作品的不足之处，便于针对不足作好修正，从而提高水平。

（三）操作常规及注意事项

1. 确保设备各部分电源打开。
2. 根据预备体牙位选择正确的人工牙固定底座，确保预备体在人工牙固定底座上完全就位。
3. 人工牙固定底座在扫描基台上完全就位后再进行扫描。
4. 设备数据扫描采集过程中勿将异物伸入扫描仓内。
5. 使用完成后将设备整体复位，做好清理清洁工作。

（四）日常维护及保养

1. 使用柔软不起屑的湿布轻轻擦拭清洁本产品，可采用中性洗涤剂或肥皂水来清洁脏污。
2. 禁用带有摩擦性的清洁布和乙醇、苯等溶剂擦拭。
3. 及时升级专用软件，以获得更好的教学效果。
4. 做好防尘工作，设备长时间不使用时要罩好防尘罩。

（五）常见故障及排除方法

预备体扫描评估系统常见故障及排除方法见表 3-3。

表 3-3 预备体扫描评估系统常见故障及排除方法

故障现象	可能原因	排除方法
扫描数据出现问题	搬运设备后未对机器进行校正	重新校正机器
	设备使用的牙齿有误	需要使用配套的扫描用牙
软件扫描报错	软件使用过程中没有放置牙齿或者位置不正确	确认使用了与预备体配套的固定底座，然后再进行扫描
提示“请确认连接线是否正确”	连接线连接异常	拔掉后再重新连接

二、口腔模拟操作实时评估系统

近年来，随着空间定位技术、数字技术及虚拟技术发展，科研人员开发出了可以实时评估牙体制备模拟操作情况，给予学生针对性指导，从而提升临床技能及教学效率的专用评估系统。

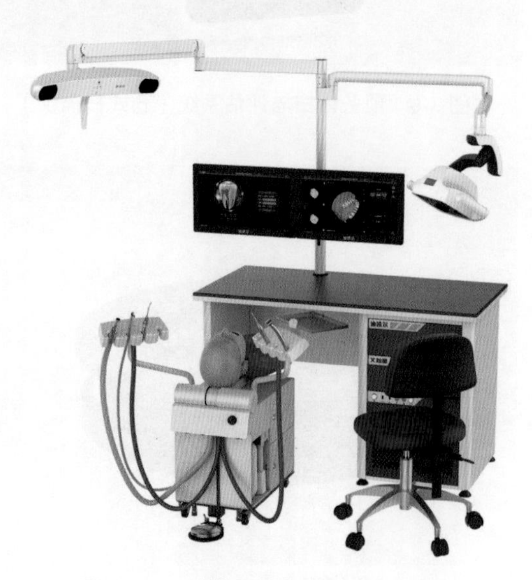

图 3-8 口腔模拟操作实时评估系统

（一）结构组成及主要部件功能

1. 结构组成 主要由红外线定位跟踪系统（红外线定位仪）、计算机系统（含专用软件系统）、配套模型（含人工牙）、涡轮手机等组成（图 3-8）。

续表

故障现象	可能原因	排除方法
3D 显示器画面出现异常	投影仪的视频线连接异常	打开系统，检查内部两台投影仪的视频线连接是否正常
3D 显示器画面出现雪花点	投影仪的显示芯片损坏	更换新的投影仪
3D 显示器和触摸屏显示的画面对调	多屏幕显示顺序错乱	重新设置屏幕显示顺序
设备开机后，触摸屏不能正常开启	触摸屏电源线未插紧	打开触摸屏的后背盖板，重新拔插触摸屏的电源线
设备通电后无法启动	保险丝熔断或设备内部部件受损	拆开电源接口上方面板，如果检查发现保险丝熔断则更换新的相同规格保险丝；如果保险丝没有熔断，检查设备内部电路，更换对应的受损部件
操作过程出现口镜或手机显示的位置不准确，手机力感不准	传感器需重新标定	登入系统，重新标定所有传感器
在操作过程中，3D 鼠标不能工作	操作者对 3D 鼠标按键的误操作	操作者重新按一下 3D 鼠标两侧的键（类似常用鼠标的左右键）即可

第四节　口腔教学仿真机器人
Dental Teaching Simulation Robots

以仿头模为代表的传统口腔教学模拟操作培训系统，更多的是机械的技能培训，不能渗透口腔医学人文教育及医患沟通培训，口腔教学仿真机器人则具有较多感应器并配套相应的触发动作，具有与人体相似的外观和反应（表情、动作、会话等），可以根据操作者的指令（如张嘴、闭嘴等）进行应答，除能实现仿头模的功能用于培训学生的操作技能以外，机器人还可以和学生进行一对一的医患沟通，完成一定程度的医患沟通任务；内置的传感器及由其激发的动作能较逼真地模拟出临床上的一些情景，提醒学生在诊疗操作时要注意动作轻柔到位，否则会引起患者不适，从而达到提醒使用者在培训过程中始终要将机器人当作真正的患者来对待的目的；在牙体预备时还可以通过内置感应器的特殊人工牙，提醒学生不要预备过度，在技能培训上起到良好的促进作用。上述种种优势可以帮助学生得到更真实、更全面的模拟诊疗体验，具有一定的应用价值，但现阶段教学仿真机器人购置费用相当高，限制了其进一步推广使用。

（一）结构组成及主要部件功能

1. 结构组成　主要由机器人、操控系统（含专用软件系统的计算机）、配套模型、口腔综合治疗台等组成（图 3-12）。其中配套模型、口腔综合治疗台等的特点和仿头模系统的基本一致。

2. 主要部件的功能

（1）机器人本体：主要由头部、躯体、肘臂部、脚部等组成，是本系统的核心部件，包含大量的传感器和动作控制器。机器人本体可以识别多种语音指令（如转头、开闭口等）并执行自动反应动作，能够自动语音识别简单的问候并完成对话，且具有自动检测切削过度的功能。

（2）操控系统：内置专用软件的计算机，是仿真机器人系统的控制核心，包括语音识别系统、传感器连接系统及操作系统。通过操控系统，可以根据设定的程序内容实习；可以对设定的程序内容进行编辑；实习的状况可以录像，包括实习生和患者机器人的动作和会话等；可

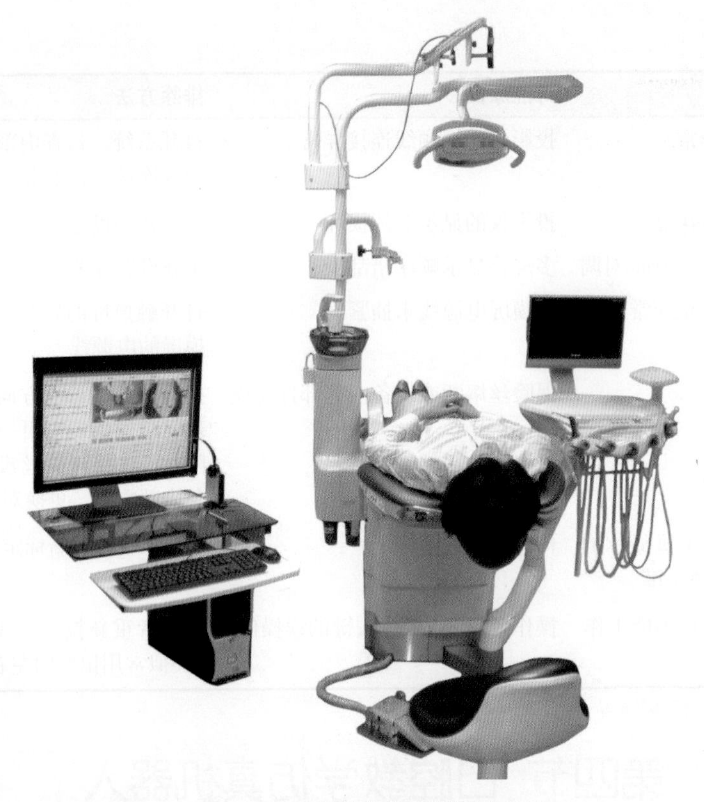

图 3-12　口腔教学仿真机器人系统

以重播保存的数据，并且可标记要点。

（3）配套模型：分普通模型及内置传感器模型两大类。

（二）工作原理

语音识别：通过内置的语音识别系统接收相应的语音指令。

传感器：内置多个各种类型传感器可以接收压迫、异物触碰等外界动作并传回至控制系统。

反馈动作：通过语音识别得到的指令、各类传感器得到的外界动作信息经控制系统综合处理后按原设定方案给出反馈动作，如：语音回复或报警，按指令动作或模拟患者的自我保护动作。

（三）操作常规及注意事项

1. 系统整体较复杂，需要经过培训的专业人员指导使用。
2. 使用中应根据说明书的要求，确保各部件正确安装。
3. 操作要轻柔，避免损伤机器人皮肤。
4. 注意保护传感器及其周围区域，更换模型时需要机器人张口，注意尽量缩短张口时间。
5. 进行牙体预备操作时，及时吸走口腔内的液体。
6. 使用完成后取下配套模型，将设备整体复位，做好清理清洁工作。
7. 平时要注意定期检查。

（四）日常维护及保养

及时维护系统整体的清洁卫生，必要时进行软件升级。

（五）常见故障及排除方法

口腔教学仿真机器人常见故障及排除方法详见表 3-6。

表 3-6　口腔教学仿真机器人常见故障及排除方法

故障现象	可能原因	排除方法
机器人不能启动或动作不自然	机器人和口腔综合治疗台的连接异常	确认机器人与口腔综合治疗台的操作电缆、USB 电缆、气管等连接无误
	口腔综合治疗台电源没有打开	确认口腔综合治疗台已打开电源
	压缩机工作异常	排除压缩机故障
	系统死机	关闭计算机然后重新启动
没有声音	喇叭未调整为输出模式	手动切换输出喇叭
	喇叭音量关闭或太小	使用内藏在触摸面板的喇叭时，确认音量
系统不能自动识别声音	声音识别设定未开启	确认软件中声音识别设定为开启状态
	正处于模型调换过程中	完成模型调换后再试
	未正确佩戴识别声音用耳机	重新正确佩戴识别声音用耳机
	口腔综合治疗台与控制系统未有效连接	检查口腔综合治疗台与控制系统的连接
	耳机没电	检查耳机供电线路
口腔内漏水	颊黏膜破损	更换破损的颊黏膜
不能识别模型	安装的模型不是系统能识别的专业模型	首先确认不是普通模型，然后检查、重新安装专用模型
下颌经常脱臼	下颌连接故障	纠正下颌连接

进展与趋势

口腔教学设备的发展和相关技术（尤其是数字技术、虚拟技术、人工智能等）密切相关，近期发展较快的新设备包括虚拟现实设备和机器人。

展望未来，虚拟现实设备在口腔医学操作模拟方面仍有较大的发展空间——随着数字技术的不断发展与进步，未来头戴式虚拟现实设备所提供的沉浸式虚拟现实手术场景可能会成为标配，使学生操作时的现场感更强，甚至优于现有的模拟操作培训设备；而力反馈技术（微型力反馈器）和增强现实技术的进一步完善将使得虚拟现实操作的手感更加接近真实操作，达到乃至超过现有的模拟操作培训设备，获得更加理想的教学效果。

将来，随着语音识别技术、人工智能技术的发展和提高，机器人的表现会比现在更智能，可以对学生进行更深层次的医患沟通训练。如果能与实时评估系统结合，则其临床前训练的应用价值将会更高。随着科学技术的发展，可以预见的是，口腔教学仿真机器人的功能会越来越强大，价格则会逐步回落，从而逐渐成为口腔医学教学工作的标配，就像现在的仿头模系统一样。

随着 5G 技术的发展，配置了 5G 终端的相关智能化教学设备甚至可以达到对操作类项目远程教学、评估的目的，这将为口腔医学教育中操作技术教学的高水平均质化发展创造良好的平台。

小结

本章主要介绍了口腔实验教学设备，包括口腔模拟教学设备、口腔模拟教学评估设备、口腔虚拟仿真教学系统和口腔教学仿真机器人等。口腔模拟教学设备已成为口腔医学教学工作的标配，在口腔医学教学中占有重要地位；口腔模拟操作实时评估系统通过精确定位预备车针及人工牙的位置可以得到实时的牙体预备量（和GPS进行汽车导航的原理类似）并进行评估，精度可达到0.1 mm，比传统基于主观经验的人工评价更加精确；口腔虚拟仿真教学系统的力反馈系统可以让学生获得和实际操作类似的手感，虚拟表现出传统教学设备无法模拟的多种口腔疾病、软组织出血等场景，具有绿色安全环保、练习过程可重复观看等优点；口腔教学仿真机器人着重加强口腔医学人文教育和医患沟通培训，语音识别技术等人工智能技术的进步和制造成本的下降，将有助于该类设备的进一步推广使用。国内自主研发的口腔实验教学设备具有自身优势，其内置教学案例和软件升级都更能满足国内口腔教学工作的需要，有很大的发展空间。

Summary

In this chapter, we mainly describe equipment used for dental experimental teaching, e.g., dental simulation teaching equipment, dental simulation teaching evaluation equipment, dental virtual simulation system and dental teaching simulation robots. Among these equipment, dental simulation teaching equipment has been widely used and occupied an important position in stomatological teaching. Meanwhile, real-time evaluation dental simulation teaching equipment can evaluate and score each student's performance in the reduction of tooth preparation by locating the position of the burs and the artificial tooth precisely with an accuracy of 0.1 mm, similar to the GPS system in car navigation, which is more objective and standardized compared with traditional scoring method basing on teachers' individual judgment and subjective experience. In addition, dental virtual simulation system has a force feedback system, which makes students' operation feedback closer to the actual feel, and it also can simulate oral diseases or soft tissue bleeding or other scenes that are difficult to simulate under a variety of conventional experimental conditions. It takes the advantages of safety and environmental protection, and the students' practice process also can be repeatedly played back which is good for students' reflection. Finally, dental teaching simulation robots are designed to focus on strengthening stomatological humanistic education and the training of doctor-patient communication. With the development of artificial intelligence, e.g., automatic speech recognition techniques, and the reduction of manufacturing cost, these kinds of robots will be more widely used in dental teaching. In summary, the domestic developed dental educational systems mentioned above have obvious advantages, due to the fact that their built-in teaching cases and software upgrades can not only better meet the requirement of daily stomatological teaching, but also has the ability to develop and customize according to different teaching needs, thus enjoying great development space to provide better teaching and learning experience.

（江　泳）

第四章数字资源

第四章 口腔修复工艺设备

Equipment for Prosthodontic Technology

口腔修复工艺设备是口腔医学设备的重要组成部分，是指在修复体制作过程中所应用到的一系列相关设备的合集，是电子技术、图像处理技术、自动控制技术、光学、数学、物理学等一种或几种知识的集中应用体现。合集中所包含的具体设备，通常对应于口腔修复工艺的具体流程。例如修复体的制作，需要经过模型翻制与灌注、蜡型制作、包埋与铸造、打磨抛光焊接等过程，本章即介绍在上述过程中涉及的主要设备，包括成模设备、聚合类设备、铸造类设备、打磨抛光等类别的设备。随着修复工艺材料学的发展和美学追求的不断提高，烤瓷、铸瓷类修复体的制作及应用也愈加广泛，瓷加工设备不可或缺。

由于口腔数字化诊疗技术在口腔修复学科的广泛应用，本章还将介绍口腔修复工艺制作中所涉及的数字化印模制取、修复体设计及加工过程中几类典型的设备，例如牙颌模型扫描仪、口内扫描仪、口腔用数控加工设备和三维打印机。该类设备不仅可设计制作各种修复体，在口腔正畸、口腔种植等领域也有广泛的应用，使用与设备匹配的专业软件，可设计制作正畸托槽、种植手术导板等。

第一节 成模设备

Molding Equipment

成模设备（molding equipment）是修复工艺流程中用于模型制作和模型修整的设备。准确的模型可以反映出患者口腔内软硬组织的形貌特点及细节，模型的制作是修复体制作的基础，是后续修复工艺流程的依据，所以成模设备的作用在于提高制作模型的精确度。按其具体用途的不同，主要可以分为琼脂搅拌机、真空搅拌机、模型修整机及种钉机等。

一、琼脂搅拌机

琼脂搅拌机（agar mixer）又称琼脂搅拌复模机，可熔化并搅拌琼脂材料，在口腔修复体制作过程中用于翻制石膏模型及耐火材模型。例如在制作可摘义齿铸造支架时，为了修复体相对位置的精确稳定，需要带模铸造，琼脂搅拌机作为翻制铸模的必备设备，就应用于此过程中（图 4-1）。

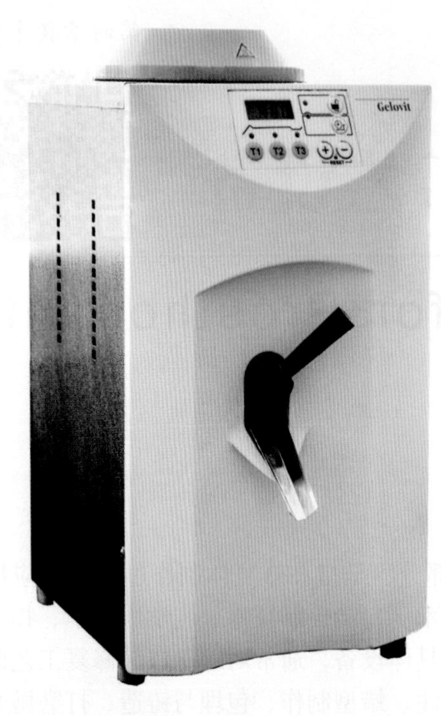

图 4-1 琼脂搅拌机

（一）基本结构组成

琼脂搅拌机主要包括搅拌锅及搅拌器、搅拌电机及耦合装置、加热及温控装置、程序控制系统和冷却风机。

1. 搅拌锅及搅拌器 搅拌锅用来盛放固体琼脂，材质一般采用不锈钢。搅拌器用来对琼脂复模材料进行搅拌。

2. 搅拌电机及耦合装置 搅拌电机通过耦合装置与搅拌器进行耦合，并带动搅拌器旋转。

3. 加热及温控装置 搅拌锅外围绕的电阻丝作为加热装置对锅体进行加热，温度传感器及限温器可对锅内温度进行调控。

4. 程序控制系统 操作面板可以对琼脂搅拌机进行程序设定，控制器可以接收指令对琼脂搅拌机进行控制，显示屏及指示灯可以显示锅内温度和程序运行状态等。

5. 冷却风机 当限温器开始工作后，冷却风机启动，使锅内温度降至设定温度。

（二）工作原理

琼脂搅拌机通过控制系统对加热装置、搅拌电机以及冷却风机进行控制，通常情况下，操作者可以通过操作面板进行程序设定，分别将熔化温度及操作温度设定并储存。当加热装置将锅内温度升至上限温度后，加热装置停止加热，冷却风机开始工作。当锅内温度降至操作温度以下时，加热装置继续工作，使锅内温度维持在操作温度，直至浇铸完成。工作原理流程见图 4-2。

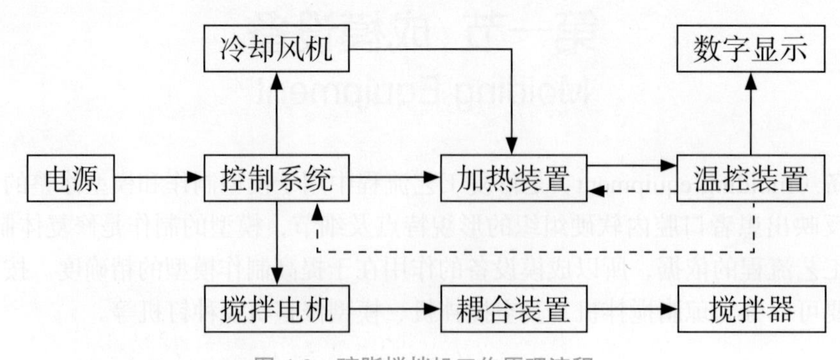

图 4-2 琼脂搅拌机工作原理流程

（三）日常使用及维护保养

首先应仔细阅读说明书，不同厂家型号的设备需按各自说明书的具体操作步骤、使用注意事项以及维护保养要点进行日常使用及维护。新设备验收前要组织所有可能使用该设备的操作人员进行系统的操作及维护保养培训。

1. 操作方法 不同厂家型号设备的操作步骤略有不同，大体可以分为以下几个步骤。

（1）接通电源并开机。

（2）检查 / 预设程序，包括熔化温度、操作温度的设定以及定时器的设定。

（3）选择合适的琼脂复模材料（包括类型、大小及重量），放入搅拌锅中。

（4）开启加热搅拌开关，按照设定程序先达到解冻温度，此时搅拌器开始工作；再达到熔化温度，加热装置停止加热，冷却风机启动，温度下降至操作温度并保持。

（5）当达到合适的操作温度后，将准备好的型盒置于物料出口下，开始灌注。

（6）灌注完成且加热搅动功能自动停止后关闭电源总开关。对于需手动关闭加热搅拌开关的设备，先关闭加热搅拌开关再关闭电源开关。

2. 注意事项　不同厂家型号设备的注意事项略有不同，大体可以分为以下几点。

（1）必须安装在平整稳定的操作台上和干燥的室内。

（2）只能用于琼脂复模材料，不能用于其他材料。

（3）使用前先检查额定电压是否匹配，用电安全是否能够保障（接地保护）。

（4）设备处于熔化过程中时，锅体及锅盖温度会达到 90 ℃以上，如需进行开盖操作必须佩戴安全手套，或待温度冷却至安全温度（操作温度）后再进行操作。

（5）进行锅内操作时，须格外注意人身安全。首先搅拌器边缘锋利，其次锅内有可能正处于高温状态。为了防割伤、防烫，操作前须先拔掉电源插销。

（6）由于熔融状态下的琼脂复模材料的温度都较高，建议操作全程佩戴保护性手套。

3. 维护保养

（1）为确保人身及设备安全，避免糊锅及干锅现象，锅内琼脂量不能少于下限值。

（2）对于需手动开启及关闭搅拌开关的设备，当锅内存有冻结凝胶时，需先进行解冻（达到 50 ℃左右），再开启搅拌，以免出现电机过载、搅拌器损坏等故障。可以先行取出一些凝胶，并将锅内凝胶切成小块，以便缩短解冻时间。解冻开始后，再将取出的凝胶分批次加入锅中进行后续工作。

（3）待琼脂凝固后再行回收。新加入琼脂材料后，需要重新进行熔化。

（4）操作结束后，要对机身及锅体内部进行清洁，清洁锅内时，应避免使用洗涤剂。

（5）检查预设温度是否与所用材料匹配，以免堵塞琼脂流出通道。

（四）常见故障及排除方法

首先应查阅说明书，了解报错信息的具体含义，从而对故障进行判断，简单故障按照说明书进行排除，复杂故障联系专业维修工程师进行维修。具体内容详见表 4-1。

表 4-1　琼脂搅拌机常见故障及排除方法

故障现象	可能原因	排除方法
开机后显示屏无显示	保险丝熔断	更换相同规格保险丝
显示屏不能正常显示	显示屏故障	维修或更换显示屏
搅拌电机停止工作	机盖未盖紧	盖紧机盖
	锅内温度不够，琼脂冻结成块	加热熔化琼脂
	未及时清洁	及时清洁
	电机损坏	维修或更换电机
琼脂排出受阻	程序温度设置不合理	调节温度
	通道堵塞	清洁通道
冷却风机停止工作	积尘过多	清洁风机
	多尘环境	改善环境条件
	风机损坏	维修或更换风机

续表

故障现象	可能原因	排除方法
加热器不能正常工作	电阻丝断路	维修或更换相同规格电阻丝
	温控器故障	维修或更换温控器

（五）典型维修案例

故障现象：操作者在操作某品牌型号琼脂搅拌机时，程序无法启动，显示屏幕显示“open”字样，且伴有警示音提示。

故障原因：查阅该设备说明书，发现该故障原因为机盖未盖紧。

维修方法：盖紧机盖。

二、真空搅拌机

真空搅拌机（vacuum mixer）是口腔修复体加工专用设备，主要用于石膏或包埋材料与专用液在真空条件下的搅拌混合。真空状态可有效防止气泡的产生，以减少石膏或包埋材料对模型或铸件精确度的影响（图 4-3）。

图 4-3　真空搅拌机

（一）基本结构组成

真空搅拌机主要包括搅拌电机及耦合装置、搅拌器以及真空发生器等。有些真空搅拌机还配备搅拌罐升降器。

1. 搅拌器　又称搅拌刀，用来对石膏或包埋材料与专用液的混合物进行搅拌。

2. 搅拌电机及耦合装置　搅拌电机通过耦合装置与搅拌器进行耦合，并带动搅拌器旋转。为了预防气泡的产生，搅拌初始及结束转速较慢。为提高搅拌效率，搅拌中途转速较快。

3. 真空发生器　可通过内置或外置真空泵来实现，或通过外接压缩空气源的空气射流装置来实现。

4. 程序控制系统　操作面板可以对真空搅拌机进行程序设定，控制器可以接收指令对真空搅拌机进行控制，显示屏及指示灯可以显示真空度和搅拌时间等。

（二）工作原理

真空搅拌机通过控制系统对真空发生器以及搅拌电机进行控制，通常情况下，操作者可以通过操作面板进行程序设定，调节真空度及搅拌时间等。控制系统对搅拌电机以及真空发生器发出指令，真空发生器对搅拌罐内的空气进行抽吸，搅拌电机通过耦合装置与搅拌器进行耦合，并带动搅拌器进行旋转，在真空的条件下对搅拌罐内的石膏材料或包埋材料进行搅拌。工作原理流程见图 4-4。

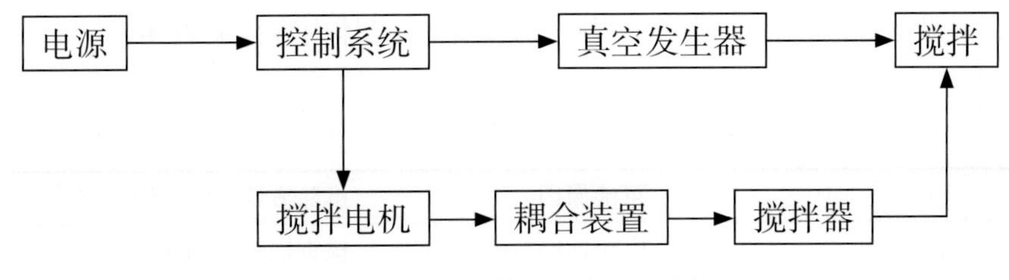

图 4-4　真空搅拌机工作原理流程

（三）日常使用及维护保养

首先要仔细阅读说明书，不同厂家型号的设备需按照说明书的具体操作步骤、使用注意事项以及维护保养要点进行日常使用及维护。新设备验收前要组织所有可能使用该设备的操作人员进行系统的操作及维护保养培训。

1. 操作方法　不同厂家型号设备的操作步骤略有不同，大体可以分为以下几个步骤。

（1）对于通过空气射流原理来实现抽真空的真空搅拌机，首先要外接压缩空气源。

（2）接通电源并开机，确保各类指示灯以及屏幕显示正常，提示操作者随时可以对设备进行操作。

（3）通过操作面板预设程序，选择合适的搅拌时间、真空度、预真空时间、后真空时间及搅拌方向等。

（4）选择大小合适的搅拌罐。

（5）按材料说明书的粉液比要求将粉和液放入搅拌罐中。先预搅拌 15 ~ 30 s，待粉液均匀混合后，对于配备搅拌罐升降器的设备，则按照要求将搅拌罐置于升降平台上，平台上升后，搅拌罐与接触片接触并与电机耦合，对于未配备升降器的设备，则需手扶搅拌罐，使其与接触片接触并与电机耦合。

（6）按程序启动键，抽真空约 3 s（预真空）后开始搅拌，计时开始，混合物充分混合。

（7）搅拌结束后，提示音响，程序结束。按结束键（对于未配备升降器的设备，此时需手扶搅拌罐），取下搅拌罐后，关闭电源。

2. 注意事项　不同厂家型号设备的注意事项略有不同，大体可以分为以下几点。

（1）设备需安装在干燥的室内。

（2）使用设备时要注意用电安全。

（3）搅拌物料前，须阅读相关参数及安全操作说明，并按要求操作。

（4）只能用于石膏、包埋材料以及设备说明书中明确指出的适用物料，不能搅拌其他材料。

（5）确保抽真空前，搅拌罐内无干粉存在，以免发生抽真空管内堵塞。

（6）在进行维护保养以及维修更换配件时要关闭电源并拔掉插销。

3. 维护保养

（1）外接空气压力不得超过说明书的最高限值，一般在 0.7 ~ 0.9 MPa 之间。

（2）当真空表最大读数值（相对真空度的绝对值）小于最低限值（一般为 0.08 MPa）时，要检查真空泵。

（3）定期清洁以及更换过滤器。

（4）切勿让物料超过最高标志线或搅拌罐的 2/3，真空搅拌前，要进行 15 ~ 30 s 的预搅拌。

（5）搅拌完毕后彻底清理搅拌罐及搅拌刀。

（四）常见故障及排除方法

首先应查阅说明书，了解报错信息的具体含义，从而对故障进行判断，简单故障按照说明书进行排除，复杂故障联系专业维修工程师进行维修。具体内容详见表 4-2。

表 4-2　真空搅拌机常见故障及排除方法

故障现象	可能原因	排除方法
电源接通后，设备未通电	电源插座故障	检查插销与插座
	保险丝熔断	更换相同规格保险丝
搅拌电机停止工作	电机损坏	维修或更换电机
相对真空度绝对值过低，不能达到最低限值	外接气源压力不足	调节外接气源压力或检查外接气源管路
	过滤器堵塞	清洁或更换过滤器
	密封圈脏污或破损	清洁或更换密封圈
	搅拌罐破损	更换搅拌罐
	真空发生器故障	维修或更换真空发生器

（五）典型维修案例

故障现象：操作者在操作某品牌型号真空搅拌机时，相对真空度绝对值不能达到最低限值 0.08 MPa。

故障原因：按顺序检查外接气源及其管路、过滤器、密封圈以及搅拌罐，发现密封圈脏污。

维修方法：清洁密封圈后，相对真空度绝对值能够达到 0.08 MPa。

三、模型修整机

模型修整机（model trimmer）又称模型打磨机，主要用于石膏模型的修整及打磨，是修复技工室以及正畸技工室常用的修复工艺设备。根据打磨方式及原理不同可以分为湿式模型修整机及干式模型修整机。根据打磨用途及部位不同可以分为外侧模型修整机及内侧模型修整机（或称舌侧模型修整机）。本节将分别介绍湿式模型修整机、干式模型修整机以及舌侧模型修整机。

（一）湿式模型修整机

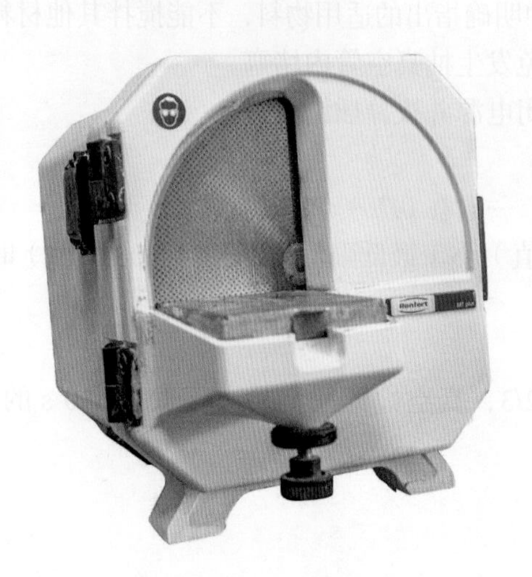

图 4-5　湿式模型修整机

湿式模型修整机简称湿磨机，打磨方式为水清洁式，较为传统，需外接供水系统（图 4-5）。

1. 基本结构组成

（1）金属外壳：材质要防水、防尘、耐腐蚀，一般采用铝合金铸造而成。

（2）模型台：用于放置石膏模型，可以根据使用需要，调整模型台的角度。

（3）磨盘：通过传动装置与电机相连，对模型进行磨削修整。磨盘可根据需要进行更换。

（4）电机及传动装置：电机通过传动装置带动磨盘高速旋转。

（5）供、排水系统：外接水源，通过供水管路及电磁阀对磨盘进行供水，以实现湿式磨削修整的功能，修整下来的石膏碎屑将随排水系统排出机身。

2. 工作原理　湿式模型修整机通过金属外壳将电机、传动装置及部分磨盘包裹在机身内，磨盘通过传动装置与电机相连高速旋转，供水系统外接水源通过电磁阀控制以润湿磨盘，一般电机和供水系统会同步启动。操作者将模型放置在调整好角度的模型台上，推向磨盘进行磨削修整，修整下来的石膏碎屑随水流通过排水系统排到沉淀系统。工作原理流程见图 4-6。

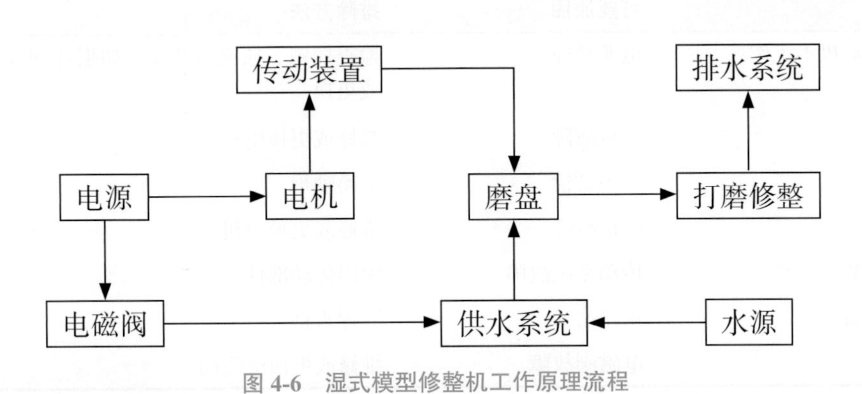

图 4-6　湿式模型修整机工作原理流程

3. 日常使用及维护保养　首先要仔细阅读说明书，不同厂家型号的设备需按照说明书的具体操作步骤、使用注意事项以及维护保养要点进行日常使用及维护。新设备验收前要组织所有可能使用该设备的操作人员进行系统的操作及维护保养培训。

（1）操作方法：不同厂家型号设备的操作步骤略有不同，大体可以分为以下几个步骤。

1）检查修整角度是否合适，将模型台调整到合适的位置。

2）连接水源和电源后开机，设备通电后电磁阀自动开启连通水路，电机通过传动装置带动磨盘旋转。

3）调整水流的流量。

4）待磨盘稳定旋转后，用双手将模型稳定地压在模型台上，将待磨削面轻轻推向磨盘。

5）修整结束后，关闭开关，断开电源，关闭水源。

（2）注意事项：不同厂家型号设备的注意事项略有不同，大体可以分为以下几点。

1）注意用电用水安全，要安装在有水源及排水系统的地方。

2）只能用于石膏材料的磨削，不能用于包埋材料等其他材料。

3）使用前检查设备外壳、开关、电路及水路的完好性，一旦发现损坏则不能进行操作。

4）设备接通电源后，不能触碰磨盘，以免受伤。

5）磨盘转动时不允许打开机器前盖，以免受伤。

6）操作时需要佩戴防护镜、穿紧身工作服及束发，以免受伤。

7）操作时需佩戴防护手套并注意手指与磨盘要保持安全距离，以免受伤。

8）操作时需注意不要用力过猛，以免受伤并损坏电机。

9）操作前要先开启供水系统，结束后再关闭供水系统。

（3）维护保养

1）未接水源并开通水路前，不能进行磨削操作，以防石膏碎屑堵塞水路。

2）使用后，需将磨盘上的石膏碎屑冲净，以防影响磨盘的磨削效果。

3）使用前检查磨盘，如磨损严重或损坏，应换面使用或更换新磨盘。

4）进行清洁等维护保养前，需先关机切断电源并拔掉插销。

5）按照说明书要求定期对机器外壳、前盖、内腔壁、模型台及出水口进行擦拭或清洗。

6）设备长期不用时需定期通电防潮。

4. 常见故障及排除方法 首先应查阅说明书，从而对故障现象进行判断，简单故障按照说明书进行排除，复杂故障联系专业维修工程师进行维修。具体内容详见表4-3。

表4-3 湿式模型修整机常见故障及排除方法

故障现象	可能原因	排除方法
电源接通后电机不工作	电源故障	检查插销、插座及开关，如损坏则及时进行维修或更换
	电机故障	维修或更换电机
电机异响	轴承锈蚀	更换轴承
	电机故障	维修或更换电机
电机工作但磨盘不转	传动系统故障	紧固传动部件
水源供给中断	水路堵塞	清理水路
	电磁阀故障	维修或更换电磁阀

5. 典型维修案例

故障现象：操作者在操作某品牌型号湿磨机时，水源供给中断。

故障原因：检查水源无异常，检查水路后发现出水口被石膏碎屑堵死。

维修方法：清理出水口后，水源供给恢复正常。

（二）干式模型修整机

干式模型修整机简称干磨机，打磨方式为吸尘清洁式，削磨较为精准，需外接或内置集尘系统（图4-7）。

图4-7 干式模型修整机

1. 基本结构组成

（1）金属外壳：材质要防水、防尘、耐腐蚀，一般采用铝合金铸造而成。

（2）模型台：用于放置石膏模型，可以根据使用需要，调整模型台的角度。

（3）砂带：通过传动装置与电机相连，对模型进行磨削修整。砂带可根据需要进行更换。

（4）电机及传动装置：电机通过传动装置带动砂带高速运转。

（5）集尘系统：外接或内置吸尘器，通过集尘管路及过滤系统对修整下来的石膏碎屑进行吸除，以保护操作者及环境免受粉尘侵害。

2. 工作原理 干式模型修整机通过金属外壳将电机、传动装置及部分砂带包裹在机身内，对于具有吸尘功能的干磨机，主机内还应包含集尘电机。电机与传动部件相连带动砂带高速运转。操作者将模型放置在调整好角度的模型台上，将其推向砂带进行磨削修整，修整下来的石膏碎屑随集尘管路进入集尘箱内进行过滤集尘。工作原理流程见图 4-8。

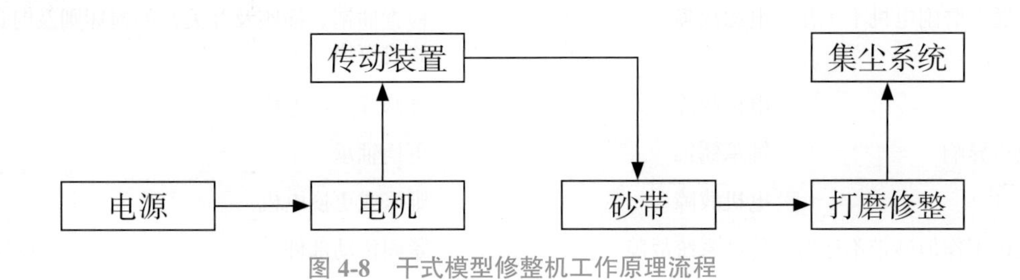

图 4-8　干式模型修整机工作原理流程

3. 日常使用及维护保养　首先要仔细阅读说明书，不同厂家型号的设备需按照说明书的具体操作步骤、使用注意事项以及维护保养要点进行日常使用及维护。新设备验收前要组织所有可能使用该设备的操作人员进行系统的操作及维护保养培训。

（1）操作方法：不同厂家型号设备的操作步骤略有不同，大体可以分为以下几个步骤。

1）检查并将砂带位置调整到正中并将其紧固。

2）连接并检查集尘系统，开启集尘系统。

3）将模型台的角度调整到合适位置。

4）接通电源并开机，电机通过传动装置带动砂带运转。

5）待砂带运转稳定后，用双手将模型稳定地压在模型台上，将待磨削面轻轻推向砂带。

6）修整结束后，关闭开关，断开电源，关闭集尘系统。

（2）注意事项：不同厂家型号设备的注意事项略有不同，大体可以分为以下几点。

1）注意用电安全，需内置或外接集尘系统。

2）只能用于干燥石膏材料的磨削，不能用于未充分干燥的石膏模型及包埋材料等其他材料的磨削。

3）使用前检查设备外壳、开关、电路及集尘系统（包括集尘袋、过滤器及集尘管路）的完好性，一旦发现损坏则不能进行操作。

4）设备接通电源后，不能触碰砂带，以免受伤。

5）砂带运转时不允许打开机器前盖，以免受伤。

6）操作时需要佩戴防护镜、穿紧身工作服及束发，以免受伤。

7）操作时需佩带防护手套并注意手指与砂带要保证安全距离，以免受伤。

8）操作时不要用力过猛，以免受伤或损坏电机。

9）进行磨削操作前要先开启集尘系统，磨削结束后再关闭集尘系统。

（3）维护保养

1）集尘系统开启前，不能进行磨削操作，以防石膏碎屑污染环境、损害操作者健康。

2）使用后，需将砂带上的石膏碎屑用刷辊进行清洁，以防影响砂带的磨削效果。

3）使用前检查砂带，如磨损严重或损坏，及时更换。

4）进行磨削操作前，需对砂带进行平衡状况调节。

5）进行清洁等维护保养前，需先关机切断电源并拔掉插销。

6）按照说明书要求定期检查集尘系统，及时更换集尘袋、过滤器，及时清洁集尘管路。

7）设备长期不用时需定期通电防潮。

4. 常见故障及排除方法　首先应查阅说明书，从而对故障现象进行判断，简单故障按照说明书进行排除，复杂故障联系专业维修工程师进行维修。具体内容详见表 4-4。

表 4-4 干式模型修整机常见故障及排除方法

故障现象	可能原因	排除方法
电源接通后磨削电机不工作	电源故障	检查插销、插座及开关，如损坏则及时进行维修或更换
	电机故障	维修或更换电机
磨削电机异响	轴承锈蚀	更换轴承
	电机故障	维修或更换电机
磨削电机工作但砂带不运转	传动系统故障	紧固传动部件
集尘系统突然停止工作	集尘袋或过滤器未及时更换	更换集尘袋或过滤器
	过流或过载保护熔断	更换过流或过载保护
	集尘电机故障	更换集尘电机
集尘系统吸力不足	气路堵塞或漏气	更换集尘袋、过滤器，检查集尘管、密封圈及盖板

5. 典型维修案例

故障现象：操作者在操作某品牌型号干磨机时，集尘系统吸力不足。

故障原因：检查集尘系统后发现集尘管漏气。

维修方法：更换集尘管。

（三）舌侧模型修整机

图 4-9 舌侧模型修整机

舌侧模型修整机又称内侧模型修整机，打磨方式为吸尘清洁式，可将石膏工作模型的舌侧进行修整，以获得标准宽度，制作出马蹄形状的模型用于后续固定修复体代型的制作（图 4-9）。

1. 基本结构组成

（1）金属外壳：材质要防水、防尘、耐腐蚀，一般采用铝合金铸造而成。

（2）模型台：用于放置石膏模型，可拆卸进行清洁。

（3）专用磨头：对模型进行磨削修整。

（4）电机及传动装置：电机通过传动装置带动磨头高速旋转。

（5）集尘系统接口：可外接集尘系统，通过集尘管路及过滤系统对修整下来的石膏碎屑进行吸除，以保护操作者及环境免受粉尘侵害。

2. 工作原理 舌侧模型修整机通过金属外壳将电机及传动装置包裹在机身内。电机与传动部件相连带动磨头高速旋转。操作者将模型放置在模型台上，推向磨头进行磨削修整，修整下来的石膏碎屑通过集尘管路进入集尘系统。工作原理流程见图 4-10。

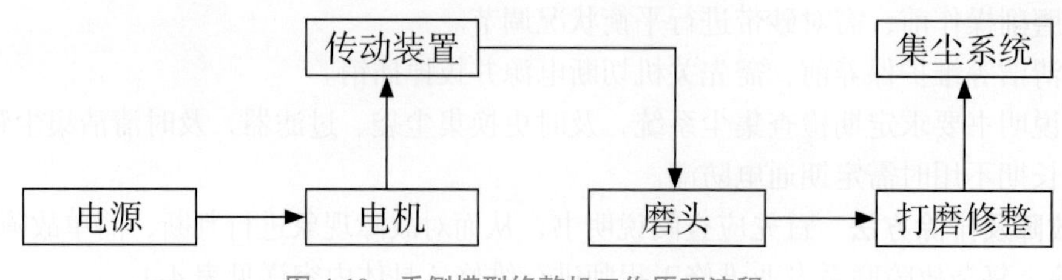

图 4-10 舌侧模型修整机工作原理流程

3. 日常使用及维护保养　首先要仔细阅读说明书，不同厂家型号的设备需按照说明书的具体操作步骤、使用注意事项以及维护保养要点进行日常使用及维护。新设备验收前要组织所有可能使用该设备的操作人员进行系统的操作及维护保养培训。

（1）操作方法：不同厂家型号设备的操作步骤略有不同，大体可以分为以下几个步骤。

1）检查磨头，选择与磨削材料匹配的磨头，并调整好磨头高度。

2）连接并检查集尘系统，开启集尘系统。

3）接通电源并开机，电机通过传动装置带动磨头高速旋转。

4）待磨头稳定旋转后，用双手将模型稳定地压在模型台上，将模型舌侧轻轻推向磨头，方向要与磨头旋转方向相反。

5）修整结束后，关闭开关，断开电源，关闭集尘系统。

（2）注意事项：不同厂家型号设备的注意事项略有不同，大体可以分为以下几点。

1）注意用电安全，一般需外接集尘系统。

2）只能用于说明书上确定可以磨削的材料，例如石膏或树脂的磨削，不能用于其他材料的磨削。

3）使用前检查设备外壳、开关、电路及集尘系统（包括集尘袋、过滤器及集尘管路）的完好性，一旦发现损坏则不能进行操作。

4）设备接通电源后，不能触碰磨头，以免受伤。

5）磨头旋转时不允许拆卸模型台，以免受伤。

6）操作时需要佩戴防护镜、穿紧身工作服及束发，以免受伤。

7）操作时需佩戴防护手套并注意保证手指与磨头的安全距离，以免受伤。

8）操作时不要用力过猛，以免受伤或损坏电机。

9）进行磨削操作前要先开启集尘系统，磨削结束后再关闭集尘系统。

（3）维护保养

1）集尘系统开启前，不能进行磨削操作，以防石膏碎屑污染环境、损害操作者健康。

2）使用前检查磨头，如磨损严重或损坏，及时更换，更换前要让磨头彻底冷却。

3）进行清洁等维护保养前，需先关机切断电源并拔掉插销。

4）按照说明书要求定期清洁外壳及模型台。

5）设备长期不用时需定期通电防潮。

4. 常见故障及排除方法　首先应查阅说明书，从而对故障现象进行判断，简单故障按照说明书进行排除，复杂故障联系专业维修工程师进行维修。具体内容详见表 4-5。

表 4-5　舌侧模型修整机常见故障及排除方法

故障现象	可能原因	排除方法
电源接通后设备不工作	电源故障	检查插销、插座及开关，如损坏则及时进行维修或更换
	与设备相连的集尘系统电源被切断（通过接入式插座连接到修整机的情况）	检查集尘系统
操作中，电源中断	电机保险装置被触发	拔掉电源，冷却 90 min 左右 先更换保险丝，若更换保险丝后保险装置再次触发，则联系专业维修工程师进行维修
模型台上堆积大量粉尘	集尘系统气路阻塞或漏气	检查集尘管路、集尘袋及过滤器

续表

故障现象	可能原因	排除方法
保险丝熔断	外接集尘系统超过接入式插座负荷水平	将集尘系统电源插入独立式电源插座
操作时磨头打滑	磨头未紧固	紧固磨头
更换磨头时，磨头不能拔出	紧固螺丝未拧松	拧松紧固螺丝
	磨头柄及紧固装置锈蚀	联系专业维修工程师进行维修
	紧固螺丝过紧无法拧松	联系专业维修工程师进行维修
连接的集尘系统不工作	集尘系统未开启	开启集尘系统
	集尘系统未处于联动模式	将集尘系统设定为联动模式
	接入式插座没电	联系专业维修工程师进行维修

5. 典型维修案例

故障现象：操作者在操作某品牌型号舌侧模型修整机时，电机保险装置被触发。

故障原因：检查电机发现电机过热。

维修方法：关闭开关，拔掉电源，冷却 90 min 后再开机，恢复正常。

四、种钉机

种钉机（laser drill machine）用于马蹄型工作模型的打孔操作（图 4-11）。在制作固定修复体代型时，为了摘取方便，需要在其上打孔插钉。

图 4-11　种钉机

（一）基本结构组成

种钉机主要包括模型操作台、控制器、激光发生器、钻头、电机、传动装置、底座、集尘盒。

1. 模型操作台　用于放置按压模型的操作台。

2. 控制器　用于控制电源。

3. 激光发生器　通过变压器变压、整流器整流，将电源供电转化为符合激光发生器额定电压的直流电，并激发出一束垂直于模型操作台的激光，激光束直对钻头顶端的位置。

4. 钻头　通过电机及传动装置带动，高速稳定地，以垂直于操作台方向为轴，进行旋转。

5. 电机　当电源开启时高速运转，被主机包裹在内。

6. 传动装置　连接电机与钻头，使钻头随着电机旋转。

7. 底座　用于稳定支撑主机及操作平面，可以通过调整底座方向选择工作位置。

8. 集尘盒　用于收集钻孔操作产生的碎屑。

（二）工作原理

种钉机通过控制器对电源进行控制。当接通电源时，交流电通过变压器及整流器调整为符合激光发生器额定电压的直流电，激发出一束垂直于模型操作台的激光，用于标记钻孔位置。电机通电工作时，通过传动装置带动钻头进行垂直于操作平面方向的轴向旋转。工作原理流程见图 4-12。

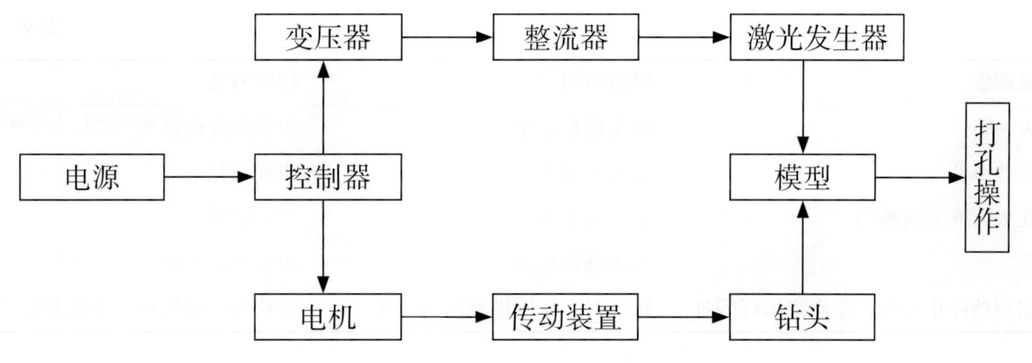

图 4-12　种钉机工作原理流程

（三）日常使用及维护保养

首先要仔细阅读说明书，不同厂家型号的设备需按照各自说明书的具体操作步骤、使用注意事项以及维护保养要点进行日常使用及维护。新设备验收前要组织所有可能使用该设备的操作人员进行系统的操作及维护保养培训。

1. 操作方法　不同厂家型号设备的操作步骤略有不同，大体可以分为以下几个步骤。

（1）接通电源并开机，激光开启，激光指示灯亮起。

（2）通过定位装置调节钻头与模型台之间的距离，从而调节钻孔深度。

（3）将模型置于模型操作台上，通过操作台上的导向标记预估打孔位置，并将激光束对准打孔位置。

（4）按压模型及操作台，此时电机启动。

（5）模型台下移，打孔完成。

（6）关机并断开电源。

2. 注意事项　不同厂家型号设备的注意事项略有不同，大体可以分为以下几点。

（1）注意用电安全。

（2）不能直视激光束，不能手持模型将其置于激光光源正下方，以免受伤。

（3）机器只能用于说明书上指定材料的钻孔操作，一般为石膏及树脂，不能用于金属材料。

（4）在接通电源的情况下，不允许触碰钻头，以免受伤。

（5）要穿紧身工作服并束发，以免受伤。

（6）当模型安全就位后才可以进行操作。

3. 维护保养

（1）用湿布清洁设备外壳，不允许使用任何清洁剂或含有溶剂的液体。

（2）及时清空集尘装置。

（3）定期清洁钻头紧固装置。

（四）常见故障及排除方法

首先应查阅说明书，了解报错信息的具体含义，从而对故障进行判断，简单故障按照说明书进行排除，复杂故障联系专业维修工程师进行维修。具体内容详见表 4-6。

表 4-6　种钉机常见故障及排除方法

故障现象	可能原因	排除方法
钻孔深度突然改变	钻头不能充分固定	紧固钻头
	紧固装置故障	更换紧固装置

续表

故障现象	可能原因	排除方法
钻头不转	钻头柄直径小	更换匹配的钻头
钻头效率低	钻头磨损严重	更换新钻头
钻孔太大或不成圆形	钻头未紧固	紧固钻头
	紧固装置故障	更换紧固装置
机器突然停止工作，操作指示灯闪烁	钻孔时，按压模型用力过猛	尽快复位操作台，动作要轻柔

（五）典型维修案例

故障现象：操作者在操作某品牌型号种钉机时，发现钻孔不成圆形。

故障原因：抬高模型操作台后发现钻头未紧固，钻头夹持器夹得不够紧。

维修方法：用手紧固夹具后，钻孔恢复成圆形。

第二节 高分子材料成型设备
Polymer Material Forming Equipment

高分子材料成型设备（polymer material forming equipment）是在修复工艺流程中，运用高分子材料的理化特性对其进行塑型的设备。按照修复工艺流程及用途的不同可以分为冲蜡机、加热聚合器、光聚合机、注塑设备以及压膜机等。本节介绍通过加热和热聚合原理进行义齿塑料部件成型的冲蜡机和加热聚合器以及通过加热形变原理进行塑料部件成型的压膜机。

一、冲蜡机

图 4-13 冲蜡机

冲蜡机（wax scalding unit）是通过电加热原理，利用沸水软化、冲尽型盒内或模型上的蜡质，协助打开型盒，并获得干净有效型腔或干净模型的设备（图 4-13）。

（一）基本结构组成

冲蜡机主要包括储水罐、程序控制系统、加热装置、温控装置、循环水泵、喷淋装置。

1. 储水罐 用来提供水浴及喷淋用水。

2. 程序控制系统 操作面板可以对冲蜡机进行程序设定，控制器可以接受指令对冲蜡机进行控制，显示屏及指示灯可以显示水温、喷淋时间等程序运行状态。

3. 加热装置 储水罐下方的加热装置可以对水浴及喷淋用水进行加热。

4. 温控装置 对水温进行探测及反馈调节。

5. 循环水泵 为喷淋用水提供水压。

6. 喷淋装置 将具有一定压力的沸水喷淋到型盒上或模型上，去除型盒内或模型上的蜡质，根据喷淋形式不同可以分为固定喷淋装置和移动喷淋装置。

（二）工作原理

冲蜡机通过程序控制系统对温度以及时间进行设定及控制。程序开启后，加热装置开始对储水罐中的喷淋用水进行加热，温控装置进行温度监测及反馈调节，显示屏显示当下水温。当水罐内的水到达设定温度后，控制系统开启循环水泵，喷淋装置开始工作，将沸水全方位喷到型盒上。工作原理流程见图 4-14。

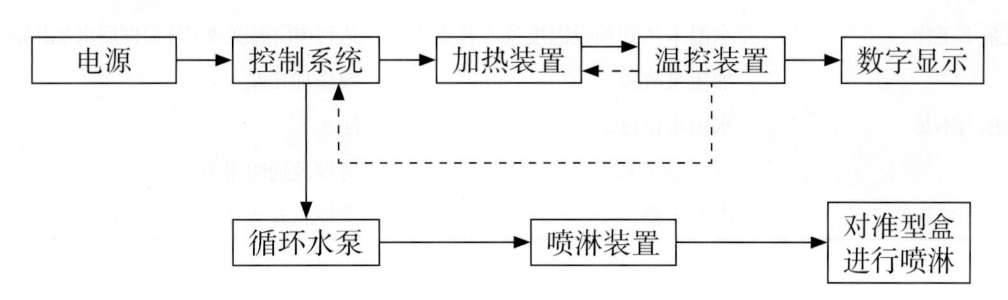

图 4-14　冲蜡机工作原理流程

（三）日常使用及维护保养

首先要仔细阅读说明书，不同厂家型号的设备需按照说明书的具体操作步骤、使用注意事项以及维护保养要点进行日常使用及维护。新设备验收前要组织所有可能使用该设备的操作人员进行系统的操作及维护保养培训。

1. 操作方法　不同厂家型号设备的操作步骤略有不同，大体可以分为以下几个步骤。

（1）打开电源总开关。

（2）检查水位，储水罐内的水要到设备标注的刻度线以上。

（3）将型盒置于篮筐上。

（4）设定冲蜡时间与水温。

（5）按开始键开启冲蜡程序，加热装置开始工作，加热指示灯亮起，当水温到达预设温度后，加热装置停止工作，固定喷淋装置自动或手动开启，冲尽型盒内的蜡质。手持喷淋装置可以变换多个方位辅助固定喷淋进行除蜡。

（6）冲蜡程序结束后，关闭电源总开关。

2. 注意事项　不同厂家型号设备的注意事项略有不同，大体可以分为以下几点。

（1）时刻注意水位，当低水位报警灯闪烁、报警音响起时，要及时注水，以保护加热装置。

（2）使用喷淋器及取型盒时，要佩戴隔热手套，防止烫伤。

（3）手动喷淋结束后要将喷淋转换杆复位，减小水压对喷淋头的损耗。

（4）如长时间不使用，要拔掉电源插头。

3. 维护保养

（1）定期用海绵或软布及温和的清洁剂擦拭机器表面。

（2）及时清理水面上的固体蜡、及时换水，去除设备底部的石膏残留。

（3）定期更换过滤垫。

（4）定期按照说明书要求清洁储水罐。

（5）定期用毛刷清洁水位探测器。

（四）常见故障及排除方法

首先应查阅说明书，了解报错信息的代表含义，从而对故障进行判断，简单故障按照说明书进行排除，复杂故障联系专业维修工程师进行维修。具体内容详见表 4-7。

表 4-7 冲蜡机常见故障及排除方法

故障现象	可能原因	排除方法
加热装置不工作	插头未插好或主电源开关未开	检查插头及主电源开关
	低水位保护启动	注水或清洁水位探测器
低水位报警	水位过低或水位探测器被污物遮挡	注水或清洁水位探测器
加压泵不工作	水温未达到预设温度或工作温度	达到预设温度或工作温度后水泵开始工作
	加压泵故障	维修加压泵
喷淋压力不足	水箱水位过低	注水
	喷淋器堵塞	清理疏通喷淋器
显示屏不能正常工作	电压不稳	关掉总开关 1 min 后再开启

（五）典型维修案例

故障现象：操作者在操作某品牌型号冲蜡机时，加热装置不工作。

故障原因：检查水位正常，发现水位探测器脏污。

维修方法：清洁水位探测器后，加热装置可以正常启动。

二、加热聚合器

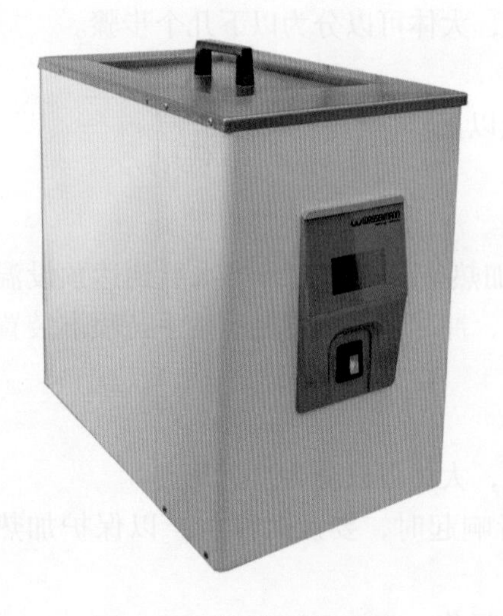

图 4-15 水浴加热聚合器

加热聚合器（heat curing unit）是通过电加热原理，使甲基丙烯酸树脂单体交联聚合成大分子网状聚合物从而固化的设备，包括电加热聚合器及水浴加热聚合器两种。有研究表明，通过水浴加热方法制作出的塑料部件的力学性能更优，目前常采用此种方法进行加热聚合。本小节主要介绍水浴加热聚合器（图 4-15）。

（一）基本结构组成

水浴加热聚合器主要包括储水罐、程序控制系统、加热装置、温控装置等。

1. 储水罐 用来提供水浴用水。

2. 程序控制系统 操作面板可以对水浴加热聚合器进行程序设定，控制器可以接受指令对水浴加热聚合器进行控制，显示屏及指示灯可以显示水温、聚合时间等程序运行状态。

3. 加热装置 储水罐下方的加热装置可以对水浴用水进行加热。

4. 温控装置 对水温进行探测及反馈调节。

5. 定时器 对恒温时间进行控制。

（二）工作原理

水浴加热聚合器通过程序控制系统对加热装置进行控制。程序开启后，加热装置开始对储水罐中的水进行加热，温控装置进行温度监测及反馈调节，定时器对恒温时间进行控制，显示屏显示当下水温，加热器将按照预设程序进行工作，工作结束后自动断电。当低水位报警装置启动时，加热装置停止工作。工作原理流程见图 4-16。

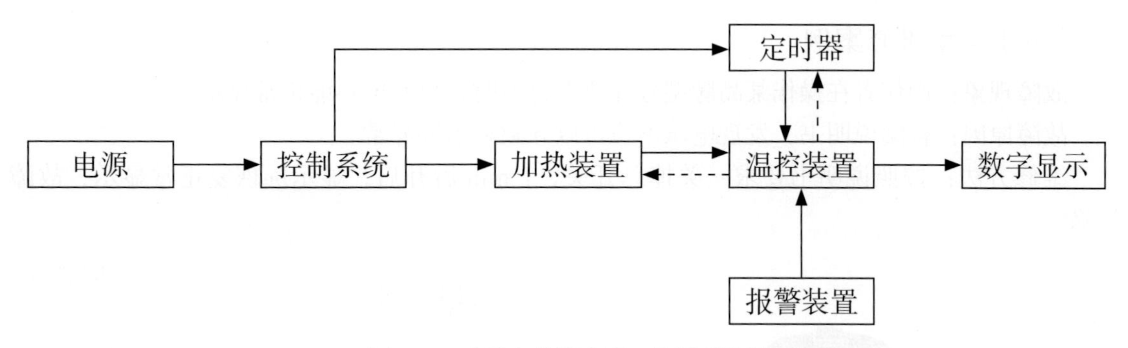

图 4-16　水浴加热聚合器工作原理流程

（三）日常使用及维护保养

首先要仔细阅读说明书，不同厂家型号的设备需按照说明书的具体操作步骤、使用注意事项以及维护保养要点进行日常使用及维护。新设备验收前要组织所有可能使用该设备的操作人员进行系统的操作及维护保养培训。

1. 操作方法　不同厂家型号设备的操作步骤略有不同，大体可以分为以下几个步骤。

（1）打开电源总开关。

（2）检查水位，储水罐内的水要到设备标注的刻度线以上。

（3）将已经在型盒架上固定好的型盒放入储水罐中，盖上顶盖。

（3）设定聚合的时间与温度。

（4）按开始键开启聚合程序。加热装置开始工作，加热指示灯亮起。当水温到达预设温度后，定时器开启，水温将恒温保持一定时间（预设时间）。

（5）聚合程序结束后，关闭电源总开关。

2. 注意事项　不同厂家型号设备的注意事项略有不同，大体可以分为以下几点。

（1）时刻注意水位，当低水位报警灯闪烁、报警音响起时，要及时注水，以保护加热装置。

（2）煮盒时，不要打开设备盖。在拿取型盒时，一定要戴专业手套，以免烫伤。

（3）如长时间不使用，需拔掉电源插头。

3. 维护保养

（1）定期用海绵或软布及温和的清洁剂擦拭机器表面。

（2）定期换水，污水可以通过设备的排水阀排出。

（3）定期按照说明书要求清洁储水罐。

（4）定期用毛刷清洁水位探测器。

（四）常见故障及排除方法

首先应查阅说明书，了解报错信息的具体含义，从而对故障进行判断，简单故障按照说明书进行排除，复杂故障联系专业维修工程师进行维修。具体内容详见表 4-8。

表 4-8　加热聚合器常见故障及排除方法

故障现象	可能原因	排除方法
加热装置不工作	电源插头未插好或主电源开关未开	检查插头及主电源开关
	低水位保护启动	注水或清洁水位探测器
低水位报警	水位过低或水位探测器被污物遮挡	注水或清洁水位探测器
升温不准	电路损坏或温控器损坏	联系专业维修人员维修
显示屏不能正常工作	电压不稳	关掉总开关 1 min 后再开启

（五）典型维修案例

故障现象：操作者在操作某品牌型号加热聚合器时，显示屏不能正常显示。

故障原因：查阅说明书，发现电压不稳可以导致显示屏异常。

维修方法：按照说明书要求，关掉总开关，1 min 后开启，显示屏恢复正常显示，故障排除。

图 4-17 真空压膜机

三、压膜机

压膜机（laminator）是通过电加热原理，利用树脂材料加热形变的特性对树脂材料进行塑型的设备。根据产生压差的原理不同，该设备可分为真空压膜机及正压压膜机。本小节主要介绍真空压膜机（图 4-17）。

（一）基本结构组成

真空压膜机主要包括真空发生装置、程序控制系统、加热装置、温控装置、模型台、膜片夹持装置等。

1. 真空发生装置 内置或外置真空泵，为压膜提供压差。

2. 程序控制系统 操作面板可以对压膜机进行程序设定，控制器可以接受指令对压膜机进行控制，显示屏可以显示温度以及程序运行状态等。

3. 加热装置 可以对膜片进行加热。

4. 温控装置 温控器对温度进行检测并反馈，当膜片达到设定温度时加热停止。

5. 模型台 用于放置模型。

6. 膜片夹持装置 用于夹持并移动膜片。

（二）工作原理

真空压膜机通过控制系统对加热装置及真空发生装置进行控制，操作者可以通过设备操作面板选择合适的膜片、对应的加热温度及冷却时间等。固定好膜片及模型后，将膜片旋至加热装置下，加热开始，显示屏显示当前温度，当膜片达到设定温度时，加热装置停止加热，旋转下压膜片夹持装置，压膜塑型。真空发生装置在压膜过程中提供真空环境。工作原理流程见图 4-18。

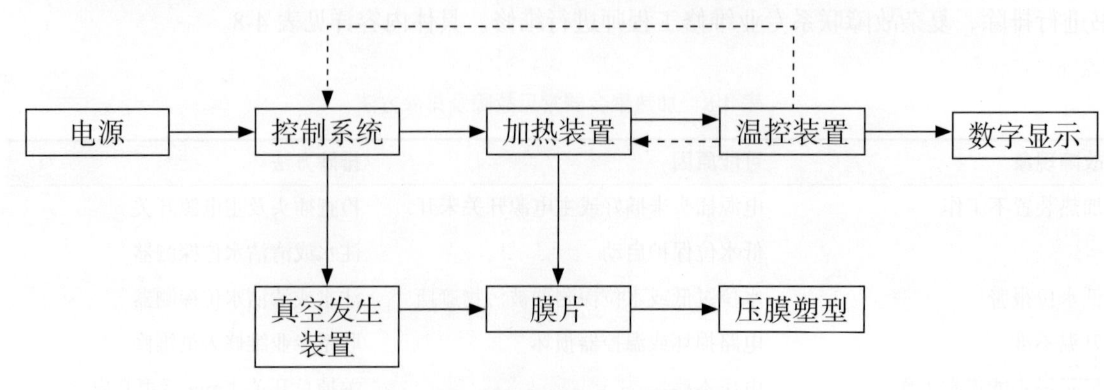

图 4-18 真空压膜机工作原理流程

（三）日常使用及维护保养

首先要仔细阅读说明书，不同厂家型号的设备需按照说明书的具体操作步骤、使用注意事项以及维护保养要点进行日常使用及维护。新设备验收前要组织所有可能使用该设备的操作人员进行系统的操作及维护保养培训。

1. 操作方法　不同厂家型号设备的操作步骤略有不同，大体可以分为以下几个步骤。

（1）打开电源总开关。

（2）选择膜片，设定相对应的程序。

（3）将膜片夹持装置旋至操作位置，固定膜片。

（4）将模型固定在模型台上。

（5）旋转膜片夹持装置至加热装置处，就位后，加热装置开始加热。

（6）加热途中，一般在还差 70 ℃左右到达设定温度时，真空发生装置开启，加热至设定温度后，加热装置停止加热。

（7）加热完成后提示音响起，握住手柄并下压膜片夹持装置，直至压膜完成。

（8）待完全冷却后，取下模型及膜片。

2. 注意事项　不同厂家型号设备的注意事项略有不同，大体可以分为以下几点。

（1）不要触碰加热装置，其外壳温度接近 70 ℃，防止烫伤。

（2）不要使用过大过厚、超出设备应用范围的膜片。

（3）要在压膜完成至少 1 min 之后再用手感应膜片温度，以免烫伤。

（4）如长时间不使用，要拔掉电源插头。

3. 维护保养

（1）在清洁维护保养前，要先拔掉电源插头，并彻底冷却。

（2）定期用湿布清洁设备表面，不要使用任何溶剂或清洁剂。

（3）定期更换密封圈。

（四）常见故障及排除方法

首先应查阅说明书，了解报错信息的具体含义，从而对故障进行判断，简单故障按照说明书进行排除，复杂故障联系专业维修工程师进行维修。具体内容详见表 4-9。

表 4-9　压膜机常见故障及排除方法

故障现象	可能原因	排除方法
操作面板无显示	电源插头未插好或主电源开关未开	检查插头及主电源开关
	保险丝熔断	更换相同规格保险丝
加热装置不工作	加热装置故障	维修或更换加热装置
程序反应混乱	程控系统故障	维修或更换程控系统
温度显示异常	温度传感器窗口被污物遮挡	清洁温度传感器窗口
	温度传感器故障	维修或更换温度传感器
相对真空度绝对值过低	密封圈上有异物导致密封不严	去除密封圈上的异物
	膜片破损	更换膜片
	密封圈损坏	更换密封圈
	真空发生装置故障	维修或更换真空发生装置

（五）典型维修案例

故障现象：操作者在操作某品牌型号压膜机时，真空度不足。

故障原因：检查密封圈发现有残留不锈钢砂颗粒。

维修方法：清洁密封圈，真空度恢复到正常水平。

（赵莹颖）

第三节 铸造设备
Denture Casting Equipment

铸造是指将金属或陶瓷等熔化后浇铸成一定形状构件的方法和过程。通过将易熔材料（蜡、塑料、可熔树脂等）制成最终构件的可熔性模型，经耐火材料包埋并高温焙烧完全去除可熔性模型而形成铸模腔，再向铸模腔注入熔融金属或陶瓷而得到铸件，这一过程称为熔模铸造。因蜡具有熔点低、易获得、价格低等特性，在口腔领域的熔模铸造中，通常使用蜡赋型，因此又称为失蜡铸造。制作金属类铸造修复体、金属烤瓷（烤塑）修复体、铸瓷类修复体等固定修复体和铸造支架类的可摘局部义齿等，均涉及此过程。因此我们把在这一具体工艺流程中使用的一系列设备，归纳为铸造类设备。具体工艺流程中，使用箱型电阻炉进行失蜡，使用铸造机向失蜡的铸模腔注入熔融金属和陶瓷并得到铸件。

根据铸造原理及铸造材料的不同，铸造机又可分为离心铸造机、真空压力铸造机、钛铸造机等。各类铸造机的核心在于铸造方法的选择和熔化金属的方式。例如离心铸造是通过电磁感应熔化合金后，利用离心力将熔融的金属铸入失蜡预热的铸模腔中。而真空压力铸造是在真空和氩气保护的状态下，多采用电弧放电的方式熔化合金，通过抽真空的方式形成负压，将液态金属吸引入铸模腔的同时加以恒定压力。有的钛铸造机结合了离心力、真空吸引及压力的铸造方法，以综合几种方法的优点。在本节中，主要介绍具有代表性的几类铸造设备。

一、箱型电阻炉

箱型电阻炉是一种通用的加热设备。箱型是一种常见的电炉形式，发热元件常采用电阻丝加热。按其功能，又称为预热炉（preheating furnace）或茂福炉（muffle furnace）。在口腔修复工艺中主要用于铸圈的预热和失蜡，通过准确的温度控制，保证包埋材料受热均匀，不至于出现失蜡不均匀或者材料转换腔破损的情况。箱型电阻炉的最高炉温与发热元器件相关。当采用电阻丝加热时，最高温度通常不超过 1200 ℃；采用硅碳棒、硅钼棒等作为发热元件时，温度可分别达到 1400 ℃及 1700 ℃。

（一）基本结构组成

箱型电阻炉使用时，需要与温度适配的发热元器件、热电偶、温度控制器配套使用。箱型电阻炉的结构根据箱体和温度控制器的连接方式不同，分为一体式和分体式两种，分体式箱型电阻炉的温度控制器位于箱体下方，二者通过导线连接。两种箱型电阻炉外形结构如图 4-19、图 4-20 所示。箱型电阻炉使用时，可根据环保要求，设置蜡烟处理和排放系统，以保证室内环境及设备散热。

1. 炉体 炉体外壳通常由钢板折制焊接而成，外壳表面为达到耐高温、耐腐蚀等要求，常进行静电喷涂。炉膛通常为耐火材料制成的一体化的长方体，加热元器件置于其中，常使用碳

图 4-19　一体式箱型电阻炉外形及结构

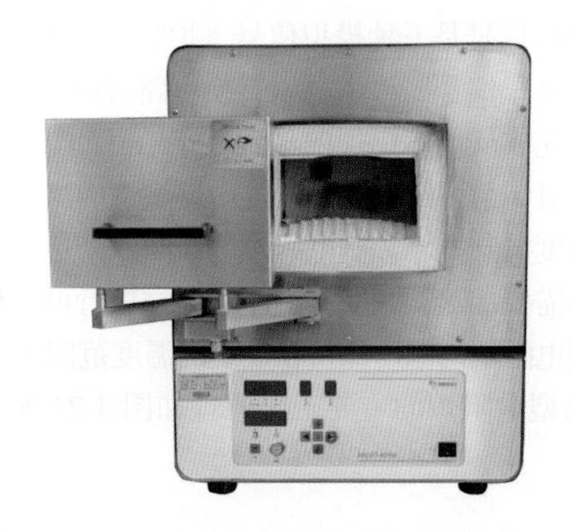

图 4-20　分体式箱型电阻炉外形及结构

化硅、耐火高铝等耐火材料制成炉膛。炉膛和炉体为一体化结构，炉膛和炉体外壳之间充填保温材料，加热元器件为电阻丝，绕成螺旋状后穿绕在炉膛四壁，炉门加厚加固，开关严密。

2. 热电偶　热电偶从炉顶或后侧小孔插入炉膛中央，输出与毫伏计相连。热电偶作为温度传感器，实时感知炉膛内部的温度，并将温度传递给温度控制器。

3. 温度控制器　升温恒温程序由微处理器控制，配合可编程逻辑元器件，实现程序的设定。温度控制面板输入并且设置程序，程序运行时，自动按照设定进行升温定温，热电偶不断感知炉膛内的温度，并将电信号传递给温度控制器。控制器液晶屏可指示炉膛温度、时间等相关信息。信号灯表示工作状态，不同品牌红灯及绿灯状态含义不一，有的使用绿灯表示升温工作，红色表示恒温保持。红灯亮后，可从炉膛内取出失蜡的部件。温度控制器主要对两个参数进行控制，升温速度和保温时间，并可以设置不少于三个阶段的阶梯恒温及可以储存多个适用于不同材料转换腔和包埋材料的工作程序。

（二）工作原理

1. 电阻加热原理　根据使用需要，义齿加工常用的箱型电阻炉最高温度通常为 1000 ℃左右，发热元件常采用电阻丝加热，电阻丝通常为合金材料制成，例如镍铬合金、铁铬合金等。其发热原理为电流流过导体的焦耳效应产生的热能。在该类型设备中，通电后电阻直接发热产生热量并将热量传递，从而使铸圈升温失蜡。箱型电阻炉在炉膛和炉体中填充保温材料，防止热量散发导致能耗低下。

2. 热电偶工作原理　热电偶通过热电效应间接测量炉膛内部的温度，热电效应是指当两种不同材料的导体组成一个回路时，如果两结点温度不同，则回路中就将产生一定大小的热电动势，大小与导体材料以及结点温度有关。不同金属热电偶的热电动势和温度近似线性函数。因此当热电偶的一端在炉膛中央，一端位于炉体外侧，且炉温升高时，热电偶两端产生电势差，从而产生热电动势。热电偶产生的热电动势非常微小，为毫伏级别，需用毫伏计测量。当温度信号转换为电压信号时，测得电压信号的大小，可以探知炉膛内的温度。热电动势和温度的曲线是热电偶在冷端温度为 0 ℃的条件下得出的，实际使用时，冷端常常靠近被测物，且受环境温度的影响，其温度无法保持 0 ℃，这样就产生了测量误差，因此在使用中常需进行温度补偿。

3. 箱型电阻炉工作原理　电源开启，变压器及整流电路将电源电压输出调整到适合电路中各元器件的电压。从键盘选择对应的加热升温程序，温度控制电路控制发热元件的接通与断开。时钟电路执行与时间相关的操作，包括时间显示等。工作状态指示电路指示当前运行的程序状态。启动程序并运行，发热元件开始通电发热，温度传感器探测温度。

温度信号是一种模拟信号，炉膛内的温度通过热电偶的测量及毫伏计温度检测，将温度信号转换为电压信号，再由电压转换电路将电压信号进行信号放大操作，模数转换为对应温度的数字信号，完成从温度模拟信号到数字信号的转变。数字信号为可编程逻辑器件提供输入，在显示温度的同时，与可编程逻辑器件中已设定的温度进行比较，进行温度判断，判断是否需要继续加热。通过温度控制电路控制电阻丝的通断。未达到设定的温度，则继续给加热元件指令，电阻丝发热，如果不需要加热，则断开电路。通过执行可编程逻辑器件的程序，自动控制电阻丝的启动与停止，使箱型电阻炉内温度保持在设定的温度范围之内，从而实现炉内温度的自动调节平衡。

箱型电阻炉的主要工作原理如图 4-21 所示。

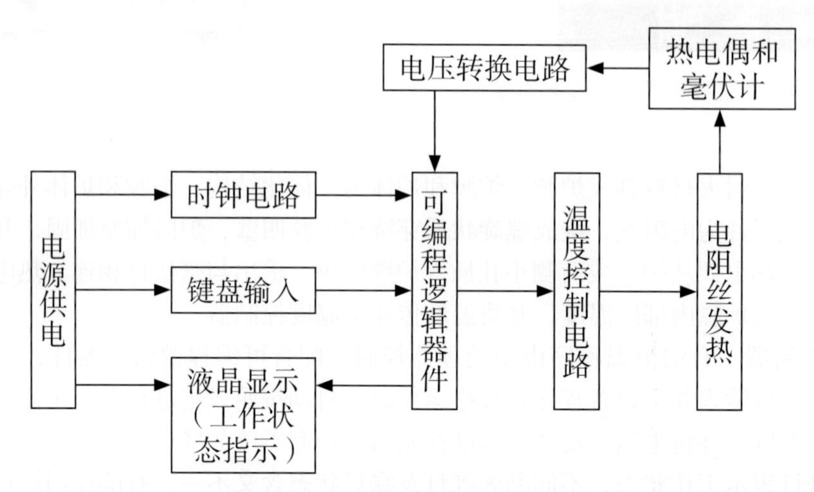

图 4-21 箱型电阻炉主要工作原理示意

（三）操作常规及注意事项

1. 操作常规

（1）打开电源开关，按照说明书的要求操作箱型电阻炉。

（2）开启炉门，将铸圈铸口朝下放置于炉膛内部，以便于蜡型或熔模熔化。

（3）加热部件之间尽量靠近炉膛内部，铸圈之间保持一定间隙。

（4）关闭炉门并检查炉门关闭情况。

（5）按照说明书的步骤设置程序，如原有程序与所需焙烧部件要求不一致，则重新设定。

（6）选择所需要的程序后，检查无误后，启动程序。

（7）达到预定温度后，开启炉门，用专用的夹持工具夹取铸圈。

（8）全部焙烧完成后，关闭电源。

2. 注意事项

（1）箱型电阻炉应平放，保持工作环境稳定，避免震动及经常搬动。顶部不要放置任何物体。

（2）电压正确，使用时的电压与设备要求电压符合。

（3）设备使用时，外壳需要连接地线。

（4）设备连接电源时，使用独立的插座，不要使用插线板。

（5）清楚设备电源的接线位置，定期检查电源插头是否松动。

（6）设备运行时，不要触碰设备及开启炉门。

（7）夹取铸圈、开关炉门动作准确轻柔，且应及时关闭炉门，防止烫伤和铸圈损坏。

（四）日常维护及保养

1. 定时清理炉膛内部的包埋材料残渣。

2. 保持设备的清洁干燥。
3. 应定时检查炉体、热电偶、控制器之间的连线是否完好。
4. 长时间不用时，应拔下电源插头。
5. 长期停用后再次使用时，先进行烘炉。

（五）常见故障及排除方法

箱型电阻炉常见故障及排除方法如表 4-10 所示。

表 4-10 箱型电阻炉常见故障及排除方法

故障现象	可能原因	排除方法
炉丝不热	炉丝断路	更换炉丝
	温度控制电路元器件损坏	更换相应电子元器件
无法指示温度	毫伏计损坏	修理或更换毫伏计
温度失控	热电偶损坏	更换热电偶

（六）典型维修案例

箱型电阻炉主机集成化程度高，故障率较低，相对耐用。其电路中包含了变压器、继电器、交流接触器、可编程逻辑器件等一系列电子元器件，通过这些元器件的组合电路实现升温速度的控制和温度显示。箱型电阻炉的部分元器件供电压力为 220 V，在维修中注意断电，做好保护措施。

故障现象：设定程序不工作，即箱型电阻炉不发热。

故障原因：炉丝断路。

维修方法：可以通过万用表测量元器件的通断情况。将万用表旋钮开关调到对应的档位，将炉丝两端分别接万用表笔的两个金属接头，若电阻无穷大说明炉丝断路。更换炉丝，电阻炉发热正常。

二、高频离心铸造机

离心铸造机是口腔修复工艺中必备的设备，用于各类活动义齿支架、冠桥、嵌体的制作。离心铸造是通过电热将牙科各类高熔合金，如钴铬合金、镍铬合金等熔化后，利用离心力将其浇铸到失蜡的铸模腔中得到铸件的过程。金属熔化采用电热方式，根据产生的热源不同，可分为电磁感应加热和电弧放电加热两种方式。其中，电磁感应加热根据产生磁场电流的频率不同，可分为高频离心铸造机和中频离心铸造机。二者的区别在于产生熔化金属的热源频率不同，即高频电流和中频电流，高频电流是频率较高的交变电流，高频离心铸造机使用的频率约为 1.2 ~ 2.0 MHz。根据机器冷却的方式不同，又分为风冷式离心铸造机和水冷式离心铸造机。风冷式离心铸造机使用风机冷却，水冷式离心铸造机利用流水冷却，设备配备水泵，水压与熔金控制电路开关形成串联，电路相对风冷式复杂。本小节主要按照风冷式高频离心铸造机的结构进行介绍。

（一）基本结构组成

离心铸造机通常为柜式结构，主机带有可掀开的上盖，现在的机器箱体大多带有脚轮，方便移动。按其功能实现，主要由高频加热熔金装置、离心铸造室、箱体系统三大部分组成。其中熔金装置一部分在箱体系统中，一部分在铸造室中。箱体系统集成了机器所有的操作控制系统、外置的观察窗口、显示仪表和内部电路（振荡电路）及电机（离心铸造电机）。掀开箱体的上盖后为铸造室，金属熔化和铸造的一系列操作在铸造室内完成。外观结构如图 4-22 所示。

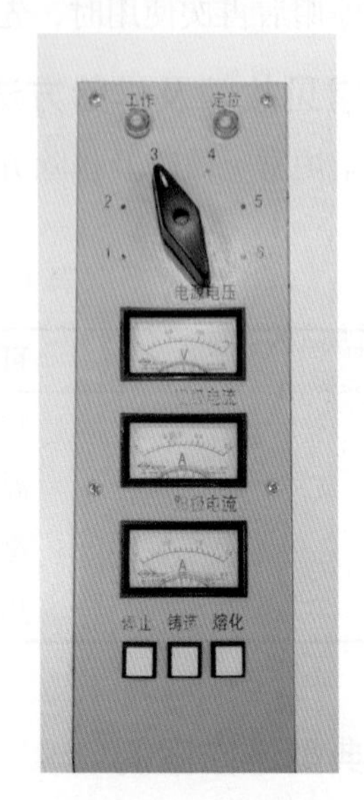

图 4-22 高频离心铸造机外观和箱体操作台

1. 熔金装置 熔金装置为高频感应加热系统，其本质是高频振荡电路，通过振荡线路产生高频电流。感应加热装置位于铸造室下方的箱体中，高频电能由线圈输出，线圈位于铸造室内，与坩埚内的金属块电磁耦合后使金属感应发热。

2. 铸造室 铸造室结构如图 4-23 所示。铸造室上盖和铸造室的下挡板将铸造室分割成一个独立的空间，其中包含铸造滑台、配重螺母、压紧手轮、放置铸圈的托模架、调整铸圈位置的挡板、调整杆、调整杆螺钉、坩埚放置口等。通过调节托模架及周边调整结构，保证铸圈和放置金属的坩埚位置合理，以便熔金顺利浇铸入铸圈；压紧螺母和配重螺母的调整，保证离心臂的两端配重和铸圈平衡，产生均匀的离心力。铸造滑台上有定位电极滑块，对准铸造室内电极刻线，即可接通振荡回路（不接通则不能熔金）。

图 4-23 高频离心铸造机铸造室结构

3. 箱体　箱体最上方的控制系统包括电源总开关、熔金按钮、铸造按钮、铸造停止按钮、合金档位选择、铸造室箱体上盖、观察窗、电流表（板流、栅流）、电压表等。各操作按钮用于实现对应功能；熔金时需要根据材料种类和重量选择不同的合金档位；通过观察窗口观察金属熔化状态，以便更好地选择铸造时机。铸造时应随时观察电流表及电压表的指针读数，以便发生异常时及时停止。

离心电机等元器件置于铸造室下方的箱体中。电动机带动离心臂转动。有的离心铸造机还有使感应加热线圈上升和下降的装置。

（二）工作原理

1. 高频加热原理　电流通过导体时，在导体周围产生磁场，若通过的电流是交变电流（电流的大小和方向周期性变化），则产生交变磁场。导体放在交变磁场中，感应出交变电动势，将导体两端接通，就会有电流通过。当线圈中通过交变电流后，在线圈的金属中感应出交变电动势，在金属中产生电流，称之为涡流（图 4-24）。涡流的大小随着线圈内电流的增大和交变电流频率的增大而增大，同时热量也增加。金属通过涡流以及自身电阻发热，温度升高，最终熔化。

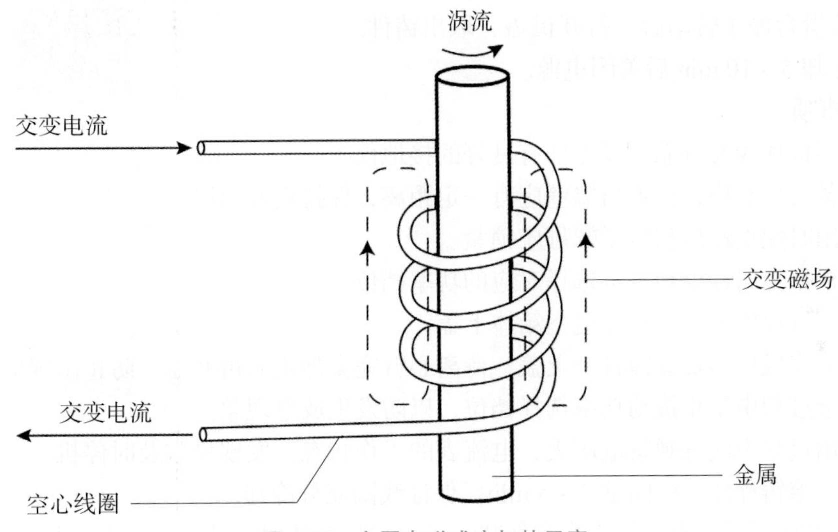

图 4-24　金属电磁感应加热示意

2. 熔金和铸造过程　熔金时以市电为电源，经过变压器隔直及变压，整流、滤波、稳压之后，由逆变电源电路变化成高频电源，通入加热感应线圈，预熔金属放入坩埚里，将坩埚置于加热感应线圈中，利用金属在交变电磁场中产生感生电动势及涡流，从而升温熔化的原理，完成熔金过程。熔金是将电磁能转换为热能的过程，能量转换时清洁无烟尘。

铸造过程是通过高速旋转机构产生的离心力，把熔融的金属液体铸入铸圈模型中，冷却后成型。离心铸造可获得致密的铸件，提高铸件的质量及成功率。

高频离心铸造机工作原理如图 4-25 所示。

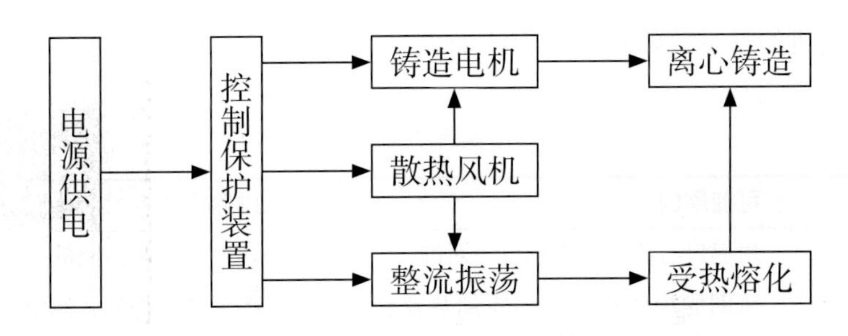

图 4-25　高频离心铸造机主要工作原理示意

（三）操作常规及注意事项

1. 操作常规 由于离心铸造机的品牌型号各异，操作时需根据设备说明书进行操作。

（1）熔铸前检查并确认：设备接地良好；供电电源与设备额定电压一致；风机运转正常。

（2）根据铸造的金属，选择合适的档位。

（3）接通电源开关，风机启动，机器预热后可以进行熔金铸造。

（4）将坩埚放置于坩埚座内。

（5）将加温预热后的铸圈，放在托模架上，调节好铸造的中心位置，使铸口对准坩埚口，紧固好调节杆紧固螺母。

（6）调节好配重螺母并压紧。

（7）将滑台对准定位电极，以接通振荡回路。

（8）关好机盖，按动“熔化”按钮开始熔化金属，此时指示灯亮。

（9）观察栅流表和板流表读数（1:4，1:5），确认设备是否处于正常工作状态。

（10）通过观察窗观察金属熔化过程，完全熔化时按动“铸造”按钮，滑台转动进行铸造。

（11）按动“停止”按钮，完成铸造（也有机器可自动停止铸造）。

（12）待滑台停止转动后，打开机盖，取出铸件。

（13）冷却 5 ~ 10 min 后关闭电源。

2. 注意事项

（1）机器接地线要可靠，要保证有良好的接地保护。

（2）设备安放平稳，位置与墙壁应有一定距离，保持良好通风。

（3）使用时配重螺母和压紧螺母应锁紧。

（4）需根据金属种类和重量选择对应的功率档位。

（5）熔金过程中不得打开铸造室箱体上盖。

（6）铸造完成后不要立即打开上盖，待离心臂完全静止后再开盖，防止出现危险。

（7）熔金过程中禁止拨动功率选择档位，以防发生放电现象。

（8）使用过程中注意观察电压表，电流表的工作状态，发现异常及时停机。

（9）连续熔铸操作，应间歇 3 ~ 5 min，保证线圈充分冷却。

（10）及时注意是否有异常声音和气味，若出现异常情况，及时按停止键并切断电源。

（四）日常维护及保养

1. 设备使用时需电压稳定，供电电压符合设备要求。
2. 保持设备清洁和干燥，每次铸造后必须清扫铸造室，取出包埋材料残渣。
3. 铸造室内不得放置工具及杂物。
4. 电极需保持清洁，防止振荡电路短路。
5. 定时检查电流表、电压表指针归零情况，以及按钮、开关指示针等部件有无失灵。

（五）常见故障及排除方法

高频离心铸造机的常见故障及排除方法如表 4-11 所示。

表 4-11 高频离心铸造机常见故障及排除方法

故障现象	可能原因	排除方法
坩埚熔液飞溅	坩埚口与铸圈的浇铸口未对准	调整坩埚和铸圈的摆位
	铸圈脱模架松动，感应加热器在离心脱模架上移动不灵活	拧紧铸圈托架，调整感应加热器

续表

故障现象	可能原因	排除方法
无法形成振荡回路	振荡电路断路	对断路部分进行焊接
	定位电极接触不良	打磨定位电极
离心转速减慢	离心电动机故障	更换离心电动机
铸造时机身抖动	配重未调节好	通过调节平衡螺母和配重螺母，调节离心臂平衡
电源接通后机器不工作	保险丝熔断	更换相同规格保险丝
机箱过热	连续铸造时，未间歇，冷却系统故障	间歇使用，检查冷却风机

（六）典型维修案例

故障现象：当启动“熔解”按钮时，机器内发出电击的声响，但是金属并不能熔解。

故障原因：未形成熔金回路。

维修方法：首先应立即停止使用，其次关闭电源降温后检查电极滑块和电极刻线的连接，发现电极滑块的连接铜片受氧化导致不能接通，此时用砂纸打磨去除铜片氧化部分，设备恢复正常。

三、中频离心铸造机

中频离心铸造机熔化金属的热源频率为中频电流。中频电流是指振荡频率范围介于高频和低频之间的交变电流，中频离心铸造机的振荡频率多为 20 ~ 200 kHz，其辐射小，相对更安全。设备冷却方式与高频离心铸造机一样，分为风冷式和水冷式。这里按照风冷式中频离心铸造机的结构进行介绍。

（一）基本结构组成

图 4-26　中频离心铸造机外观

中频离心铸造机外观及功能实现均与高频离心铸造机相似，一般为柜式结构，主机上盖可掀开，箱体带有脚轮，方便移动。其功能通过熔金装置、铸造室、箱体系统等三大部分实现，其中熔金装置为中频振荡发生装置，在组成振荡器的电容、电感的个数及组成方面区别于高频振荡电路。中频离心铸造机的外观结构如图 4-26 所示。

1. 熔金装置　熔金装置为中频振荡电路，金属在振荡回路产生的中频电流生成的电磁场中受磁力线切割，产生感应电动势，将电能转换为热能，使金属材料发热熔化。

2. 铸造室　铸造室结构如图 4-27 所示。铸造室上盖和铸造室的下挡板将铸造室分割成一个独立的空间，其中包括铸造滑台、配重螺母、压紧手轮、放置铸圈的托模架、调整铸圈位置的挡板、调整杆、调整杆紧固螺钉、坩埚放置口。通过调节托模架及周边调整结构，保证铸圈和放置金属的坩埚位置合理，以便熔金顺利浇铸入铸圈；压紧螺母和配重螺母的调整，保证离心臂的两端配重和铸圈平衡，产生均匀的离心力。铸造滑台上有定位电极，对准电极刻线，即可接通振荡回路

（不接通则不能熔金）。

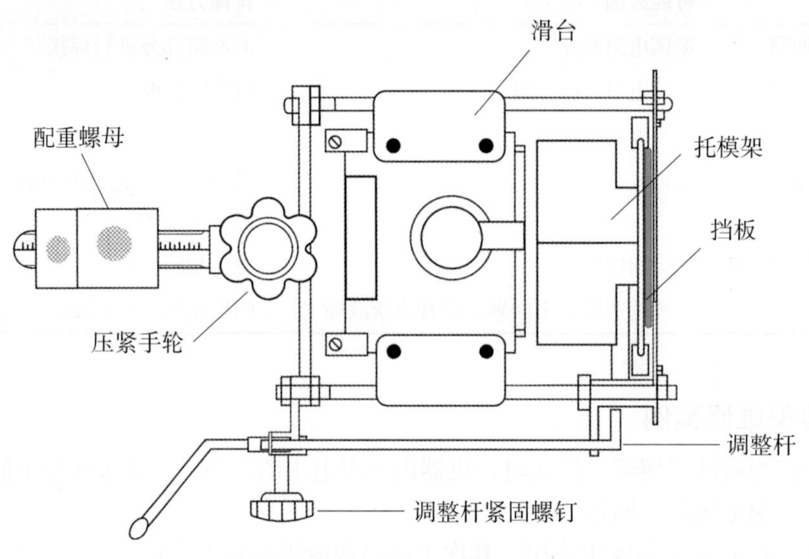

图 4-27　中频离心铸造机铸造室结构

3. 箱体　箱体最上方的控制系统包括电源总开关、熔金按钮、铸造按钮、铸造停止按钮、合金档位选择、铸造室箱体上盖、观察窗、电流表（板流、栅流）、电压表等。除中频发生装置外，其余部分结构和功能与高频离心铸造机类似。

（二）工作原理

中频离心铸造机的工作原理同样分为熔金和铸造原理。熔金过程仍采用电磁感应加热原理，由振荡电路产生中频电流，驱动加热感应线圈。预熔金属放入坩埚里，将坩埚置于加热感应线圈中，利用金属在交变电磁场中产生感生电动势及涡旋电流，从而使之升温熔化的原理，完成熔金过程。铸造过程是通过高速旋转机构产生的离心力，把熔融的金属液体铸入铸圈模型中，冷却后成型。中频离心铸造机工作原理如图 4-28 所示。

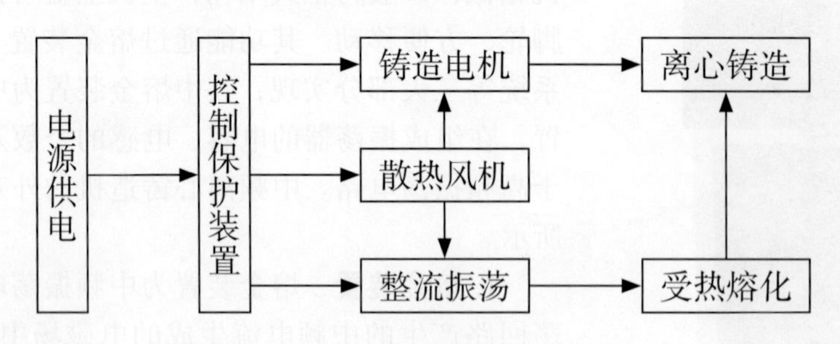

图 4-28　中频离心铸造机主要工作原理示意

（三）操作常规及注意事项

1. 操作常规　使用时需按说明书操作。

（1）熔铸前检查并确认：设备接地良好；供电电源与设备额定电压一致；风机运转正常。

（2）根据铸造的金属，选择合适的档位。

（3）接通电源开关，风机启动，机器预热后可以进行熔金铸造。

（4）将坩埚放置于坩埚座内。

（5）将加温预热后的铸圈，放在托模架上，调节好铸造的中心位置，使铸口对准坩埚口，紧固好调整杆紧固螺母。

（6）调节好配重螺母并压紧。

（7）将滑台对准定位电极，以接通振荡回路。

（8）关好机盖，按动“熔化”按钮进行熔化，此时熔化指示灯亮。

（9）观察栅流表和板流表读数（1:4，1:5），确认设备是否工作在正常状态。

（10）通过观察窗观察熔金过程，完全熔化时按动“铸造”按钮，滑台转动进行铸造。

（11）按动“停止”按钮，完成铸造（也有机器可自动停止铸造）。

（12）待滑台停止转动后，打开机盖，取出铸件。

（13）冷却 5 ~ 10 min 后关闭电源。

2. 注意事项

（1）机器接地线要可靠，要保证有良好的接地保护。

（2）设备安放平稳，位置与墙壁应有一定距离，保持良好通风。

（3）使用时配重螺母和压紧螺母应锁紧。

（4）需根据金属种类和重量选择对应的功率档位。

（5）熔金过程中不得打开铸造室箱体上盖。

（6）铸造完成后不要立即打开上盖，待离心臂完全静止后再开盖，防止伤人出现危险。

（7）熔金过程中禁止拨动功率选择档位，以防发生放电现象。

（8）使用过程中注意观察电压表、电流表的工作状态，发现异常及时停机。

（9）连续熔铸操作，应间歇 3 ~ 5 min，保证线圈充分冷却。

（10）及时注意是否有异常声音和气味，若出现异常情况，及时按停止键并切断电源。

（四）日常维护及保养

1. 设备使用时需电压稳定，供电电压符合设备要求。
2. 保持设备清洁和干燥，每次铸造后必须清扫铸造室，取出包埋材料残渣。
3. 铸造室内不得堆放工具及杂物。
4. 电极需保持清洁，防止振荡电路短路。
5. 定时检查电流表、电压表指针归零情况，以及按钮、开关指示针等部件有无失灵。

（五）常见故障及排除方法

参见高频离心铸造机的常见故障及排除方法（表 4-11）。

（六）典型维修案例

故障现象：铸造时机身抖动。

故障原因：离心臂两端配重不平衡。

维修方法：根据铸圈的不同大小每次调节配重螺母和平衡螺母，使离心臂的两端平衡。

四、真空压力铸造机

真空压力铸造机（vacuum casting machine）可用于除钛金属以外的贵金属及非贵金属的铸造。它较中频离心铸造机控制系统更为先进，由微型计算机处理设定的铸造程序，并可通过液晶屏幕实现人机交互。真空压力铸造机同离心铸造机一样，可完成金属熔化后浇铸入铸模腔的过程。在金属熔化的热源方面，仍采用电磁感应加热以及电弧放电加热的方式。对于铸造的方式，采用真空（吸引）和压力铸造，在真空条件下熔钢，也有机器在熔钢时通入微量的惰性气体保护，以减少金属氧化，之后在负压以及负压和通入气压形成压差的情况下，将熔化的合金吸入铸模腔得到铸件。真空压力铸造机使合适的材料在真空中安全熔化和铸造，减少了合金在大气中的氧化现象。在抽真空的同时加压充型并保持一定的压力，可以使得铸件组织致密，力学性能提高。

（一）基本结构组成

以高频感应加热熔金的真空压力铸造机为例，其正面和铸造室内部结构分别如图 4-29、图 4-30 所示。

图 4-29 真空压力铸造机正面观

图 4-30 铸造室内部构造

真空压力铸造件主要结构包括真空装置、压力装置、箱体系统、铸造室、冷却系统等，完成加热熔金、真空加压铸造、废气排出和系统冷却的功能。不同品牌的真空压力铸造机在真空泵的真空发生方式以及熔金方式方面有细微区别。

1. 真空装置 真空装置包含真空泵、连接管路、控制线路等部分。一般真空压力铸造机的真空度在 0.35 ~ 0.45 MPa。通常依靠高速旋转的叶片或高速射流，把动量传输给气体分子，使气体连续不断地从泵的入口传输到出口。高速射流原理的真空泵，需要连接气源通入气体，以便形成射流。

2. 压力装置 通过压力装置向铸造室内通入气体，以便在铸造过程中施加压力。通常气源为压缩空气或惰性气体，例如氩气。有的机器在熔金的过程中通惰性气体可进行气体保护，减少氧化；在铸造的过程中通过气源气体施加正向压力。压力装置通常包括气瓶（或者中央气源）、气体管路、滤清器及压力表等。气体的来源为统一气源或者单独气瓶，通过管路与铸造机连接，通入的气体需保持清洁干燥，使用滤清器或过滤阀过滤，同时气源的压力需符合管线压力的要求，若气源压力过高，还需要减压至额定压力。压力表可指示压力的大小。

3. 箱体系统 箱体系统由电源开关、控制面板、铸造观察窗、显示屏、铸造按钮、气体接口、通风口、电源线等部分组成。

4. 铸造室 铸造室完成熔金及铸造。对于电弧熔金的铸造机，铸造室内需有电极，而电磁加热则不需要。通常铸造室内部包含铸圈支架、挡板、密封圈、铸圈调节固定装置等结构。不同的铸造机配备对应的熔金坩埚。

5. 冷却系统 冷却系统通常为风冷或水冷系统。若为水冷系统，冷却结构包括水箱、水泵、进水 / 排水管路等；水泵进行冷却水的水循环。

（二）工作原理

真空泵对铸造腔抽气，使其获得负压。对于采用射流方式获得负压的真空压力铸造机其工作原理如图 4-31 所示。

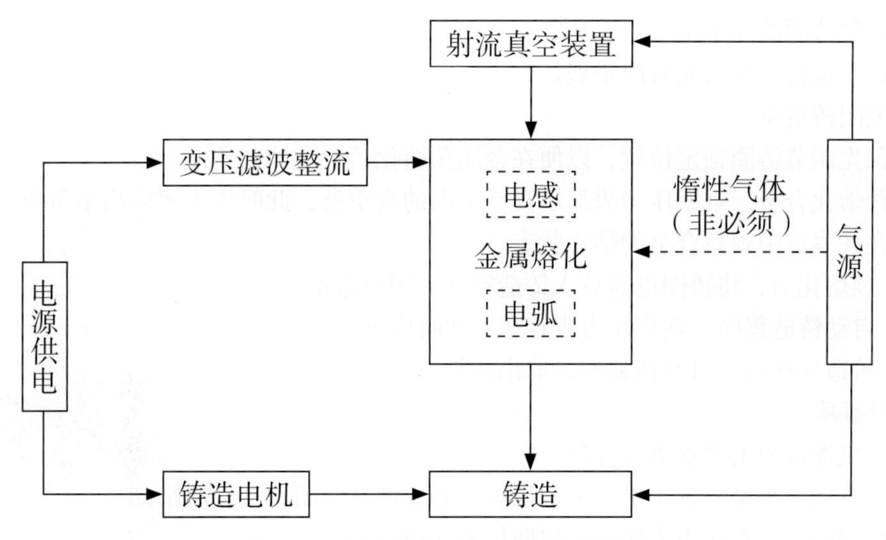

图 4-31　真空压力铸造机主要原理示意

电源经过变压器及滤波整流等一系列操作后，给对应的部件供给合适的电压。将金属放置于坩埚内后进行熔金，采用电磁感应（电感）或电弧放电的方式加热，此时真空泵抽真空，如果连接的气源是惰性气体，在抽真空的同时，有些机器会通入微量的惰性气体；在铸造时，从气源通入压力约为 0.3 MPa 的气体，利用正压及铸造室负压的压差使熔融的金属熔液流入铸模腔，完成铸造。此过程的铸造室示意图如图 4-32 所示。

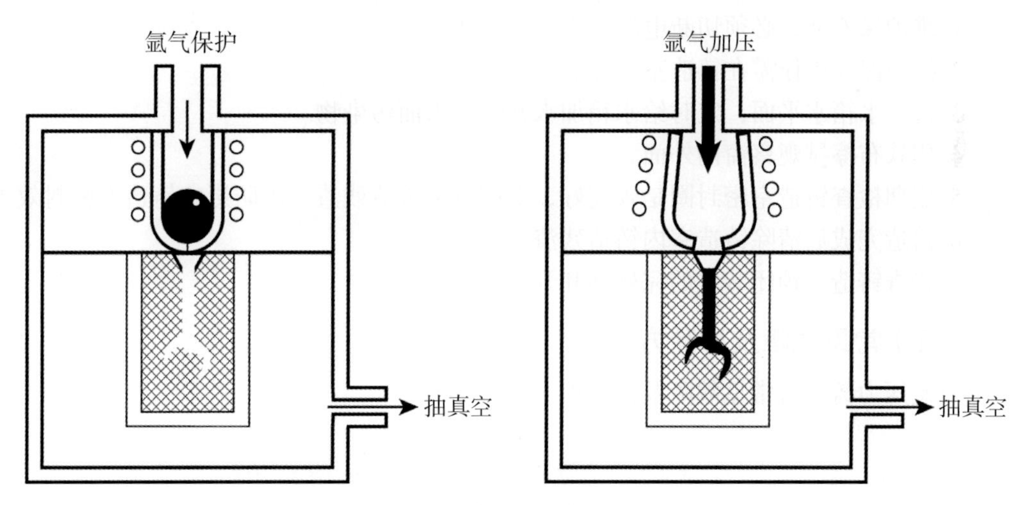

图 4-32　铸造过程示意

（三）操作常规及注意事项

1. 操作常规　对于真空压力铸造机，不同的品牌操作过程不尽相同，根据金属熔化后是机器自动选择铸造时机还是由操作者观察熔化状态选择铸造时机，可将操作分为手动铸造、自动铸造。根据铸造时坩埚是否需要翻转，又有翻转与不翻转铸造之分。不同品牌真空压力铸造机的操作常规有细微区别，依据说明书操作即可。常规操作如下：

（1）检查气源压力是否指示正确；气源与设备的连接管路是否连接完好。

（2）接通电源开关，对应指示灯亮。

（3）根据铸造的合金选择不同的铸造程序及熔金坩埚并放入坩埚槽中。

（4）按照铸圈的大小调节坩埚高度。
（5）将适量合金块放入对应坩埚。
（6）关闭铸造室。
（7）预先调节铸圈锁定位置，以便在金属预熔化后快速放入铸圈。
（8）预熔化合金，观察压力表显示真空室内的真空度，此时压力表应指示负压。
（9）在观察窗中观察合金的熔化状态。
（10）预熔化后，将铸圈迅速放入铸造室并关闭铸造室。
（11）启动铸造程序，观察压力表状态，此时应为正压。
（12）铸造完成后，打开铸造室，取出铸件。

2. 注意事项

（1）按机器说明书要求进行操作。
（2）设备应该平稳放置于水平面通风处，利于散热并防止使用时滑动。
（3）使用前应检查压力表压力，以防铸造失败。
（4）开机需预热 5 min 后方可进行操作。
（5）合金熔化时必须通过观察窗观察，以保护视力。
（6）根据铸圈大小调整铸圈支架。
（7）坩埚不可交叉使用，不同金属不能使用同一坩埚进行熔金。
（8）连续铸造时，应间隔几分钟，给机器冷却时间。
（9）定期对机器进行维护。

（四）日常维护及保养

1. 维护保养前，必须切断电源，拔出电源插头。
2. 维护保养操作需在铸造室冷却后进行。
3. 检查水箱水平面，定时给水箱加水并除去水面污染物。
4. 用软布擦拭观察窗内外面。
5. 定期检查铸造室密封圈是否完好，上面有无铸造残渣，以防影响铸造室密封效果。
6. 铸造完成后清除铸造室内铸造残渣。
7. 检查铸造室锁闭装置的完好性和开启的灵活性。

（五）常见故障及排除方法

真空压力铸造机常见故障及排除如表 4-12 所示。

表 4-12 真空压力铸造机常见故障及排除方法

故障现象	可能原因	排除方法
压缩气体压力太高	减压阀调节错误	调节减压阀
压缩气体压力太低	密封圈损坏	更换或调整密封圈
	输入气压不足	调节输入气压
真空度不够	真空管路堵塞	清理或更换真空管路
	真空系统漏气	检查管路连接系统
	真空泵故障	检修真空泵
设备不工作	铸造室门未关严	检查铸造室舱门
铸件铸造不完全	铸造压力不够	检查熔金及铸造的压力表读数

（六）典型维修案例

故障现象：真空压力铸造机抽真空时，发现显示的真空度达不到设定值。

故障原因：真空度不够。

维修方法：检查真空管路，发现真空管路部分通道堵塞。清理管路后真空度恢复正常。

五、钛铸造机

钛及钛合金具有良好的加工性能、优越的生物相容性、在人体组织及唾液中良好的耐腐蚀性、适宜的力学性能、X 线半阻射性等，且密度小、导热性低，是一种理想的结构材料，已广泛应用于口腔修复、种植和正畸等领域。用钛及钛合金制作口腔修复义齿，开始于 20 世纪 70 年代末，由于其熔点高、流动性差、在高温下化学性质活泼、易氧化、易与空气中及包埋材料中的其他元素反应等特性，因此铸造钛金属需要在惰性气体保护下进行。

离心铸造、压力铸造、真空铸造等铸造方式均曾用于钛铸造机，且具有各自的特点。钛金属密度小，需要更大的离心力才能使得熔融的液钛充满整个铸模腔，但离心力具有特定方向性，有些地方钛液可能无法达到；压力铸造则需要掌握加压的时间，加压过早或过晚，均影响液钛的流动，造成铸造失败，并且压力在铸造室内没有特定方向性。为此，现阶段常见的钛铸造机，是将离心铸造、真空铸造、压力铸造等方式中的一种或几种结合起来，在离心力、负压吸引、正压等条件下，结合一种或几种铸造方式的优点，以提高铸造成功率。

熔金方式仍然是电热熔化，采用中、高频电磁场或电弧放电的方式熔金。熔金坩埚采用有坩埚或者无坩埚的方式，常见的坩埚包括铜坩埚、石墨坩埚；而无坩埚的方式能够减少对钛的污染。

（一）中频离心钛铸造机主要结构组成及工作原理

中频离心钛铸造机的主要结构包括铸造室和水循环冷却系统。铸造室中设置有抽真空口、通氩气口、观察窗和铸件进出口，加热线圈下部固定有与离心电机连接的离心托盘，离心托盘上固定有铸圈，浇铸口中心对应于熔金线圈中心，加热线圈与中频电源连接。具体结构示意图如图 4-33 所示。

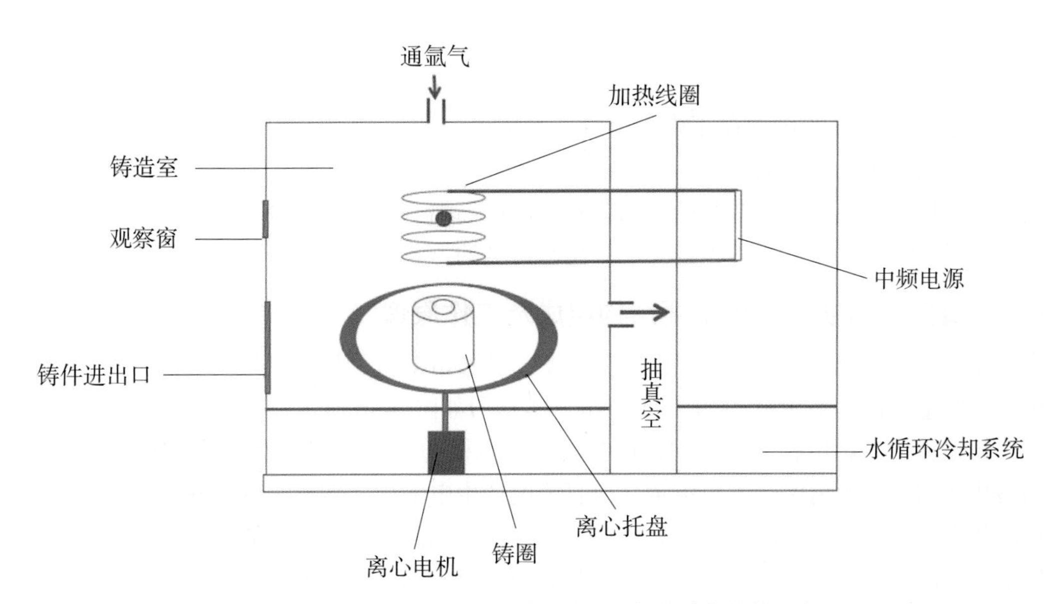

图 4-33 中频离心钛铸造机（无坩埚铸造）结构示意

设备连接电源后，与整流桥、滤波电路连接，滤波电路通过开关元器件连接电容电感串联谐振电路，电容电感串联谐振电路通过变压器后，与加热线圈连接，将能量传递给加热线圈。根据实际情况，机器通常还会设置过流保护电路、过压保护电路、无水保护报警电路、水温过高保护报警电路等。上述电路均为目前铸造机的常规设计电路。

将待熔化的钛金属块放入加热线圈中。铸造室抽真空，再通入氩气保护，启动水循环冷却系统。熔金时，在加热线圈中通以交变电流可产生磁场，而放在线圈内的钛金属可产生感应电流和感应磁场，这个感应电流和感应磁场的方向与加热线圈中的电流及磁场方向相反，因此产生了相斥的电磁力，这个电磁力有两个方向，一个是向上，一个是向内。当向上的力大于线圈内钛金属的重力时，合力大于零且向上，金属向上运动，控制电磁力的大小，就可以使金属处于悬浮状态。线圈向内的电磁力如果均等，可使金属处于线圈中心，不与线圈内壁接触。同时，金属的感生电流加热金属，这样达到无坩埚悬浮熔化的目的。

在加热的同时，离心马达先启动，带动其上的托盘、铸圈逐步加速，控制达到最高转速的时间小于熔化的时间，以在金属熔化之前达到最大离心力，便于液钛流动。由于浇铸口与离心电机同心，离心电机转动时，浇铸口中心位置不变。当金属液体向下流动接触到浇铸口时向周边扩散，得到离心力，随着向外运动，离心力变大，通过铸道流到铸模的最远端。金属液体不断熔化并向下流动，直到完成金属的浇铸过程。其工作原理如图 4-34 所示。

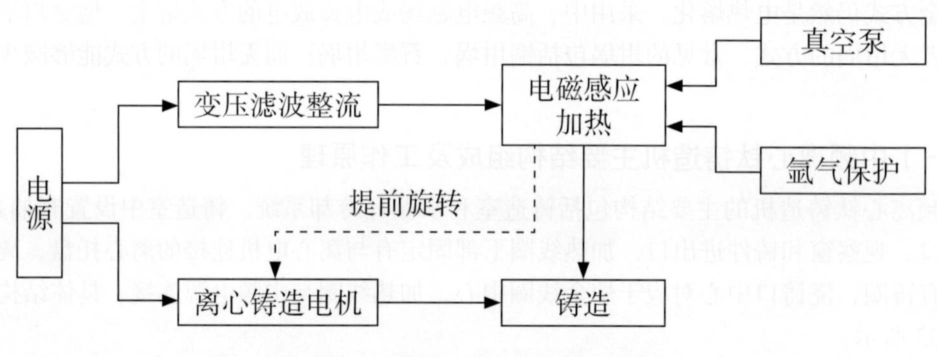

图 4-34　中频离心钛铸造机原理示意

中频离心钛铸造机的优点在于中频电流比高频电流更安全清洁高效。在铸造时通氩气保护，降低钛金属氧化及与其他元素结合的反应；离心铸造钛金属比铸造其他金属需要更高的离心速度，通常让离心马达在铸造开始之前旋转，以提高离心铸造时的初始速度。由于钛金属或钛合金比重轻，流动性差，通常不选择单一离心铸造的方式。

（二）真空压力钛铸造机主要结构组成及工作原理

真空压力钛铸造机主要由供电系统、铸造室、铸造电动机、氩气系统、真空系统、控制系统等组成。铸造室的构造示意图如 4-35 所示，实物图如图 4-36 所示，其中熔金采用电弧放电的方式。铸造室内包括电极、坩埚、铸圈托架等，电极的一极接到坩埚，另一极在金属上方，在金属熔化期间二者距离保持大致恒定，由直流电产生电弧后，使钛金属熔化，在熔化后处于可流动的状态时，将坩埚倾斜，使得处于熔融状态的金属流入铸口中。倾斜装置端部与坩埚的非流出端部侧的底面接触，在其另一端部设有能够以支承轴为中心向上提升坩埚的压铁，金属未完全熔化时使坩埚处于水平位置，在金属完全熔化后解除倾斜机构保持作用，使倾斜机构侧部装配有压铁的端部向下倾斜，将坩埚倾斜。

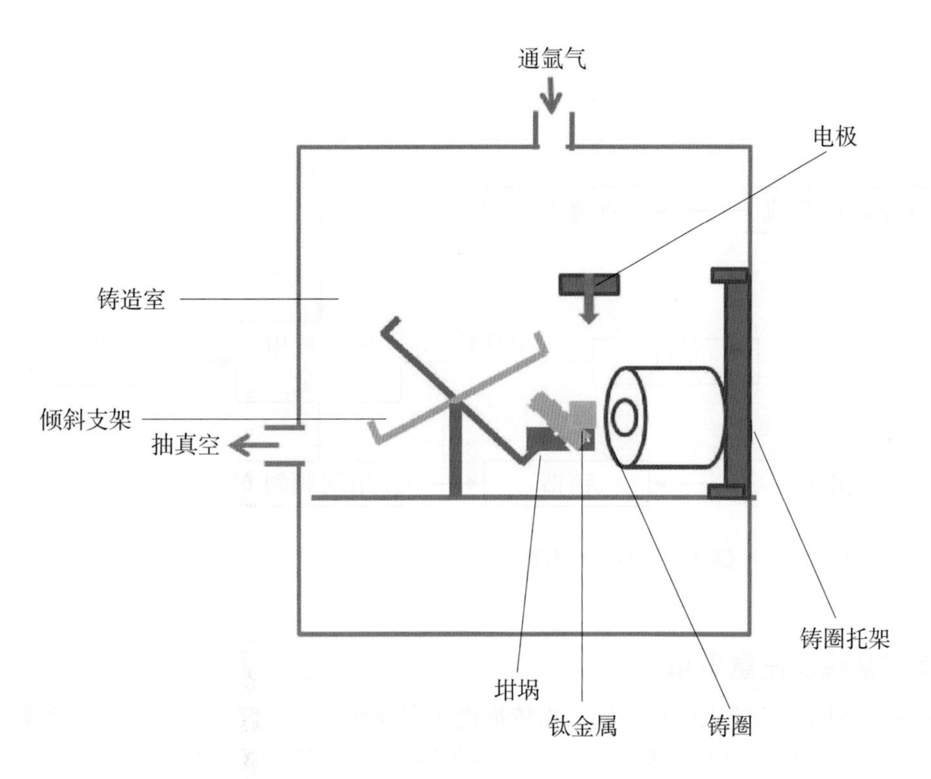

图 4-35 真空压力钛铸造机钛铸造室结构

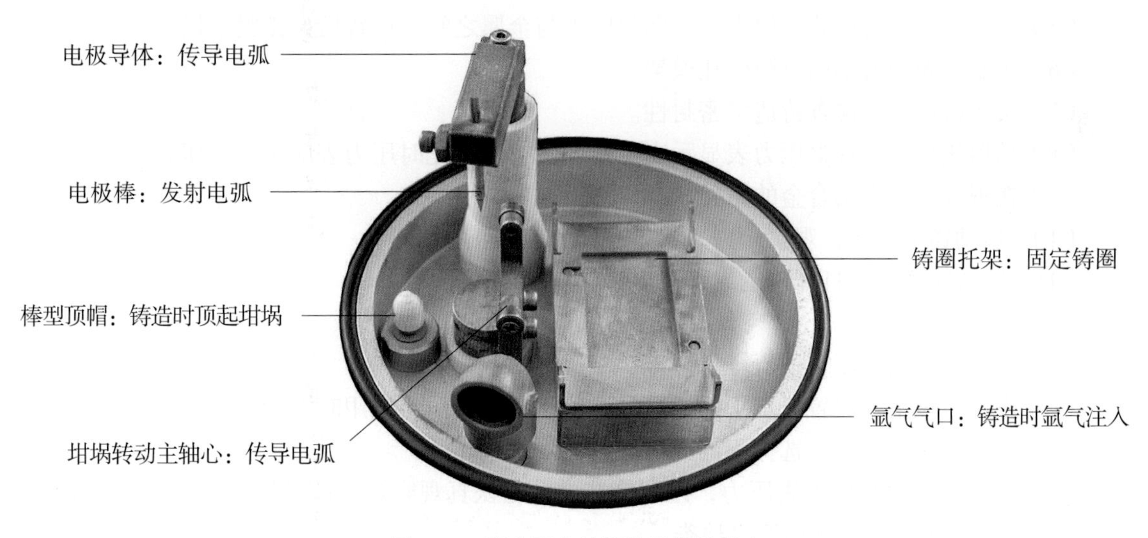

图 4-36 真空压力钛铸造机熔铸舱内

铸造电动机提供铸造的动力系统。氩气系统提供压力，使钛熔液充分流入铸模腔。氩气系统包括减压阀、滤清器、压力表、气体管路等部件，减压阀将气源的气压调整到机器所需，滤清器过滤气体中的水油，压力表指示气源压力。真空系统包括真空泵、压力表和管道，在熔金时抽真空形成负压。控制系统包括计算机控制程序、显示屏，操作者通过控制系统进行操作。供电系统给机器提供电源，并经过高频滤波、变压、整流等操作实现各功能部分的供电。

在真空环境和氩气保护下，直流电弧加热坩埚中的金属使之熔化，坩埚倾斜有助于金属流动，同时施加大于金属完全流入铸腔所需的压力，使得熔融金属充满铸模腔，完成铸造。主要工作原理如图 4-37 所示。

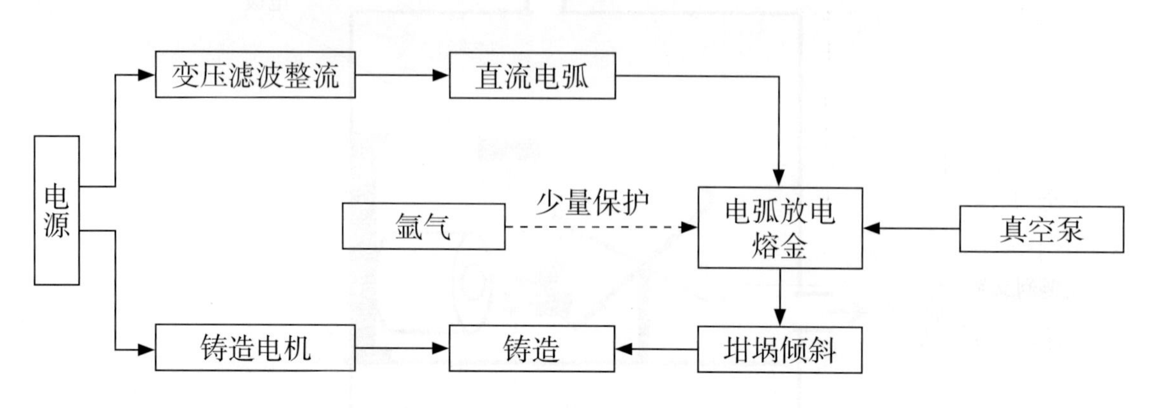

图 4-37 真空压力钛铸造机主要原理示意

（三）操作常规及注意事项

1. 操作常规 不同钛铸造机操作不同，需依据说明书操作，这里仅介绍通用操作常规：

（1）检查气源压力是否指示正确，气源与设备的连接管路是否连接完好。

（2）接通电源开关，对应指示灯亮。

（3）进行自动真空检测以及压力检测。

（4）根据铸造的合金选择不同的铸造程序。

（5）将适量钛金属块放入坩埚，并调整电极与金属之间的位置后，锁紧电极。

（6）按照铸圈的大小调节铸圈托模架。

（7）关闭铸造室，检查铸造室密封性。

（8）预熔化合金，观察压力表显示真空室内真空度，此时压力表应指示负压。

（9）在观察窗中观察合金的熔化状态。

（10）启动铸造程序，观察压力表状态，此时应为正压。

（11）铸造完成后，打开铸造室，取出铸件。

2. 注意事项

（1）按机器说明书要求进行操作。

（2）设备应该平稳放置于水平面通风处，利于散热并防止使用时滑动。

（3）根据不同的金属，选择不同的电流。

（4）使用前应检查压力表压力，以防铸造失败；认真观察熔金前及熔金时的真空度指标，当真空度达不到要求时，立即停机检查。

（5）合金熔化时必须通过观察窗观察，以保护视力。

（6）根据铸圈大小调节铸圈支架。

（7）坩埚不可交叉使用，不同金属不能使用同一坩埚进行熔金。

（8）熔金量不得超过设备额定值。

（9）连续铸造时，应间隔几分钟，给机器冷却时间。

（10）注意铸造室门密封圈的完好性。

（11）铸模腔方向应与离心方向一致。

（四）日常维护及保养

1. 维护保养前，必须切断电源，拔出电源插头。

2. 维护保养操作需在铸造室冷却后进行。
3. 定期检查气体管道是否顺畅。
4. 定期用软布擦拭观察窗内外面。
5. 定期检查铸造室密封圈是否完好，上面有无铸造残渣，以便影响铸造室密封效果。
6. 铸造完成后清除铸造室内铸造残渣。
7. 检查铸造室锁闭装置的完好性和开启的灵活性。

（五）常见故障及排除方法

由于钛铸造机的原理为一种或者几种铸造机铸造方式的结合，熔金方式也为铸造机常用的电弧及电磁感应熔金。因此，出现的故障及故障的排除与高频或中频离心铸造机、真空压力铸造机类似。其常见故障及排除方法见表4-13。

表4-13　钛铸造机常见故障及排除方法

故障现象	可能原因	排除方法
不能熔化金属	振荡电子元器件损坏	更换相应器件
	电弧不能产生	确定电弧发生装置完好
电弧不稳定	电极棒尖端成圆形	磨其尖端成方形
金属熔化不利	气体保护量不够	调整惰性气体流量和压力
真空度不够	熔铸室密封不严	更换熔铸舱门密封圈
	真空管路堵塞	清理管内异物或更换管路
	真空系统漏气	检查管路连接情况
	真空泵滤芯堵塞	更换滤芯
离心时离心臂有杂音	两端不平衡	配平离心臂两端配重

（六）典型维修案例

故障现象：钛铸造机在熔金铸造时，发现机器出现异常声音，并且液晶显示屏显示气路故障，同时故障灯亮。

故障原因：铸造室内真空度及气体不够。

维修方法：立即关闭程序及切断电源后，重新启动机器和程序，发现故障仍然存在。关闭机器拔出电源后，打开机器上盖检查熔解室内氩气喷嘴管路，并检查气源管路、真空泵管路各连接部位，发现熔解室内氩气喷嘴连接管折扭，同时真空泵滤芯堵塞。更换氩气喷嘴连接管路和真空泵滤芯后，重新启动程序，故障现象消失。

第四节　瓷加工设备

Denture Porcelain Fusing and Casting Machines

随着现代社会生活水平的提高和对美学的追求，制作修复体的材料由金属或合金材料，发展到金属内冠烤瓷或烤塑，再到全瓷冠。其中全瓷冠相对于金属内冠经烤瓷或烤塑修复体而言，组织相容性好，无金属遮挡，可以更逼真地再现天然牙的颜色和半透明性，美观效果最好，因此应用愈发广泛。材料和设备的发展与口腔修复技术的发展相辅相成，全瓷材料也经过了一系列的发展。瓷粉经过高温烧结熔附于金属内冠表面而形成的修复体称为烤瓷冠；瓷粉经高温烧结而成的全冠修复体称为全瓷冠，上述相关制作过程，都要用到义齿的瓷加工设备。金属基底冠达到各项设计要求后，可进行烤瓷操作，按照工艺流程将瓷粉分层堆塑于金属基底冠桥上，并经过修整、邻面恢复及塑形等步骤后，放入烧结炉进行烧结。全瓷类修复体制作的方法包括热压铸、全瓷玻璃渗透等常规方法，需使用铸瓷炉、全瓷玻璃渗透炉等设备。全瓷冠热压铸的制作类似铸造过程，蜡型包埋预热失蜡形成空腔，将熔化的陶瓷利用铸瓷炉压铸入铸圈型腔内成修复体雏形。本节介绍铸瓷炉与烤瓷炉。

一、铸瓷炉

铸瓷炉是对瓷块进行铸造的设备，可用于制作全瓷嵌体、贴面、全瓷冠、固定桥等修复体。铸瓷炉的功能类似于铸造机。有的设备还兼具铸瓷与烤瓷的功能，在铸瓷炉的基础上，减去压铸功能，即为烤瓷炉。

（一）主要结构组成

铸瓷炉主要由炉膛内部、压铸系统、真空系统、控制和显示系统、电源和保险等组成（图4-38、图4-39），具有设备程序设定、加热铸造、温度探测等功能。

图 4-38　铸瓷炉外观及部件

图 4-39　铸瓷炉内部结构

1. 炉膛内部　包括热电偶、烧结盘、烧结台、密封圈、发热元件等部件。烧结盘放置于烧结台上，热电偶探测炉膛内部的温度，是温度传感器。压力传感器探测内部的压力，并传递给控制系统。发热元件可用石英玻璃管配合金属丝作为产热体，常用的金属丝或合金丝包括铂丝、镍铬合金丝、铁铬合金丝等。热电偶从机器后部连接深入炉膛内，密封圈使炉膛封闭严密，防止漏气。炉膛和外壳之间填充保温材料。

2. 压铸系统　位于压铸装置保护罩内，包含压铸杆、电子元器件、保护罩和风扇等部件，电子元器件控制压铸杆进行压铸完成铸瓷，风扇用于压铸时的散热。

3. 真空系统　包括真空泵及相关管路，主要作用是充分排尽炉膛内的空气，保持炉内真空度。

4. 控制和显示系统　包括微型计算机（内部控制系统）、显示屏、键盘，用于控制发热元件加热、设定程序，控制炉膛的开闭，程序的运行等操作。显示器用于显示程序运行的状态、实时温度、运行时间等。

5. 电源和保险　供给铸瓷炉各部件合适的电压，并在电流过大时进行保护。

（二）工作原理

由于口腔修复使用的瓷块其熔化温度一般不超过 1200 ℃，因此铸瓷炉加热的最高温度也多为 1200 ℃左右。铸瓷炉的测温方式、加热方式等与茂福炉类似，增加了抽真空和压铸的环节。

铸瓷炉的电源开启，变压器变压后整流，将电源电压输出调整到适合电路中各元器件的输入电压。通过键盘选择对应的升温程序和需要的真空度等内容，相关程序在显示屏上显示。铸瓷炉的程序设定由一个小而完善的微型计算机系统完成，储存有自带的应用程序，并可通过键盘对升温速度、最终温度等进行更改。温度控制电路控制发热元件的接通与断开。时钟电路执行与时间相关的操作，例如时间显示、定时、控制振荡电压的输出频率等。工作状态指示电路指示当前运行的程序状态。启动运行程序，发热元件开始通电发热；温度传感器（热电偶）探测温度，并通过毫伏计将温度转换为电压，通过电压转换电路将模拟信号转为电压数字信号；温控系统接收温度信号后判断是否需要继续加热，通过温度控制电路控制加热元件的通断，到达设定温度后，启动压铸系统完成铸压。真空泵供给工作时需要的真空度，通过压力传感器不断探测炉膛内压力并将信息返回控制系统进行处理，判断是否仍需要抽真空。

铸瓷炉的工作原理流程如图 4-40 所示。

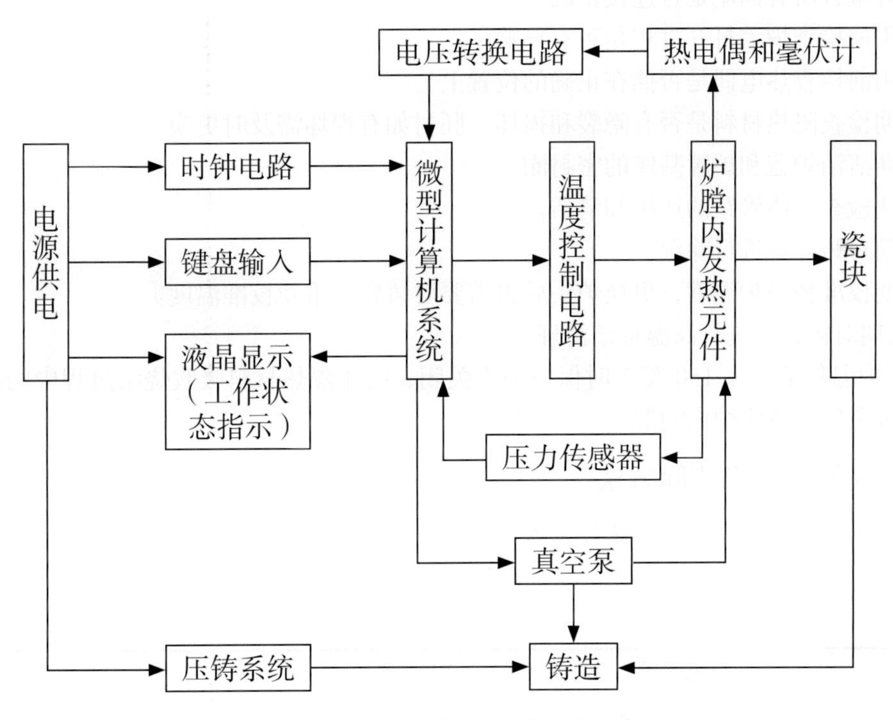

图 4-40　铸瓷炉的主要工作原理示意

（三）操作常规及注意事项

铸瓷炉需按照说明书进行操作。

1. 操作常规

（1）开机后选择需要的操作模式。

（2）若铸瓷炉具有烤瓷和铸瓷两种功能，则需要进行功能切换，选择压铸程序。

（3）明确温度达到压铸时的待机温度范围。

（4）选择铸圈尺寸。

（5）在程序界面设置或调整烧结曲线的参数，包括温度、时间、真空度等。

（6）使用按键打开炉膛，放入铸圈及瓷块。

（7）启动程序，自动运行。

（8）完成后炉盖自动打开，并有提示音。

2. 注意事项

（1）铸瓷炉需放置在稳固、耐高温的平台上，与易燃物保持距离。

（2）清洁和维护保养事项需在铸瓷炉冷却之后进行。

（3）清洁和维护保养前需断开电源。

（4）注意机器的清洁工作，机器冷却后用干净的软布拭擦外壳和密封圈表面；铸瓷完成后用清洁刷清理冷却盘和烧结台。

（5）不要用手触碰热的炉头、炉盖和烧结盘。

（6）不得用手强行打开炉盖。

（7）炉头及通风口处不得放置异物或被异物遮挡。

（四）日常维护及保养

日常检查和维护保养的频次取决于设备使用的频次和工作习惯。

1. 维护保养前，需切断电源，拔出电源插头。

2. 定时检查所有插座是否连接正确。

3. 使用前检查炉盖打开过程是否有异响。

4. 使用前检查热电偶是否插在正确的位置上。

5. 定期检查隔热材料是否有隐裂和损坏，胚衬如有损坏需及时更换。

6. 定期清洁炉盖和炉膛基座的密封圈。

7. 定期检查气体管路的连接和清洁。

8. 定期对铸瓷炉进行除湿。

9. 定期校准铸瓷炉温度，更换炉头后也需要对铸瓷炉重新校准温度。

10. 定期对铸瓷炉进行高温烧结清理。

11. 在炉温较低（< 150 ℃）时保持炉头关闭，防止隔热材料吸收烧结过程中的冷凝水或空气中的水蒸气，造成炉内潮湿。

（五）常见故障及排除方法

铸瓷炉的常见故障及排除方法详见表 4-14。

表 4-14　铸瓷炉常见故障及排除方法

故障现象	可能原因	排除方法
真空泵不能正常工作	真空泵保险丝烧坏	检查真空泵保险丝，如损坏则需要更换
	真空泵连接不正确	真空泵与设备正确连接
	真空泵与铸瓷炉不匹配	按照铸瓷炉对真空泵功率的要求，使用匹配的真空泵
真空度不够	真空管路漏气	检查真空管路
	真空管路有异物	清理异物或更换管路
	真空管路内有水蒸气	运行去湿程序
温度显示不正确	热电偶连接不正确	正确连接
	热电偶损坏	更换热电偶
炉盖没有打开	真空未能完全恢复至正常状态	待程序结束运行后，重新启动铸瓷炉

（六）典型维修案例

故障现象：对铸瓷炉参数进行设置时，突发发现按键失灵，仪器不能够对参数进行设置，同时程序选项无法更改。

故障原因：写保护功能被激活。

维修方法：在程序界面调整，调出写保护功能后，发现该功能开启。将该功能关闭后，按键恢复输入功能。也可对设备恢复出厂设置，但之前设置的个性化烧结程序，需要重新设置。

二、烤瓷炉

烤瓷炉是用于制作各种烧结全瓷冠或者烤瓷冠的设备。

（一）主要结构组成

烤瓷炉主要由炉膛内部、真空系统、控制和显示系统、电源和保险等组成（图 4-41、图 4-42），实现程序设定、烧结瓷粉，温度探测等功能。

1. 炉膛内部　结构包括热电偶、烧结盘、烧结台、密封圈、加热器等组成。烧结盘放置于烧结台上，热电偶探测炉膛内部的温度，是温度传感器。压力传感器探测内部的压力，并将压力传递给控制系统。加热元件可用石英玻璃管配合金属丝作为产热体。常用的金属丝或合金丝包括铂丝，镍铬合金丝、铁铬合金丝等。热电偶从机器后部连接深入炉膛内，密封圈使炉膛封闭严密，防止漏气。炉膛和外壳之间填充保温材料。

2. 真空系统　真空系统包括真空泵及相关管路，主要作用是充分排尽炉膛内的空气，保持炉内真空度。烤瓷炉的主机上设置有真空泵的连接口以及电源接口。

3. 控制和显示系统　包括微型计算机（内部）、显示屏、键盘，用于控制发热元件加热、设定程序，控制炉膛的开闭，程序的运行等。显示器用于显示程序运行的状态、实时温度、运行时间等。光学显示系统通过不同的灯光和组合表现提示设备的运行状态。

4. 电源和保险　供给各部件合适的电压，并在电流过大时进行保护。

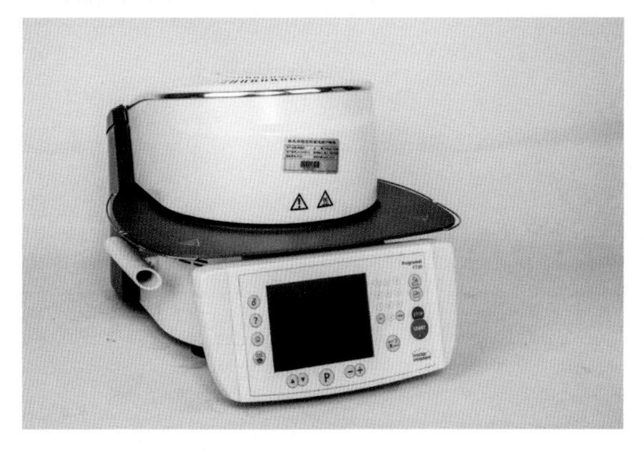

图 4-41　烤瓷炉外观及部件

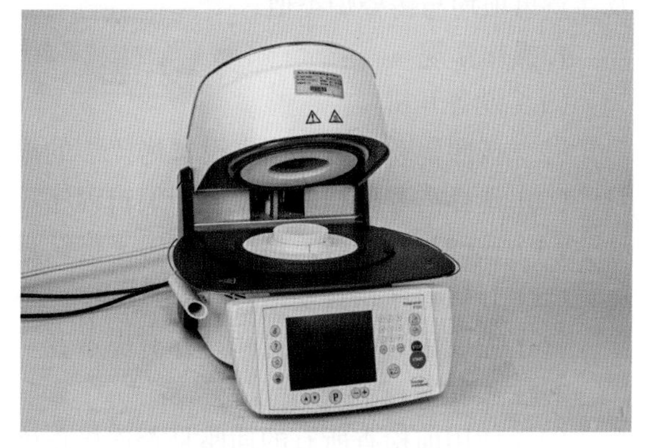

图 4-42　烤瓷炉炉膛

（二）工作原理

临床使用的瓷块熔化温度一般不超过 1200 ℃，烤瓷炉加热的最高温度需要达到 1200℃左右。烤瓷炉的程序设定采用可编程逻辑器件或单片机，是一个小而完善的微型计算机系统，储存有自带的应用程序，并可通过键盘对升温速度、最终温度等进行更改。键盘输入启动信号后，微型计算机系统即通过温度控制电路接通加热元件，温度传感器（热电偶）探测温度，毫伏计将温度转换为相应的电压，电压转换为数字信号后，温控系统接收信号进行温度判断，判断是否需要继续发热，并通过温度控制电路控制加热元件的通断。真空泵对应启动，压力传感器检测炉膛内部的压力信息，送入微型计算机继续处理，判断是否仍需要抽真空。

温度控制电路控制发热元件的接通与断开。时钟电路执行与时间相关的操作，包括时间显示、控制振荡电压的输出频率等。工作状态指示电路指示当前运行的程序状态。

烤瓷炉的工作原理流程如图 4-43 所示。

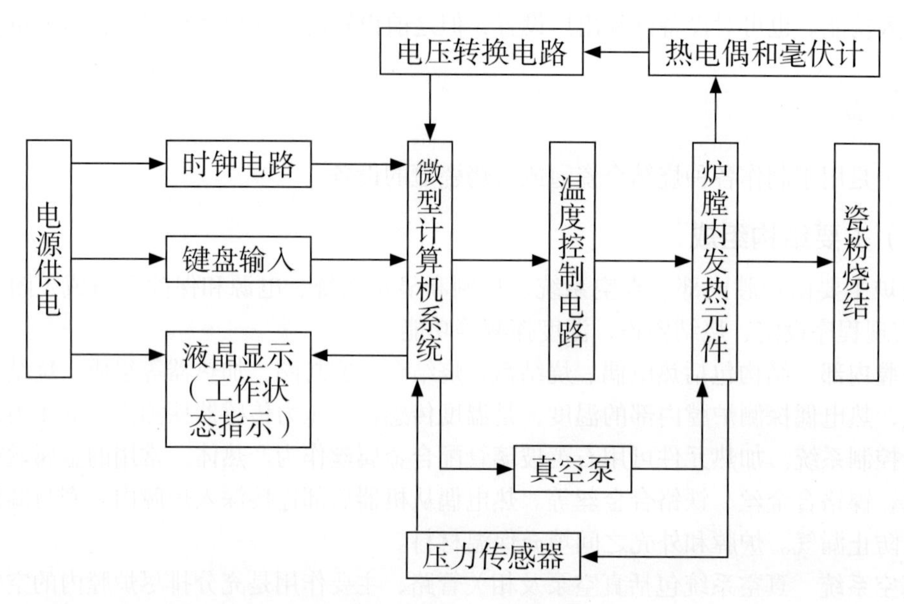

图 4-43　烤瓷炉主要工作原理示意

（三）操作常规及注意事项

烤瓷炉需按照说明书进行操作。由于烤瓷炉高度集成，开机选择合适程序，将待烧结物体放到烧结盘中，启动程序即自动开始执行相应功能。因结构、部件的相似，烤瓷炉的操作常规及注意事项均与铸瓷炉类似。

1. 操作常规

（1）设备开机。

（2）按照瓷粉材料说明书设置烤瓷炉的温度。

（3）选择需要的程序，或重新编辑程序。

（4）按键打开炉盖，将物体放置于烧结盘上。

（5）开始程序，自动运行。

（6）完成后炉盖自动打开，并有提示音。

2. 注意事项

（1）使用前检查所有的插座是否连接正确。

（2）注意烤瓷炉使用的电压范围，使用符合设备要求的电源。

（3）烤瓷炉需放置在防烧付的平面上，与易燃物保持距离。

（4）清洁和维护保养事项需在烤瓷炉冷却之后进行。

（5）清洁前需断开电源。

（6）注意机器的清洁工作，机器冷却后用干净的软布拭擦外壳和密封圈表面；烤瓷完成后用清洁刷清理冷却盘和烧结台。

（7）不要用手触碰热的炉头和炉盖以及烧结盘。

（8）不得用手强行打开炉盖，开关为电动操作。

（9）炉头及通风口处不得放置异物或被异物遮挡。
（10）不得用手触碰炉膛内的加热元件。

（四）日常维护及保养

日常检查和维护保养的频次取决于设备使用的频次和工作习惯。
1. 维护保养前，需切断电源，拔出电源插头。
2. 定时检查所有插座是否连接正确。
3. 检查炉盖打开过程是否有异响。
4. 使用前检查热电偶是否插在正确的位置上。
5. 定期检查隔热材料是否有隐裂和损坏，胚衬里有损坏需及时更换。
6. 定期清洁炉盖和炉膛基座的密封圈。
7. 定期清洁烧结台。
8. 定期检查气体管路内及炉膛内是否有冷凝水，如有需要去除。
9. 定期对烤瓷炉进行抽真空程序校准和温度校准。
10. 每次更换炉头后需要对烤瓷炉重新校正温度。
11. 定期对烤瓷炉进行除湿保养。
12. 定期清洁显示屏及按键。

（五）常见故障及排除方法

烤瓷炉的常见故障及排除方法详见表 4-15。

表 4-15　烤瓷炉常见故障及排除方法

故障现象	可能原因	排除方法
真空泵不能正常工作	真空泵保险丝烧坏	检查真空泵保险丝，如损坏则需要更换
	真空泵连接不正确	将真空泵与设备正确连接
	真空泵与铸瓷炉不匹配	按照铸瓷炉对真空泵功率的要求使用匹配的真空泵
真空度不够	真空管路漏气	检查真空管路
	真空管路有异物	清理异物或更换管路
	真空管路内有水蒸气	运行去湿程序
温度显示不正确	热电偶连接不正确	正确连接
	热电偶损坏	更换热电偶
	热电偶被异物覆盖	清洁热电偶并重新校准温度

（六）典型维修案例

故障现象：设备在操作过程中检测功能时发现烤瓷炉屏幕显示“V2 ≤ V1”，导致设备无法启动。

故障原因：真空开始和结束时的温度设置错误。

维修方法：查看真空开始和结束时的温度设置，其中抽真空结束时的温度 V2 不得低于开始时的温度 V1，修正程序内的温度设置。烤瓷炉恢复正常工作。

（李心雅）

第五节 打磨抛光设备
Denture Polishing Equipment

打磨抛光设备（denture polishing equipment）是口腔修复工艺流程中对修复体形态进行修整和表面处理的设备，通常运用打磨、抛光、切削、喷砂和清洗等方法，使修复体满足各种生理要求及美观要求。本节主要介绍技工用微型电机、喷砂抛光机、电解抛光机、义齿抛光机、蒸汽清洗机、超声清洗机等设备的组成部分、功能、原理及使用。

一、技工用微型电机

技工用微型电机（laboratory handpiece）又称技工用打磨手机，简称微型电机或打磨手机（图 4-44）。它是牙科打磨抛光的重要设备之一，也是技工室基本设备之一。该机具有体积小、转速高、噪声低、转动平稳可靠、携带方便等特点，其功能主要用于修复体的修整、打磨和抛光。

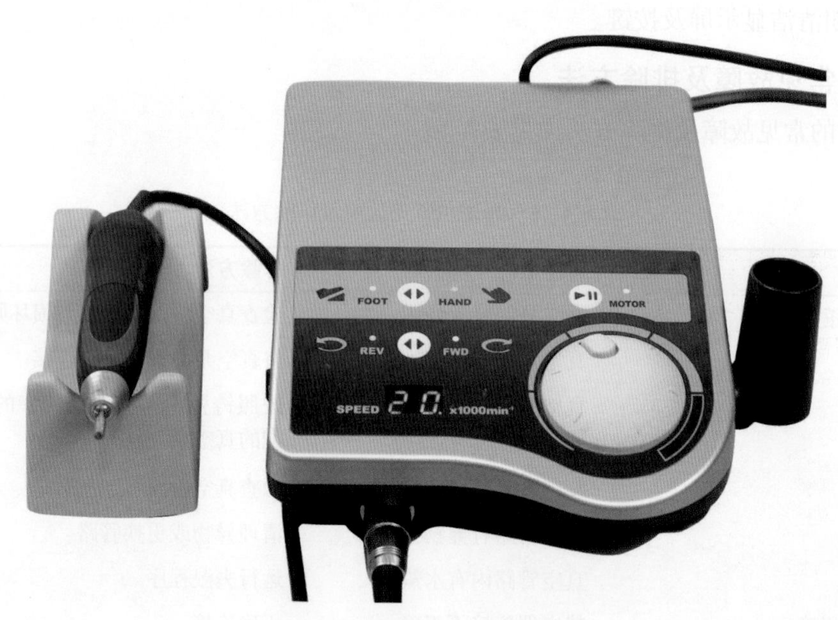

图 4-44 技工用微型电机

（一）结构组成及主要部件功能

1. 结构组成 技工用微型电机主要由微型电动机、打磨手机和电源控制器三部分组成。

2. 主要部件的功能

（1）微型电动机：微型电动机简称电动机，主要由定子和转子组成，分有碳刷和无碳刷两种类型。有碳刷微型电机打磨效率较低、电机易发热、转子惯性大不易制动，不适合长时间打磨和精细打磨。无碳刷微型电机应用广泛，具有电机打磨效率高、不易发热、重量轻、扭矩大、适合长时间打磨和精细打磨等特点。

（2）打磨手机：打磨手机简称手机，主要由主轴、三瓣簧（又称弹簧夹头）、强力弹簧和联轴叉组成。主轴前部轴承内装有弹簧夹头（亦称三瓣簧），它位于打磨手机前部，作用是夹持各种打磨工具；主轴后部装有联轴叉，与微型电动机相连接。

（3）电源控制器：电源控制器是用于控制微型电动机的启动、停止、转速大小和旋转方向。电源控制器由电源控制电路、控制开关和各种功能开关等组成。一般的技工用微型电机都同时设计有手控和脚控两种开关，有时为了特殊需求设计呈腿靠式开关。

（二）工作原理

有碳刷微型电机：电流通过碳刷和整流环，送到线圈上，在磁场的作用下转动。无碳刷微型电机的结构与有碳刷微型电机大致相同，只是取消了碳刷，改由霍尔电路来承担碳刷的作用。

（三）操作常规及注意事项

1. 操作常规　技工用微型电机在使用时通常采用两种方法手持打磨手机，即笔握法（又称执笔法）和掌握法（又称掌拇指法）。其使用见图 4-45。

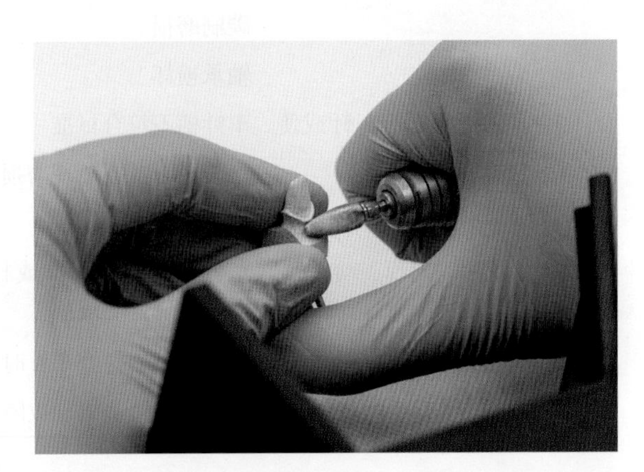

图 4-45　技工用微型电机的使用（掌握法）

（1）根据打磨对象选择打磨工具，打磨工具车针柄粗度应符合国际标准（针柄直径为 2.35 mm）；使用时打磨工具的车针柄要插到三瓣簧的底部，通常车针柄暴露在三瓣簧以外不超过 10 mm。

（2）技工用微型电机在使用前应首先检查机器的旋转方向和转速。旋转方向一般定为正转（打磨工具为顺时针转动）；转速的设定与选择打磨工具的形状、大小和打磨对象有关。打磨开始使用时通常定为低速，对于设有调速旋钮和转速液晶显示屏的微型电机，可直接根据打磨工具和打磨对象设置转速，例如：使用树脂切盘切割铸道时转速设定不超过 11 000 r/min；使用钨钢车针修整修复体形状时转速设定在 30 000 ~ 35 000 r/min；使用橡皮轮进行抛光时转速设定在 8000 ~ 10 000 r/min。

（3）技工用微型电机在使用时要有支点，打磨压力要适中。一般是左手持被打磨件，右手持打磨手机，从身体外侧向身体内侧用力。

2. 注意事项

（1）车针柄不宜暴露过多，否则会引起车针抖动，车针柄若有弯曲应及时更换，否则打磨工具旋转时会引起手机剧烈抖动，影响打磨工件的质量，缩短轴承寿命，甚至对身体造成伤害。

（2）打磨手机在每次使用时都要从低速开始运转，避免在高速状态下启动（通常通过脚闸控制）。

（3）打磨时要注意支点、打磨力度、打磨角度的选择与控制。

（4）技工用微型电机在日常使用时，若出现打磨工具损坏、异常响动、报警提示等现象，应立即停止使用，以免发生危险，待排除故障后方可使用。

（5）操作人员在使用该设备时要佩戴护目镜和帽子。

（四）日常维护及保养

1. 打磨手机不使用时应放置在指定的打磨手机架上，避免摔坏和磕碰。
2. 打磨手机不使用时三瓣簧应夹持一支车针类打磨工具。
3. 打磨手机内三瓣簧要定期进行清理。
4. 有碳刷的打磨机中，碳刷要定期进行更换。

（五）常见故障及排除方法

技工用微型电机常见故障及排除方法见表 4-16。

表 4-16 技工用微型电机常见故障及排除方法

故障现象	可能原因	排除方法
打开电源后打磨手机不转	脚闸、电源插头、电源线等接触不良或发生断路	检查线路
	超负荷运转，机器进入自动保护模式	纠正错误操作方法，重新启动
	碳刷磨损	更换或清理碳刷
	轴承损坏	修理或更换轴承
打磨手机夹不住打磨车针或使用时打磨车针出现松动	车针柄不符合标准	更换车针
	三瓣簧不洁或出现磨损	清理或更换三瓣簧
	轴承损坏	修理或更换轴承
打磨手机使用时出现震动	车针柄不符合标准或打磨车针长期使用后出现偏心现象	更换车针
	使用较大的打磨车针时选择转速较快	调低转速
	轴承或三瓣簧出现故障	修理或更换轴承和三瓣簧

二、喷砂抛光机

喷砂抛光机（sand blaster）简称喷砂机（图 4-46），通常与吸尘设备配套使用。该机主要用于清除口腔修复体铸件表面的残留物，使其达到光洁和清洁的目的（物理抛光）。喷砂机通常分为手动式、自动式和笔式喷砂机三种类型。

图 4-46 喷砂抛光机

（一）结构组成及主要部件功能

1. 结构组成 牙科用喷砂抛光机通常都是干式喷砂机，一般由六个系统，即结构系统、介质动力系统、管路系统、除尘系统、控制系统和辅助系统组成。喷砂抛光机的主要部件包括：滤清器、调压阀、电磁阀、压力表、喷嘴、吸砂管、转篮、定时器和工作仓等。

2. 主要部件的功能

（1）滤清器：滤去压缩空气中的水分、油污和其他杂质等。

（2）调压阀：调整压缩空气的压力供给喷砂工作用，压力调整范围为 0.4 ~ 0.7 MPa。

（3）电磁阀：控制压缩空气的输出。

（4）压力表：又称气压表，指针显示压缩空气的输出压力。

（5）喷嘴：又称喷砂嘴，用于喷砂抛光，压缩空气带动喷砂材料，从喷嘴口高速喷射到铸件表面。

（6）吸砂管：利用压缩空气喷射时产生的负压吸取喷砂材料。

（7）转篮：自动喷砂抛光机设有放置铸件的转篮，转篮在喷嘴下自动转动，保证喷砂能均匀地喷到铸件各个表面。

（8）定时器：自动喷砂抛光机有定时器，可以选择自动抛光时间。

（二）工作原理

喷砂抛光机的工作原理是以压缩空气为动力，其工作压力范围在 0.4 ~ 0.7 MPa，依靠压缩空气带动喷砂材料通过输砂管经喷嘴高速喷出，喷射到铸件表面，达到清洁铸件表面的目的。

（三）操作常规及注意事项

喷砂抛光机外形是一箱体结构，工作仓与外界呈密封状态，防止粉尘外溢，排气口设有过滤布袋，使排出的空气洁净。箱体内工作仓有照明灯，在箱体正面设有可视玻璃窗，可以通过窗口观察工作仓内的喷砂情况。

1. 操作常规　喷砂抛光机在使用时具有较高的压力，因而具有一定的破坏力，需要严格控制喷砂时间、喷砂压力和喷砂距离等，同时还应注意对铸件薄弱区域的保护。对于使用喷砂机过程中产生的噪声与粉尘，应采取必要的防护措施，喷砂抛光机通常与吸尘装置设计呈联动状态，以保证工作环境的清洁。手动型和自动型喷砂机所使用的喷砂材料可循环使用；为了避免对铸件表面的重复污染，笔式喷砂型喷砂材料不做循环使用。喷砂机的具体使用方法如下：

（1）根据需求调整喷砂抛光机的压力表、并检查箱体的封闭程度和吸尘设备。

（2）根据喷砂对象选择喷砂材料和颗粒的粗度（粒度），并检查其数量、洁净度和干燥程度。

（3）根据不同的砂粒、粒度选择不同的喷嘴。喷嘴应是采用高硬度的耐磨材料（硬质合金钢或陶瓷材料）制成的。

（4）手动型喷砂机的喷嘴通常设置在喷砂室的正上方，喷砂时需双手同时伸入喷砂室内，戴橡胶手套后握住铸件，通常选用脚闸控制开关。通过玻璃视窗观察铸件的喷砂效果，随时调整喷砂的位置完成喷砂过程。

（5）自动型喷砂机可以同时对数个铸件进行喷砂。将铸件放入转篮后关闭喷砂室，随即设定喷砂时间，一般不能超过 20 min。喷嘴口一般正对着盛有铸件的转篮，通过转篮的转动完成对铸件表面的喷砂过程。采用此方法喷砂后的铸件其表面通常会有未清除的包埋材料或氧化膜，此时需要再使用手动型喷砂机进行定点清除。

（6）笔式喷砂机通常又分为单笔式、双笔式和多笔式喷砂机。笔式喷砂机属于相对精细的喷砂设备，使用时双手分别同时把持喷砂笔和铸件，可透过视窗口随时观察修复体表面的粗化、抛光，及氧化膜、油脂、杂质的处理、清理过程和程度。

2. 注意事项

（1）根据不同需求选择喷砂抛光机。

（2）根据不同需求选择喷砂压力、喷砂材料及喷嘴。

（3）使用脚闸时避免长时间踩住不放。

（4）合理选择喷砂时间、喷砂距离及喷砂角度，以确保铸件不被破坏。

（5）注意检查喷砂室封闭程度和喷砂抛光机的吸尘效果。

（6）技师在工作时要佩戴工作帽、手套、口罩、护目镜等防护品。

（四）日常维护及保养

1. 定期检查和测试喷砂压力、喷砂室封闭程度及吸尘设备等是否正常。

2. 定期检查喷砂室中喷砂材料是否清洁和干燥、数量是否足量，并清除喷砂材料中大块异物以防堵住吸管或喷嘴。

3. 喷嘴、喷砂材料、喷砂室的视窗玻璃应定期更换。

（五）常见故障及排除方法

喷砂抛光机常见故障及排除方法见表 4-17。

表 4-17 喷砂抛光机常见故障及排除方法

故障现象	可能原因	排除方法
喷砂无力	气压未达到工作范围（低于 0.4 MPa）	调整气压
	喷嘴口变形	更换喷嘴
	喷砂材料过湿或杂质过多	更换喷砂材料
	设备管道漏气	检查各个接口
不能喷砂	气压设备故障	维修气压设备
	吸砂管露出砂面，不能完成吸砂工作	将吸砂管埋入喷砂材料中
	吸砂管中有异物堵住	清理吸砂管

三、电解抛光机

电解抛光机（electrolytic polisher）是利用化学腐蚀原理对金属铸件表面进行电解抛光（又称化学抛光），可提高铸造件的表面光洁度，且不损坏铸造件的几何形状。该机具有效率高、加工时间短、表面光泽度好等优点，是口腔修复工艺重要设备之一（图 4-47）。

图 4-47 电解抛光机

（一）结构组成及主要部件功能

1. 结构组成 电解抛光机主要由电解抛光箱及加温装置、电流调节及时间控制系统组成。主要部件包括电源、电子电路、电解抛光箱等。

2. 主要部件的功能

（1）电源及电子电路：是提供电解抛光时所需的电流并控制抛光时间的部件。电解抛光机的电子电路由整流电路、时间控制电路、电流调节电路及电流输出电路等组成。

1）整流电路：将经过变压器降压后得到的 20 V 交流电，经过整流滤波变成直流电，供后续电路使用。

2）时间控制电路：利用调节电容器充电电流的大小，控制电解抛光时间。

3）电流调节电路及电流输出电路：电流调节电路用于改变抛光电流的大小，调节范围为 0 ~ 25 A；电流输出电路用于调节输出功率，满足抛光时所需电流值。

（2）电解抛光箱：主要由电解槽、电极和控制面板组成。

1）电解槽：用于存放电解液。

2）电极：分为正极和负极，在电解抛光时，将铸件与正极连接并浸入电解液中，负极接电解槽。

3）控制面板：其上装有电流调节旋钮、电流表、时间调节旋钮、电源开关、电源指示灯、关机按钮，以及电解抛光或电镀转换开关。

（二）工作原理

电解抛光机在开通电流后，经电流调节电路和电流输出电路共同提供一定功率的抛光电流值，在电场的作用下，位于正极的铸件表面会形成一定厚度的高阻抗膜，通常凸起部分比凹下部位形成的膜要薄，因此凸起的部分被首先电解。也就是说：在相同的电解条件下，铸件中凸起的部分比凹下的部位被电解速度更快，即被电解程度更高。对口腔修复体中的铸造支架电解时，因其具有复杂、不规则的形状特点，铸件的边缘和末端位置被电解的程度要高于其他部位。

（三）操作常规及注意事项

1. 操作常规　在电解抛光时要将铸件与正极连接并完全没入电解液中，根据铸件的大小合理选择电流的大小并设定抛光时间。电解抛光机可同时电解 1 ~ 2 个铸件。电解抛光机的使用见图 4-48。

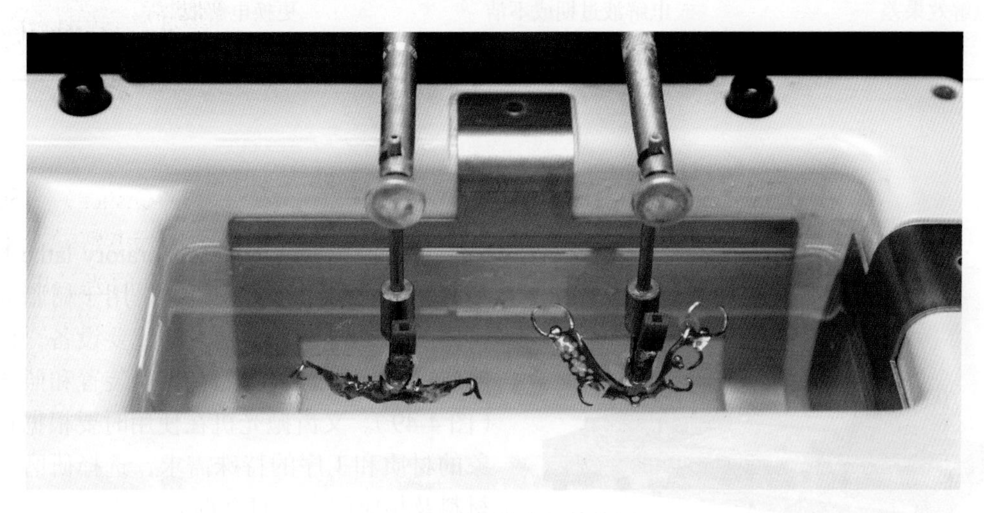

图 4-48　电解抛光机的使用

（1）电解抛光机在使用前，电解液要适当加热至电解所需要的温度。

（2）被抛光的铸件要用不锈钢接线柱挂牢后固定在电解箱中正极的位置，并保证全部没入电解液中。

（3）根据铸件的大小和电解液的性能，调节电流和设定电解抛光时间，一般设定的电流不超过 5 A、设定时间不超过 8 min。为达到铸件良好的电解效果，同时开启电解液搅拌功能，以便铸件表面被均匀电解。

（4）铸件电解后从电解液中取出，要使用清水冲洗干净。

2. 注意事项

（1）根据铸件的大小合理选择电流的大小和设定抛光时间。

（2）电解抛光机中的电解液要定期更换。电解液有强烈的腐蚀性，应避免遗洒及接触皮肤，还应定期检查电解槽有无破裂等现象发生。

（3）电解抛光机在使用时电解液中会生成气泡产生有毒有害气体，应配备空气净化处理和换气设备，使用后的电解液要由专业部门统一收集和处理，不能随意倾倒和处理。

（4）注意铸件与正极的连接是否良好，电源电压要保持稳定，防止电解电流忽大忽小。

（5）铸件必须全部没入电解液中。

（四）日常维护及保养

1. 经常检查电解槽有无破裂等现象。

2. 电解抛光机应放置在单独、通风良好的房间里，或带有气体净化处理装置的封闭场所（柜）内。

（五）常见故障及排除方法

电解抛光机常见故障及排除方法见表4-18。

表4-18 电解抛光机常见故障及排除方法

故障现象	可能原因	排除方法
打开开关后，无电流	线路故障	检查线路
	不锈钢接线柱接触不良	修理或更换接线柱
电流不稳定	不锈钢接线柱接触不良	修理或更换接线柱
铸件电解效果差	电解液过期或不洁	更换电解液
	电解液温度过低或过高	待电解液温度正常

四、义齿抛光机

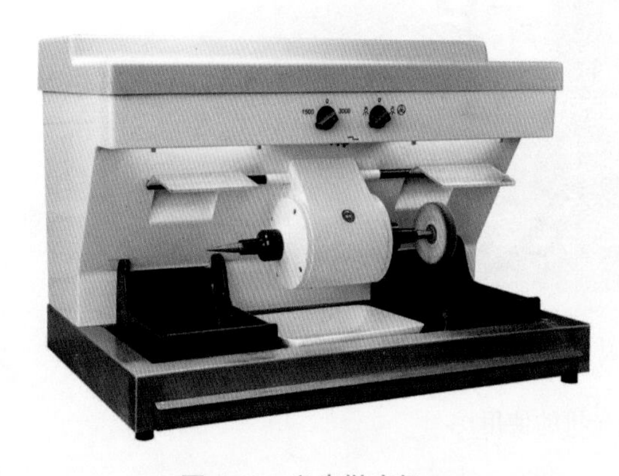

图4-49 义齿抛光机

义齿抛光机（dental laboratory lathe）又称打磨抛光机，简称抛光机，是用于树脂或金属材质的修复体打磨和抛光的重要设备，该机一般体积较大，通常还配有吸尘装置和照明设备（图4-49）。义齿抛光机在使用时要根据打磨对象的材质和工序的特殊需求，选择研磨或抛光材料及相应配套的打磨抛光工具。

（一）结构组成及主要部件功能

1. 结构组成 义齿抛光机主要由动力系统、照明系统和吸尘系统组成。作为抛光机主体的动力系统的电机类型属于双速双伸轴异步电动机，为打磨提供所需的旋转动力。义齿抛光机主要部件包括转子、定子、启动电容器、离心开关和速度转换开关等。

2. 主要部件的功能

（1）转子：在旋转的磁场中被磁力线切割进而产生输出电流。

（2）定子：电动机静止不动的部分，通电后定子线圈产生旋转磁场。

（3）启动电容器：使通过启动绕组的电流滞后于运行绕组，把单相交流电分裂成双相交流电，分别加在两个绕组上。

（4）离心开关：转子得到启动转矩而开始转动，当电动机的转速达到额定转速数值以上时，离心开关断开，启动绕组停止工作，电机启动过程结束。

（5）速度转换开关：以旋转式速度转换开关控制打磨机的转速，分快速和慢速两档，其变速方法采用变极调速。

（二）工作原理

义齿抛光机的双速双伸轴异步电动机工作原理，是利用单相异步电容启动电动机。电动机转子采用的是双伸轴，用于安装各种附件和传递扭矩，增加使用功能。外伸轴两端为圆锥形，便于快速装卸打磨工具。打磨机的转速分快速和慢速两档，其变速方法采用变极调速，由旋转式速度转换开关控制。

（三）操作常规及注意事项

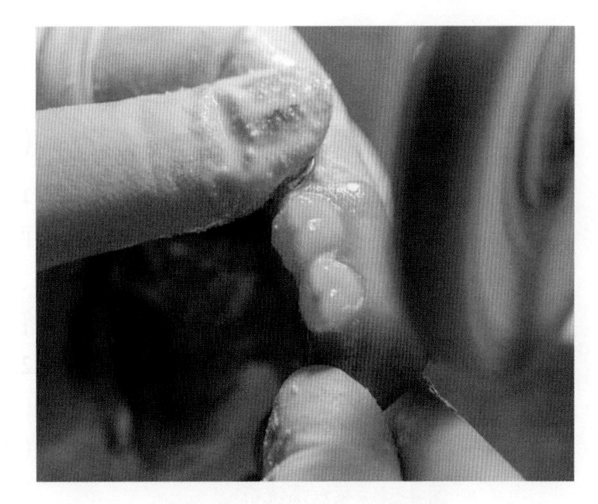

图 4-50　义齿抛光机的使用

1. 操作常规　义齿抛光机的转速分快速和慢速两档，其变速方法采用变极调速，由旋转式速度转换开关控制。根据需要义齿抛光机在使用时要安装打磨抛光用的布轮、毡轮、棕刷、钢刷等研磨或抛光工具。义齿抛光机的使用见图 4-50。

（1）技工用打磨机应放置在平稳牢固的工作台上，电源应采用三孔插座，要有良好的接地保护。

（2）打磨抛光工具通常以顺时针旋转的方式安装到抛光轴上，安装一定要牢固，以免进行打磨抛光操作时因受力而脱落。

（3）根据打磨材质和打磨工序的需要，选择研磨或抛光材料以及相应配套的打磨抛光工具。

（4）打磨抛光时需要双手分别握住修复体的两侧，修复体与打磨工具接触位置，通常是打磨工具靠近身体侧偏下方的 7 点位置。

2. 注意事项

（1）合理选择研磨或抛光材料以及相应配套的打磨抛光工具。

（2）保证修复体与打磨工具正确的接触位置。

（3）当打磨抛光小型或有钩状的修复体时，要注意保护打磨抛光物不被打磨工具缠绕、不丢失、不损坏、手指不受伤。

（4）使用义齿抛光机时需佩戴帽子和护目镜。

（四）日常维护及保养

1. 定期清理吸尘装置、吸尘袋。

2. 要经常擦拭设备表面和玻璃罩，使其保持清洁，同时抛光轴要保持光洁度。

3. 定期检测抛光轴，如有磨损需及时更换。

（五）常见故障及排除方法

义齿抛光机常见故障及排除方法见表 4-19。

表 4-19　义齿抛光机常见故障及排除方法

故障现象	可能原因	排除方法
抛光轴不转、无照明、无吸尘	线路、保险或电子开关电路故障	检查线路、更换保险或电子开关电路
打磨抛光操作时打磨工具易脱落	抛光轴纹路变浅	更换抛光轴
抛光轴晃动或发生丢转现象	轴承损坏	更换轴承或抛光轴
吸尘效果不好	吸尘设备或吸尘袋故障	修理吸尘设备或更换吸尘袋

五、蒸汽清洗机

蒸汽清洗机（steam cleaner）又称热蒸汽清洗机，是用于清洗附着于模型、口腔修复体和其

图 4-51　蒸汽清洗机

他待清洗物表面的残渣、印记、少量蜡质和油脂等的专用设备（图 4-51）。

（一）结构组成及主要部件功能

1. 结构组成　蒸汽清洗机主要由蒸汽机主机和水容器两部分组成，主要电子部件和配件包括电源、控制器、加热器、电磁阀、压力表、喷枪、水容器和耐高温管等。有的蒸汽清洗机还设计有自动补水装置。

2. 主要部件的功能

（1）控制器：控制加热过程。

（2）加热器：加热水容器中的蒸馏水。

（3）电磁阀：控制热蒸汽的输出。

（4）压力表：显示水容器中内部压力。

（5）喷枪：喷枪设有手动开关，通过耐高温管与蒸汽机主机相连。

（6）水容器：容纳蒸馏水的不锈钢加热容器，容积通常为 3 ~ 5 L。

（7）耐高温管：连接喷枪与蒸汽机主机。

（二）工作原理

蒸汽清洗机的工作原理见图 4-52。

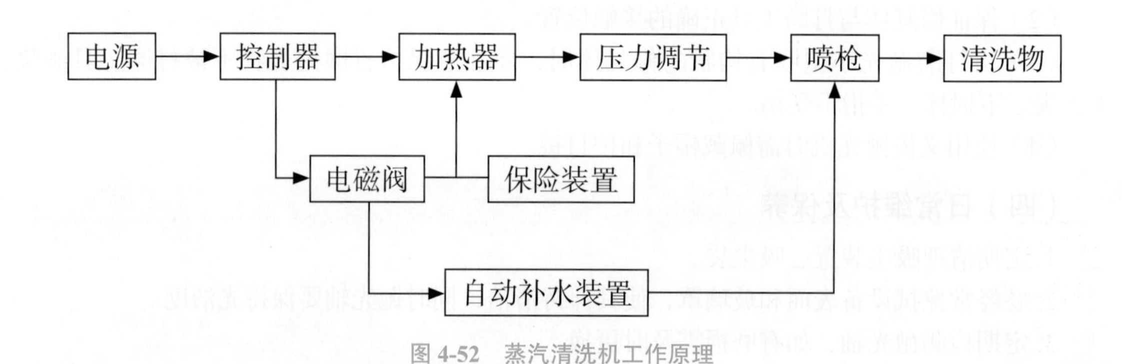

图 4-52　蒸汽清洗机工作原理

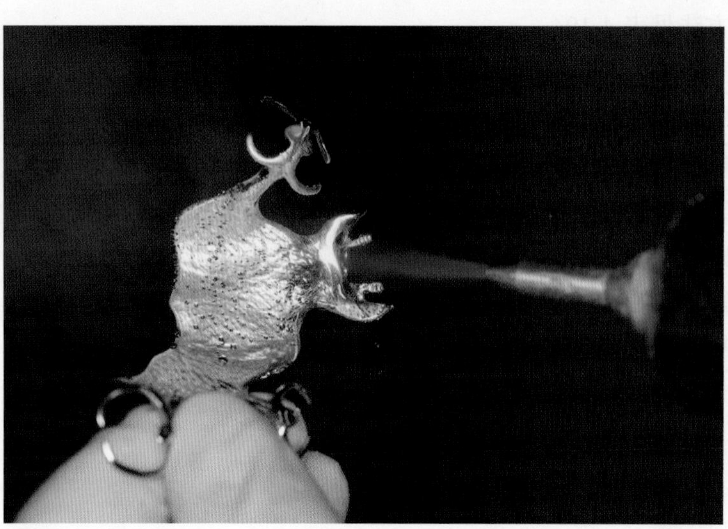

图 4-53　蒸汽清洗机的使用

（三）操作常规及注意事项

1. 操作常规　蒸汽清洗机通过控制器、加热器等装置完成对水容器中的蒸馏水或软化水的加热和控温过程。蒸汽清洗机的预设温度一般为 150 ~ 160 ℃，然后通过调压装置进行压力设定（不超过 0.6 MPa），最后热蒸汽再通过喷枪喷射到待清洗物表面达到清洁目的。蒸汽清洗机的使用见图 4-53。

（1）按水容器内部注水标志线的高度添加蒸馏水或软化水。

（2）关闭水箱盖、打开设备主开关，加热指示灯变亮，加热程序自动开始。

（3）待加热程序结束、加热指示灯变暗后，设备方可使用。整个加热过程大约需要 20 min。

（4）按要求调节压力开关；启动喷枪开关时需要一只手握住固定待清洗物的夹持器（通常为持针器，要确保固定好待清洗物），另一只手握住喷枪口并对准待清洗物（保持安全距离）。从喷枪口释放出的热蒸汽喷射到待清洗物表面，达到清洁的目的。

（5）当蒸汽清洗机显示缺水时，要停止使用设备，关机后待水容器中压力显示为安全数值时（或呈冷却状态时）再进行加水和加热。

2. 注意事项

（1）每次开机前先检查水容器内水位高度。

（2）水容器内按规定添加蒸馏水或软化水，注水量不能超过注水标志线。

（3）按要求调节压力开关，喷枪口与待清洗物保持安全距离，并防止烫伤。

（4）当蒸汽清洗机处于加热及升压状态时不能打开水箱盖。

（5）当蒸汽清洗机显示缺水时，先关机。待水容器中压力显示为安全数值时（或呈冷却状态时），方可打开水箱盖进行加水。

（四）日常维护及保养

1. 随时检查水位高度。
2. 定期检查水容器加热情况，有无结垢现象。
3. 定期检查耐高温管、喷枪、喷枪口、手动开关有无漏气、结垢等现象。

（五）常见故障及排除方法

蒸汽清洗机常见故障及排除方法见表 4-20。

表 4-20　蒸汽清洗机常见故障及排除方法

故障现象	可能原因	排除方法
喷枪漏水	电磁阀有异物	更换电磁阀
	喷枪损坏	更换喷枪
喷枪口喷汽不畅	喷枪口损坏	更换喷枪
	喷枪口有水垢	清理喷枪口水垢
	蒸汽压力不足	检查水位或温度
加热指示灯不亮、水容器不加热	指示灯损坏	更换指示灯
	水位偏低	加蒸馏水或软化水
	电磁阀损坏	更换电磁阀
	线路、电路板有故障	维修线路或电路板
	水容器或加热管损坏	更换加热管

六、超声清洗机

超声清洗机（ultrasonic cleaner）即超声波清洗机，又称超声振荡器，是利用超声波空化冲击效应，对小型器械、口腔修复体，特别是具有复杂几何图形的义齿及部件表面污物层进行分散、剥离和乳化等处理，从而达到清洗目的的设备（图 4-54）。

图 4-54 超声清洗机

（一）结构组成及主要部件功能

1. 结构组成 超声清洗机主要由清洗槽、换能器和电源三部分组成。

2. 主要部件的功能

（1）清洗槽：由不锈钢材质制成，用于盛放清洗液和清洗物。有的清洗槽还具有加热功能。

（2）换能器：是一种能量转换器件，可以将输入的电功率转换成机械功率（即超声波）传播到电解槽中，而其自身只消耗很少的一部分功率。

（3）电源：是超声清洗机中非常重要的一部分，可保证超声波清洗机的顺利开启、为换能器提供所需电能保证其产生超声波。

（二）工作原理

超声清洗机主要利用超声波空化冲击效应（空化作用）对小型器械和口腔修复体进行清洗。空化作用是指存在于液体中的微气核空化泡在声波的作用下振动，当声压达到一定值时发生的生长和崩溃的动力学过程。超声清洗是利用超声波在液体中的空化作用使清洗物表面污物层被分散、乳化、剥离而达到清洗目的。超声清洗属于物理清洗，其本身为绿色清洗无污染，若在清洗液中添加适合的清洗剂则属于组合清洗，具有更好的清洗效果。

（三）操作常规及注意事项

1. 操作常规 超声清洗机的主要功能是对被清洗物产生冲击和乳化作用，以达到清洗目的。主要用于小型器械和口腔修复体的清洗，可清洗范围包括：修复体或小型器械上的残渣、污垢、印记、油脂等杂质。超声清洗机通常设有定时和振荡程度控制开关，被清洗的物品要没于清洗槽的液体中，清洗时可根据具体情况选择蒸馏水、清洗液或其他替代液体。通常超声清洗机具有加热功能（设置溶液温度一般不超过 45 ℃），可使清洁效果更佳。

（1）将装有被清洗物的篮筐或小桶放入清洗槽中。

（2）打开开关，根据需要调整振荡强度和设定清洗时间。

2. 注意事项

（1）清洗槽中的清洗液要保持清洁。

（2）根据被清洗物品的具体情况选择清洗液。

（3）清洗前要检查清洗液是否位于清洗槽的建议水位线范围内，清洗液不宜过满或过少。

（4）不能使用易燃的溶液及发泡洗涤剂。酶会伤害人体皮肤和其他组织，使用时要做好防护措施。

（5）小型物品必须装在篮筐中进行清洗。
（6）清洗液更换时应通过排水管排出，不要将设备倾斜。
（7）清洗时间不宜过长。
（8）超声清洗机使用过程中会产生噪声，建议放置在单独房间中。

（四）日常维护及保养

1. 定期清洗清洗槽和更换清洗液体。
2. 定期检查清洗槽是否有裂纹。

（五）常见故障及排除方法

超声清洗机常见故障及排除方法见表4-21。

表4-21 超声清洗机常见故障及排除方法

故障现象	可能原因	排除方法
没有超声振荡	线路、保险或电子开关电路故障、超声波发生器老化	检查线路、更换电子开关电路或超声波发生器
清洗效果欠佳	设定时间过短	重新设定时间
	振荡强度过小	重新设定振荡强度
	选择清洗液不正确或清洗液不洁	重新更换清洗液

第六节 焊接设备
Welding Equipment

焊接设备（welding equipment）是口腔修复工艺流程中不可或缺的辅助性义齿加工设备，根据不同种类焊接设备的特点，可将同种或不同种金属部件焊接在一起，具有降低义齿制作工艺难度和技师劳动强度、弥补铸造缺陷等优点。本节主要介绍口腔科点焊机与激光焊接机设备的组成部分、功能、原理及使用。

一、口腔科点焊机

口腔科点焊机（dental spot welder）简称点焊机，适用于金属材料间的焊接，主要是利用电流通过金属时产生的电阻热来进行熔焊，常应用于修复体中卡环、支托、支架及各类正畸矫正器中金属件之间的焊接（图4-55）。

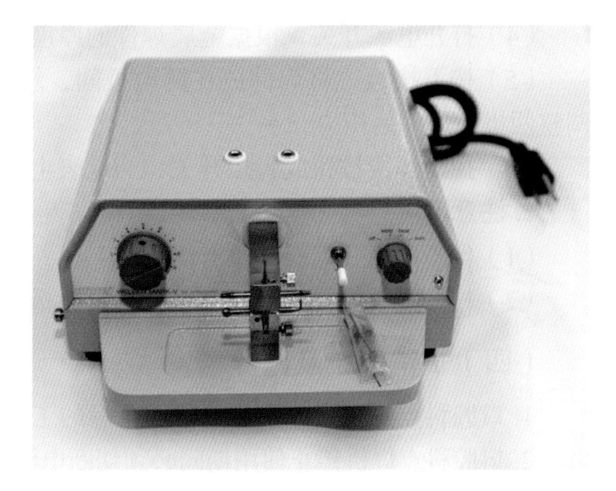

图4-55 口腔科点焊机

（一）结构组成及主要部件功能

1. 结构组成 口腔科点焊机外观为呈箱形体，主要结构由点焊电极、控制开关、焊接电路组成；主要部件包括点焊电极、电极座、电压调节旋钮、控制开关、调节螺母和焊接电路等。

2. 主要部件的功能

（1）点焊电极：简称电极，又称电极棒。两个点焊电极组成一对电极组，分别接在两个电极座上。点焊机通常有四对电极，适用于不同形状的金属焊件。

（2）电极座：用于安装和调整电极的角度，两组电极座互相垂直，并可以在水平和垂直方向自由旋转定位。

（3）电压调节旋钮：用于调整焊接时的电压，所需电压值通常与金属的厚度相关。

（4）控制开关：控制激光发生器的启动和停止。

（5）调节螺母：调整电极与焊件的距离和机械压力。

（6）焊接电路：主要由可控硅调压器、储能电容及电子电路组成。

（二）工作原理

口腔科点焊机的点焊属于电阻焊类型，是利用电流通过金属时产生的电阻热来进行熔焊，通过调节电压值和机械压力从而达到焊接不同金属焊件的目的。主要过程是：先通过电极在焊件的局部先加压再通电，焊件内电阻和接触电阻发热，当金属表面局部熔化后立即断电、进行冷却凝固形成焊点，最后除去压力完成金属间的焊接。口腔科点焊机的工作原理见图 4-56。

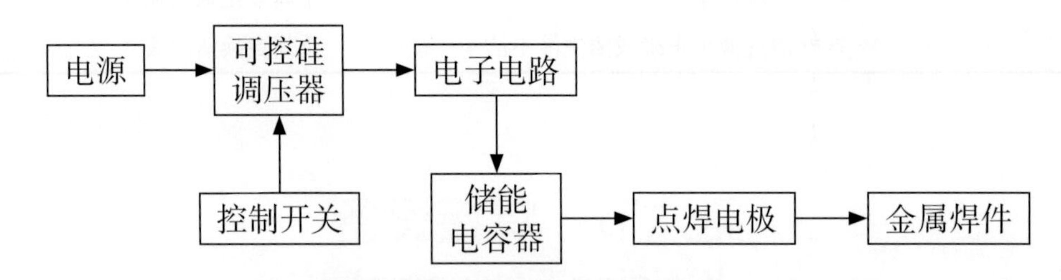

图 4-56 口腔科点焊机的工作原理

（三）操作常规及注意事项

1. 操作常规

（1）首先检查电源是否符合设备要求的电压。

（2）根据金属焊件的形状选择电极。

（3）检查电极是否完好，确保电极、焊接面没有氧化膜，如有氧化现象可用细砂纸将电极磨光，保证焊接时接触良好。

（4）打开电源开关，根据金属焊件的厚度，选择和调节焊接电压值。

（5）按下按板，将焊件放在两电极间，缓慢松开按板，使上下电极压紧焊件，同时注意调整两极对焊件的压力。

（6）控制焊接按钮或脚控开关，当电表上的数值降至“0”时焊接完成。

2. 注意事项

（1）保障电极和焊接面没有氧化膜

（2）根据金属焊件的形状和厚度选择电极和电压值。

（四）日常维护及保养

1. 口腔科点焊机应放置在平稳、干燥的工作台上，要经常保持设备清洁。

2. 口腔科点焊机停止使用期间必须切断电源，并将电极转至非定位位置，避免电极损坏。

3. 在检修设备时，应先将储能电容放电，避免触电。

（五）常见故障及排除方法

口腔科点焊机常见故障及排除方法见表 4-22。

表 4-22　口腔科点焊机常见故障及排除方法

故障现象	可能原因	排除方法
打开开关后，指示灯不亮	线路故障	检查线路
	灯泡损坏	更换灯泡
接通电源后，设备不工作	焊接按钮接触不良，有氧化膜	更换按钮或清除氧化膜
	脚控开关接触不良	更换脚控开关或清除氧化膜
	储能电容损坏	更换电容或元器件

二、口腔科激光焊接机

口腔科激光焊接机（dental laser welding machine）简称焊接机（图 4-57），是现代口腔制作室的必备设备之一，主要用于贵金属、非贵金属、纯钛及钛合金间的焊接，在固定义齿、可摘义齿、精密附着体义齿、种植义齿等的制作和修理中应用广泛。激光焊接机的焊接不同于传统焊接方式，该设备的应用有利于提高义齿的适合性，更节约材料，降低义齿制作成本，有利于环保。在进行纯钛或钛合金修复体焊接时需接入氩气，防止修复体氧化。

图 4-57　口腔科激光焊接机

（一）结构组成及主要部件功能

1. 结构组成　激光焊接机主要由脉冲激光电源、激光发生器、工作室以及控制和显示系统四部分组成。主要配件包括：脉冲激光电源、激光棒、光泵光源、光学谐振腔、显示屏、放大目视镜、激光发射头等。

2. 主要部件的功能

（1）脉冲激光电源：具有单一或连续脉冲两种形式，为氙灯和激光发生器提供电源。目前常用最大脉冲能量为 40 ~ 50 J，脉冲宽度为 0.5 ~ 20 ms。

（2）激光发生器：由闪光管、光泵光源、光学谐振腔和冷却系统组成。

1）闪光管：常用的晶体棒为 Nd：YAG 晶体，波长为 1064 nm（红外区）。

2）光泵光源：脉冲氙灯作为光源将绝大部分电能转变成光辐射能，一小部分电能转变成热能。

3）光学谐振腔：可控制输出激光束的形式和能量。

4）冷却系统：常用封闭的冷却循环水，以降低光源和谐振腔内温度。

（3）工作室：由固定架、放大目视镜、激光发射头以及真空排气系统或氩气保护装置等组成。

（4）控制和显示系统：根据焊接合金种类和焊接面的面积选择焊接功率、焦点直径、脉冲时间、激光频率等。

（二）工作原理

口腔科激光焊接机通电后，脉冲激光电源工作使脉冲氙灯放电，激光发生器产生脉冲，激发激光棒发出激光，再通过光学谐振腔谐振后输出激光。该激光在导光系统和控制系统作用下，以一定能量、频率、焦点直径聚焦于焊点上，熔融附近合金和焊金而完成焊接。口腔科激光焊接机的工作原理见图 4-58。

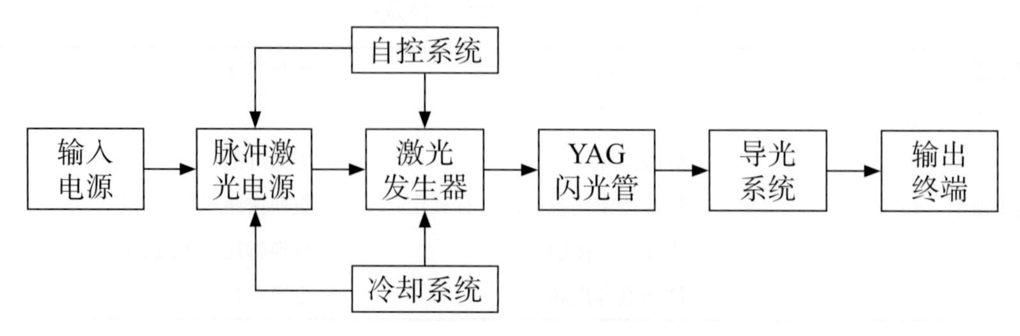

图 4-58 口腔科激光焊接机的工作原理

（三）操作常规及注意事项

1. 操作常规

（1）接通电源，设备使用前需要预热 5 min，并打开氩气保护装置。

（2）根据焊接合金种类和焊接面的面积预设程序，例如：选择焊接功率、焦点直径、脉冲时间、激光频率等。

（3）将焊件放入工作室内。

（4）调整目视镜焦距等，通过目视镜直视焊件。

（5）根据激光发射头的位置，调整焊接面位置，按下触发开关开始焊接。

2. 注意事项

（1）仪器应接地线，工作时不能打开机箱，以免触电。

（2）设备使用前需要预热，焊接时需要氩气保护。

（3）直视放大镜应保持干净，若无自动护眼装置应戴激光防护镜。

（4）氩气喷嘴应对准焊点。

（5）避免设备短时间内多次开关机。

（6）设备关机前，需等待冷却扇至少停止工作 5 min。

（四）日常维护及保养

1. 定期检查冷却系统或真空排气系统工作是否正常。
2. 定期更换冷却液（等离子水或蒸馏水）。
3. 每次工作后工作室内应清洁干净。

（五）常见故障及排除方法

口腔科激光焊接机常见故障及排除方法，见表 4-23。

表 4-23 口腔科激光焊接机常见故障及排除方法

故障现象	可能原因	排除方法
设备突然停止工作	冷却泵损坏	更换冷却泵
	冷却液水位过低	更换或添加冷却液
	冷却水滤芯损坏	更换冷却水滤芯
	激光发生器损坏	更换激光发生器

续表

故障现象	可能原因	排除方法
激光焊接功率值下降	闪光管损坏	更换闪光管
	激光反光板损坏	更换激光反光板

（王　兵）

第七节　数字化印模制取、设计及加工设备（CAD/CAM 设备）

Digital Impression Making, Designing and Processing Equipment

传统口腔修复工艺技术一般需要凭借技师的知识和经验进行手工制作，效率较低，且容易受到技师技术水平的影响，使得口腔修复体质量稳定性不易保证。自 20 世纪 80 年代起，随着工业化及数字化的发展与普及，精确的数字化设计和质量精度可控的工业化数控制造逐步在口腔医学领域中得到广泛应用。

1983 年，法国牙医 Francois Duret 研发出世界上第一台牙科 CAD/CAM 样机（计算机辅助设计：computer aided design，CAD；计算机辅助制造：computer aided manufacturing，CAM），开启了义齿数字化印模制取、设计及加工的先河。口腔修复数字化流程主要由口腔软硬组织三维数据获取、修复体设计、修复体加工制作三部分组成（图 4-59）。口腔数据获取主要包括面部三维扫描、CT 或 CBCT、口内三维扫描、模型三维扫描和照片视频等；修复体设计包括修复体形态设计、咬合关系设计、邻接关系设计和种植方案设计等；修复体加工制作主要包括减材制造和增材制造。与传统工艺相比，数字化技术制作的修复体，具有精度更高、材料性能更优、尺寸稳定性更好的特点，特别是全口或可摘局部义齿等大件修复体的加工制作，可以获得更好的尺寸稳定性和更好的修复体被动就位。

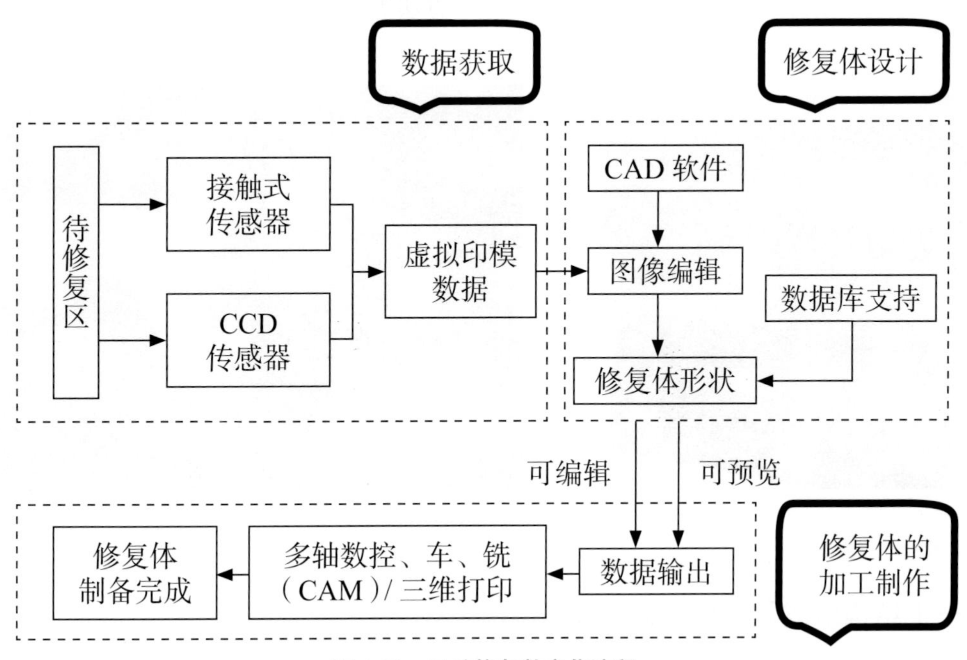

图 4-59　口腔修复数字化流程

本节主要介绍数字化印模制取、设计及加工过程中几类典型的设备：牙颌模型扫描仪、口内扫描仪、口腔用数控加工设备和三维打印机。

一、牙颌模型扫描仪

牙颌模型扫描仪（dental cast scanner）又称台式扫描仪（desktop scanner）或口外扫描仪，是数字化印模制取、设计及加工过程中的重要设备之一，主要用于牙颌模型、技工代型、印模、咬合关系模型等的三维扫描及建模。另外，牙颌模型扫描仪可以将正畸患者不同阶段牙颌模型中牙、牙弓、腭及基骨形态位置等信息电子化，一方面为错殆畸形诊断和矫治设计提供依据，用于观察不同治疗阶段矫治进展情况；另一方面也可进行模型保存、提取、分析、输出、网上传送等操作。

牙颌模型扫描仪配合扫描软件可以对石膏模型、藻酸盐印模和硅橡胶印模等进行数字化扫描，间接获取牙颌形态数字三维数据，具有不受唾液、血液和软组织的影响、便于操作和保证印模清晰准确的优点，可由口腔技师完成。根据扫描后获取的数字三维信息，进行计算机辅助设计制作修复体。

牙颌模型扫描仪主要有接触式扫描（图4-60）和非接触式扫描（图4-61）两种。早期的牙颌模型扫描仪主要是接触式扫描，以20世纪90年代Procera的“reader”扫描仪为代表，其具备很好的精度，但扫描效率较低，目前已不再普遍使用。目前应用广泛的非接触式牙颌模型扫描仪大多为光学扫描仪。有的光学扫描仪可以同时对两个模型进行扫描，并在后台高速生成高分辨率的数字化印模。光学扫描仪提高了扫描的精度、速度及适用范围。下面以光学扫描仪为例介绍牙颌模型扫描仪组成结构、工作原理、操作方法等。

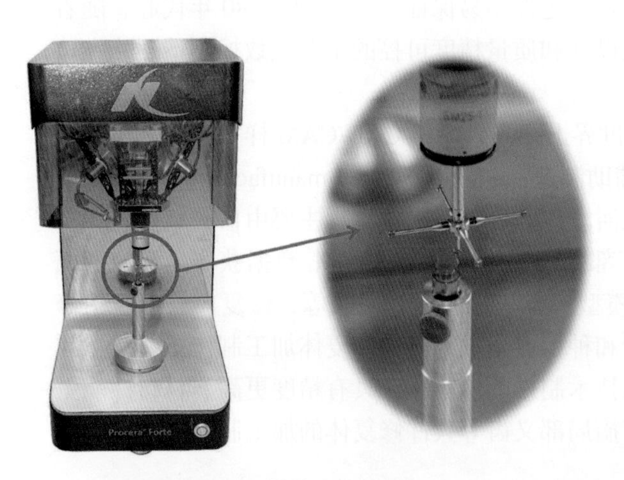

图 4-60 接触式扫描仪

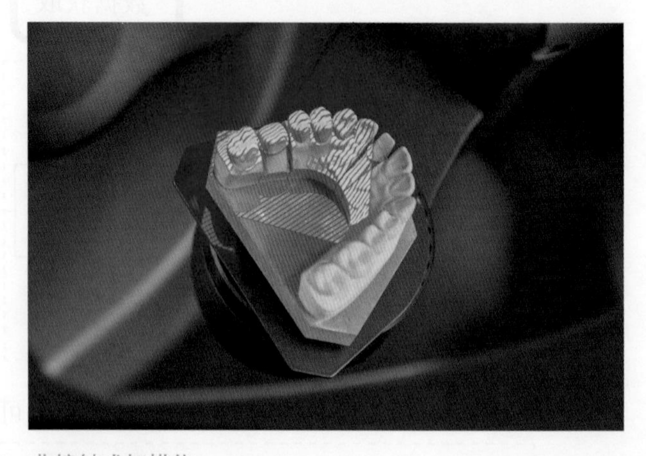

图 4-61 非接触式扫描仪

（一）结构组成及主要部件功能

1. 结构组成 牙颌模型扫描仪主要由扫描仪主机、配套软件、计算机三部分组成。

2. 主要部件的功能

（1）扫描仪主机：主要包括箱体、3D 传感器、扫描底座、校准工具等。

1）3D 传感器：包括发射装置和接收镜头。发射装置包括光源和光栅元器件。光源发出光经过光栅调制后，在物体表面的每一点都形成入射光，其反射的光线立即由接收镜头（CCD）接收，经模数转换器转换后形成计算机可处理的信息。

2）扫描底座：位于扫描仪箱体内部，用于放置并固定待扫描模型，通常用固定泥粘接或者专用固定工具固定。在扫描时模型可随底座做往复运动。

3）校准工具：用于扫描仪初次使用及搬动后的扫描校准，配合扫描软件使用，用于确定扫描仪扫描中心及工作范围。根据放置校准工具扫描后确定的位置及中心放置待扫描模型，以防止偏离扫描中心或者信息采集不全。建议定期进行校准。

（2）配套软件：牙颌模型扫描仪的扫描软件安装在扫描仪配备的计算机中，可通过扫描软件设定扫描仪的触发方式，并对扫描后获得的数据进行基本的处理和显示、测量等操作。若需要对各种义齿、修复体上部结构、种植导板等特殊需求进行设计，还需要安装使用口腔专业设计软件。

（3）计算机：扫描软件及专业计算机辅助设计软件安装在此计算机中。扫描仪可通过 USB 等接口与计算机连接。计算机的性能和配置要满足扫描仪的需要，尽可能具备足够大的内存和硬盘存储空间。

（二）工作原理

非接触式扫描仪主要是基于光学、声学、磁学等领域中的反射 - 接收等基本原理，将时间、距离等物理量通过各种算法转换为物体的空间坐标信息。非接触式扫描大多采用光学三角法原理进行测位（图 4-62）。发射装置发射激光或者光带到目标物表面，经过目标物反射，传感器接收反射回的光信号，通过感光元件将光信号转变为电信号，经过后台软件的计算处理，生成数字化印模或模型图像。牙颌模型扫描仪的精度和目标物的透光性、表面反光性、扫描仪硬件的灵敏度、感光软件的数目和软件计算方法等都具有相关性。

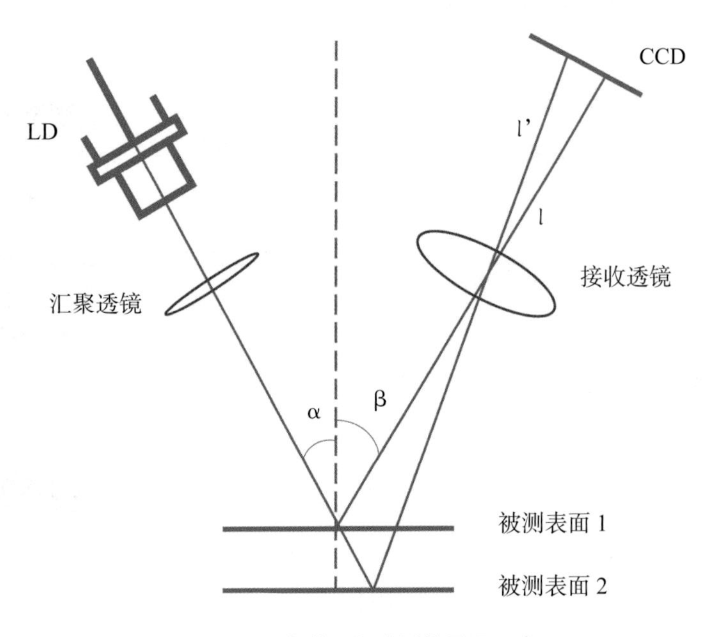

图 4-62　光学三角法测位原理示意

（三）操作常规及注意事项

1. 操作常规

（1）开机。打开扫描仪电源开关、电脑主机开关，必要时插入加密电子狗。

（2）运行系统，初步信息编制。输入患者信息、操作者信息；义齿类型设定，视不同牙颌模型扫描仪而异，选择可扫描的修复体范围，例如单一修复体、多个同类型牙位，邻侧牙位等；扫描模式设定，是否带𬌗架、单颌或对颌模型等。

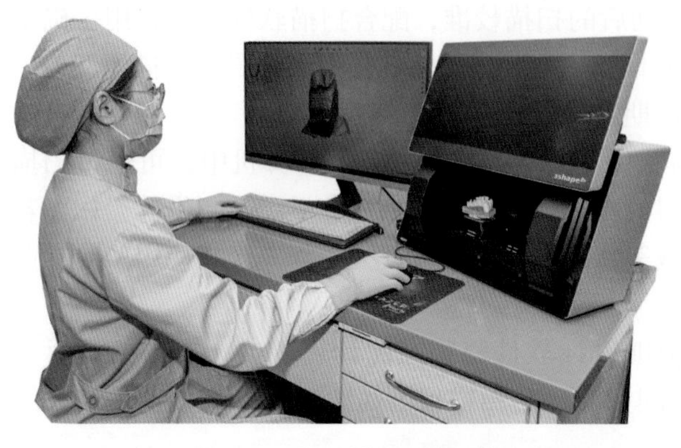

图 4-63　牙颌模型三维扫描

（3）模型扫描。按照说明书放置模型，通过橡皮泥或专用工具将模型固定于扫描底座上，根据不同的扫描类型在软件中设置各种扫描参数，例如扫描高度、肩颈线高度等，圈定扫描范围，设置好之后运行扫描仪（图 4-63）。

（4）生成扫描数据。若扫描数据有空洞则进行补扫，根据需要进行初扫、精扫、上下颌配准等操作后，生成模型点云数据。

（5）对点云数据进行处理，利用专业计算机辅助设计软件进行相应设计。

2. 注意事项　牙颌模型扫描仪需平稳放置，避免强光直射；扫描仪顶部不得放置任何物体；模型的高度不得超过对应扫描仪的限高；模型需充分干燥且无反光、无碎屑；扫描过程中不要打开扫描舱门；按照说明书步骤操作。

（四）日常维护及保养

1. 每日扫描仪开始使用前进行扫描仪的校准，并确认设备放置平稳，电源、温度和湿度符合扫描仪使用要求。

2. 每日工作结束后，对扫描仪工作舱区域进行清洁。

3. 需定期对扫描仪机械传动部分，如丝杠、轴承等部件进行润滑。

4. 及时更新软件版本。

（五）常见故障及排除方法

牙颌模型扫描仪常见故障及排除方法详见表 4-24。

表 4-24　牙颌模型扫描仪常见故障及排除方法

故障现象	可能原因	排除方法
无法启动扫描	扫描舱门没有密闭	检查扫描舱门是否密闭
扫描仪运转不正常	软件运行问题	关闭扫描仪主开关后，再打开舱门检查，重新启动扫描仪及扫描软件

二、口内扫描仪

口内扫描仪（intraoral scanner）又称光学印模（图 4-64），通过直接扫描患者口腔，配合相应的软件，就可以获取口内及牙颌的三维数字形态。口内扫描仪多作为椅旁口腔修复 CAD/CAM 系统的重要组成部分，能实时显示预备体细节及咬合空间预备量，便于医师精细调整。

另外，在口腔种植领域，可以将口内扫描数据与头颅 CBCT 数据相拟合，在种植治疗前设计最佳方案，并制作相应种植导板指导种植体精准植入；在口腔正畸领域，口内扫描数据与 CBCT 数据整合，可用于隐形矫治器的制作。

口内扫描仪的应用颠覆了临床制取印模、翻制石膏模型的传统操作流程，无需石膏模型和技工室辅助，省却了大量繁琐的传统步骤，同时降低了材料和人工的消耗，简化了临床操作流程。同传统印模相比，可以克服托盘选择不合适、印模材脱模、印模材变形等问题，而且不需要进行模型的灌制和存储；缺点则是需要有更好的排龈，以完全暴露边缘。传统方法取模，印模材可以流入龈沟，制取清晰边缘，而口内扫描需要完全暴露边缘，至少要裸眼清晰可以辨认，不能被游离龈遮挡。

目前世界上已有 20 余种口内扫描仪系统，工作流程基本相似，区别主要在于数据的获取技术。代表性口内扫描技术和口内扫描仪包括：激活波前采样技术，以 3M True Definition 为代表；共聚焦成像技术，以 iTero 为代表；三角光束投照技术，以 Cerec 系统为代表；光学相干层析成像技术，以 E4D 系统为代表。其中光学相干层析成像技术可以进行穿透牙龈的扫描，不再需要进行排龈的操作。此外，高频超声技术也有望被应用于口内扫描。口内扫描仪总的发展趋势是更小尺寸、更高精度、更高效率。

图 4-64　口内扫描仪

（一）结构组成及主要部件功能

1. 结构组成　口内扫描仪通常由主机、口内相机（又称扫描手柄）、显示屏等部分组成。

2. 主要部件的功能　口内扫描仪的主机承担着影像数据处理、存储和信息交互等功能。口内相机是用于实时采集牙齿三维几何数据的手持式高速视频相机。显示屏用于显示采集到的三维几何模型；有的触摸显示屏可以实现用户与系统软件的交互，比如输入患者信息、诊断数据等。

（二）工作原理

口内扫描仪获取数字印模包括扫描获取局部图像数据及图像数据融合重建两个过程。目前，不同口内扫描系统采用的光源为激光或可见光，扫描原理主要有三角测量法、动态波前采样法、超快光学分割法及激光平行共聚焦法等；扫描图像重建方法有逐帧扫描拼接重建法及动态摄影扫描实时重建法。

口内扫描仪需要配合扫描软件使用。可通过扫描软件设定扫描仪的触发方式，并对扫描后获得的数据进行基本的处理和显示、测量等操作。扫描仪输出的数据类型为点云数据，是通过扫描仪获取的具有待扫描物体空间信息的点数据合集。

（三）操作常规及注意事项

1. 操作常规（以全冠修复为例） 口内扫描操作通常分为两种，一种需配合口腔科光学喷粉进行口内扫描，另一种则无需喷粉。

（1）按修复体牙体预备原则完成备牙。

（2）扫描前准备，接通电源，显示器开机。

（3）打开口内相机的电源按钮，待扫描头预热后即可开始扫描。

（4）明确扫描范围；在牙体上均匀地喷涂一层喷粉（若需要）。

（5）将口内相机的探头部分伸入患者口内并定位于待扫描区域的上方；按下扫描启动按钮，系统开始三维扫描并在软件界面中部出现实时三维数据模型；缓慢连续移动相机扫描，直至所有需要扫描区域的三维数据完成采集。

（6）扫描完成后，关闭相机电源，系统结束实时扫描并对已采集的数据进行后处理；后处理完成后生成完整的高清三维模型，用户可通过缩放、平移、旋转等方式查看扫描的三维模型。

2. 注意事项

（1）扫描时需按要求制备牙体才可获得良好的成像效果。

（2）喷粉均匀（如需要）。

（3）扫描时关闭手术灯。

（4）扫描时动作连贯，操作稳定，尽量保证预备体肩台及以上区域数据完整，邻牙的邻接触区数据完整。

（5）移动或运输设备后，出现取像效果重影或不清晰等情况时，需对摄像头进行校准。

（6）每完成一个病例后，必须对口内相机的前端进行消毒。

（四）日常维护及保养

1. 口内扫描仪按设备使用说明书要求定期校准。

2. 口内相机需要轻拿轻放，跌落、碰撞等情况均会导致口内相机内的精密光学部件受到损害，从而影响扫描结果；也不可将口内相机置于高温、高湿环境中。

3. 注意散热，在使用过程中保证散热口不被遮挡；定期对出风口及散热口的灰尘进行清洁。

4. 定期对口内扫描仪的组成部分进行清洁。

（五）数据格式

口内扫描或牙颌模型扫描之后就可以获得口内的软硬组织表面信息，根据获得的口扫数据能否被第三方软件读取，口扫数据可以分为封闭系统和开放系统两种。封闭系统只能被特定的软件读取，代表数据是 Cerec 系统使用的 RST/DXD 数据，只能被 Cerec 自身的配套软硬件系统使用。开放系统可以被任意的第三方软件读取，便于后期的修复体设计和加工制造，更有利于完成整个数字化修复体加工流程，其代表数据格式是 STL（standard tessellation languages）数据。STL 仅仅是对目标物表面形态的三维描述，不包含其颜色、质地、加工材料等信息。AMF 文件（additive manufacturing file）是一种新的文件格式，被用于增材制造，不仅描述了表面信息，还包含了颜色、材料、点阵、排列等信息。此类数据还未被广泛应用于口腔领域，但随着新技术，尤其是增材制造技术的不断发展和引入，其具有广大的应用前景。

三、口腔数控加工设备

数控加工，即减法加工技术或去除式加工技术，在工业上是指用车、铣、磨、削等方式将已成型好的材料坯料加工成所需形状的方法。考虑到加工对象为专用牙科材料，针对牙科材料特性和制作精度的要求，口腔数控加工设备常采用切削或研磨两种加工工艺。切削是使用具有特定表面形态的具有切割刃的工作端进行物件成型。研磨是使用颗粒度较小的、没有特定表面形态的切割刃的工作端，大多为金刚砂工作端进行物件成型。口腔数控加工设备（图 4-65）可以制作嵌体、贴面、部分冠、全冠、固定桥等修复体，可加工的材料包括陶瓷、树脂、金属材料等。

图 4-65 数控加工设备（研磨仪）

根据加工方式，数控加工设备分为三种：①干加工，不喷水，一般是对较软的材料进行加工；②湿加工，需要喷水降温，一般对金属和完全烧结的较硬的瓷材料进行加工。数控加工设备的优点是技术成熟、加工精度高，材料适用范围广，适用于绝大部分口腔临床及科研模型加工；缺点是材料浪费较多，针对形态特别复杂的模型加工能力有限。

数控加工设备也需要相应的计算机辅助制作软件与其配套应用，其接收到计算机辅助设计生成的文件，通过工艺规划处理后，就可以被数控加工设备用于后续的加工。根据加工地点的不同可以将义齿数字化印模制取、设计及加工模式分为椅旁加工模式（扫描和加工均在口腔诊室）、技工室加工模式（诊室扫描 + 技工室加工）和中央工厂加工模式（扫描和加工均在技工室）。椅旁加工模式的代表是 Cerec 系统，技工室加工模式的代表是 Wieland 或 RK 系统。

（一）结构组成及主要部件功能

1. 结构组成 口腔数控加工设备主要由数据控制单元、切削研磨部件、辅助装置三部分组成。

2. 主要部件的功能 数据控制单元是口腔数控加工设备的核心部件；切削研磨部件是其主体部件，由工作台、主轴、伺服电机、刀具等组成；辅助装置包括冷却系统、废料收集系统等。有的数控加工设备还辅助配备吸尘器、结晶炉。

切削研磨部件有的可以自动改变主轴转速、进给量和刀具相对工件的运动轨迹及其他辅助功能，连续对工件各表面进行多道工序的加工。整个加工过程自动化完成，大大提高了口腔修复体制造精度和生产效率。

（二）工作原理

数控加工是用数字信息控制零件和刀具位移的机械加工方法。现有商品化的口腔修复体数控加工设备，根据其切削主轴的运动特性，可进一步分为三轴、四轴、五轴等设备（这里轴的概念是指切削主轴及工件夹具的自由度，自由度越多，灵活性越好，可加工模型的复杂程度也就越高）。三轴数控设备适合批量加工倒凹面积小、形态相对规整的修复体（如基底冠桥）；四轴与五轴设备更适合加工精度要求高的复杂形态修复体（如解剖形态冠桥、种植基台、正畸托槽等）。

五轴联动加工设备大多是“3+2”的结构，即由 X、Y、Z 三个直线运动轴加上围绕 X、Y、Z 旋转的 A、B、C 三个旋转轴中的两个旋转轴组成（图 4-66），其可以完成五个面的加工。按照两个旋转轴的组合形式分类，大体上有双转台式、转台加上摆头式和双摆头式三种形式。同时还需要数控系统、伺服系统以及软件的支持。

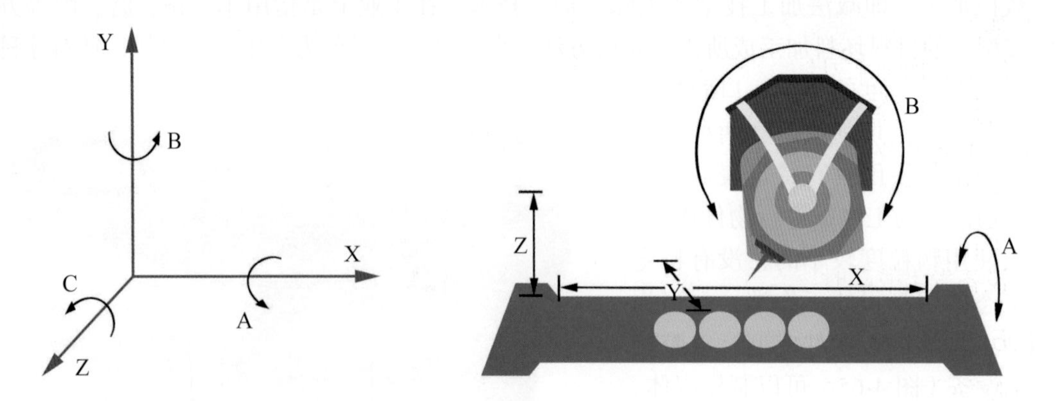

图 4-66 五轴数控加工示意

（三）操作常规及注意事项

1. 操作常规 数控加工设备使用前应经过专业培训，其操作过程如图 4-67 所示。

（1）打开设备电源。

（2）打开控制电脑及显示器。

（3）打开控制程序并将设备恢复初始设置，选择需加工材料类型，选择合适的刀具。

（4）打开设备舱门，放入工件并紧固。

（5）关闭设备舱门。

（6）启动加工程序。

（7）加工结束后，取出工件，并将设备恢复初始设置。

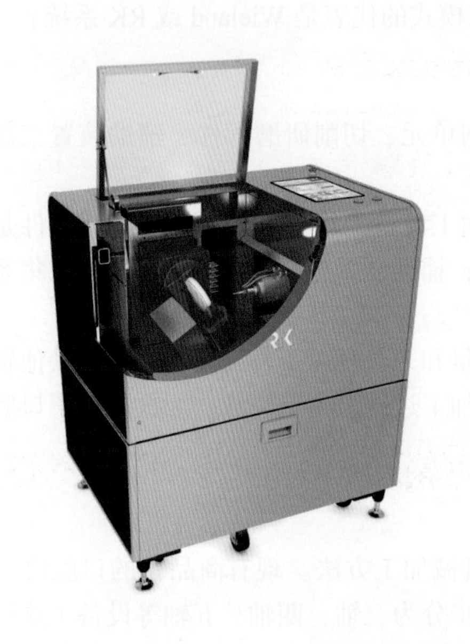

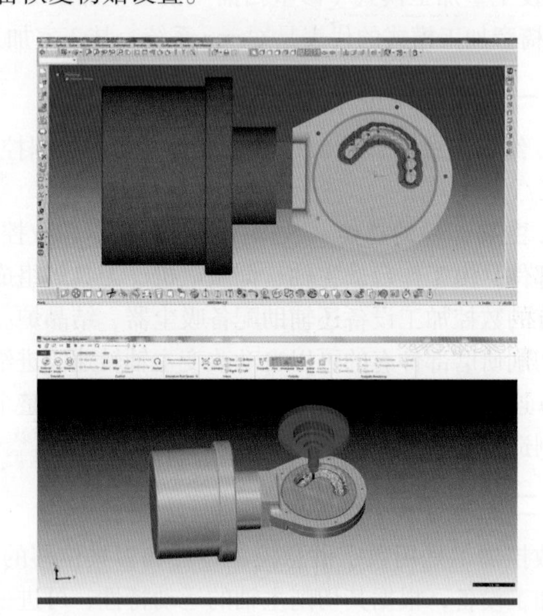

图 4-67 数控加工过程

2. 注意事项

（1）设备在使用前及使用后应恢复初始设置。

（2）正确放置工件并将其紧固。

（3）在启动加工程序前必须关闭设备舱门。

（4）长期不使用设备时，应将刀具从刀具座中取出。

（四）日常维护及保养

1. 使用前和使用后及时清理碎屑，保证工作台的清洁、润滑。
2. 如加工氧化锆后，开启吸尘器，清理设备机舱。
3. 定期更换加工刀具，刀具要安装到位。
4. 定期更换冷却水。
5. 定期备份数据或参数，防止数据丢失。
6. 严格遵守操作规程和日常维护制度。
7. 不得使用任何酸碱性清洗剂清洗设备。
8. 设备发生故障时应及时停用，由专业维修人员进行维修。

（五）常见故障及排除方法

口腔数控加工设备的常见故障及排除方法详见表 4-25。

表 4-25　口腔数控加工设备常见故障及排除方法

故障现象	可能原因	排除方法
马达力量错误	车针尺寸选择错误，或者车针、瓷块没有安装到位	更换正确尺寸车针，同时确保车针、瓷块安装到位
安装瓷块与选择不符	瓷块尺寸选择错误	更换正确尺寸瓷块或在软件中选择正确尺寸
启动研磨按钮灰色，无法研磨	建立订单时材料类型选择错误（即当前车针无法加工当前安装的材料）	确保设备中的车针与需要加工的材料匹配（如加工玻璃陶瓷材料需要金刚砂车针、加工氧化锆需要钨钢氧化锆车针等）

四、三维打印机

三维打印机（three dimensional printing machine）又称 3D 打印机、三维快速成型机（three dimensional rapid prototyping machine）（图 4-68），是数字化制造设备之一，适合复杂形态模型的加工，批量加工效率高，在口腔医学领域主要用来制作种植手术导板、颌面赝复体阴型、金属基底冠桥、隐形正畸矫治器、颌面外科手术导板等。三维打印机融合了数控技术、激光技术、精密伺服驱动技术、新材料技术等，可以制作出石膏、树脂、金属、蜡等材料的产品模型。

图 4-68　三维打印机

（一）主要结构组成

三维打印机根据不同的技术原理会有不同的结构组成，其中基于三维打印技术的三维打印机包括成型室、喷头组（含喷头、滚桶、固化系统）、材料存储及输送装置、运动系统、数控系统等部分，另外还有喷头清理装置、废料处理系统、环境控制装置等附件。

（二）工作原理

三维打印（快速成型）技术，是一种基于离散堆积成型的加工技术，原理是通过离散化过程将三维数字模型转变为二维片层模型的连续叠加，再由计算机程序控制按顺序将成型材料层层堆积成型的过程。

不同种类的三维打印机因所用成型材料不同，成型原理和系统特点各异，但基本原理都是“分层制造、逐层叠加”（图 4-69）。目前常见的快速成型原理有光固化成型、选择性激光烧结成型、熔丝堆积成型、三维打印等。下面以粉末材料三维打印为例介绍其工作原理。

铺粉装置在工作平台上精确地铺上一薄层粉末材料，喷头在每一层铺好的粉末材料上有选择地喷射粘结剂，喷有粘结剂的地方材料被粘接在一起，其他地方仍为粉末。做完一层，工作平台自动下降一个截面层的高度，储料桶上升一个截面层的高度，滚桶由升高了的储料桶上方把粉末推至工作平台，并把粉末推平，再喷粘结剂，如此循环直到把一个零件的所有层打印完毕，即可得到一个三维实物原型（图 4-70）。打印材料为液体时的工作原理类似，也是逐层固化堆叠成型。

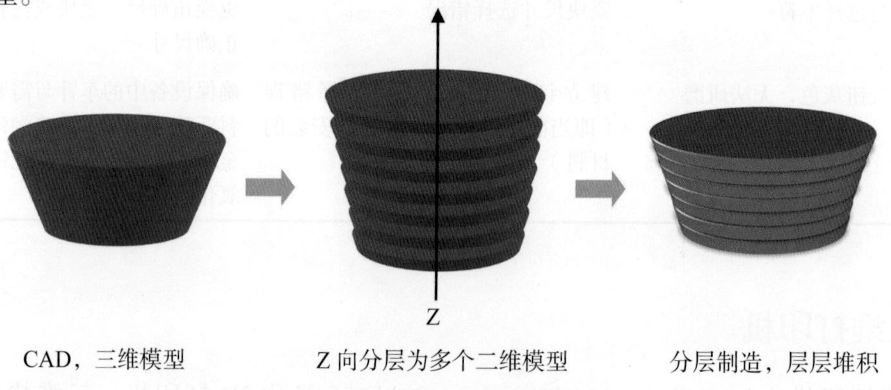

图 4-69　三维打印基本原理

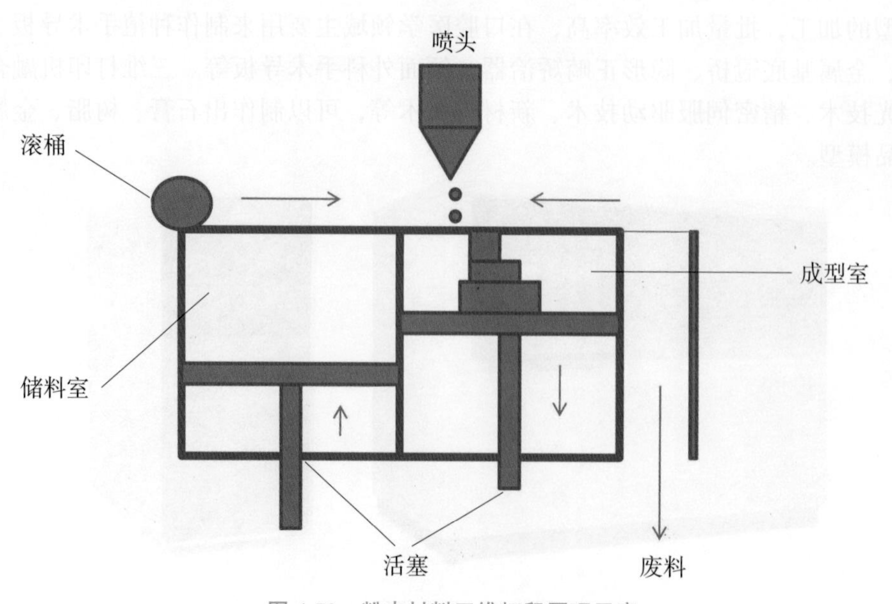

图 4-70　粉末材料三维打印原理示意

（三）操作常规及注意事项

1. 操作常规　三维打印机制作模型是一个“建模 - 载入 - 加工 - 后处理”的过程。

（1）建模：打开计算机，进行数据准备，包括三维模型的 CAD、STL 数据的转换、制作方向的选择、分层切片以及支撑设计等。

（2）载入及加工：将制造数据传输到成型机中，启动快速加工。

（3）后处理：成型后的模型大多需要清洗、去除支撑、表面处理等操作，最终获得性能优良的模型。

2. 注意事项

（1）保持加工平台清洁。

（2）成型机工作时不要打开机器外壳。

（3）皮肤不要直接接触未固化的粉末。

（4）有高电压或者高温标识的地方不要碰触，避免受伤。

（5）选择三维打印机时需要考虑制作精度、速度、成本、后处理等多个方面。

（四）日常维护及保养

三维打印机是集机电一体化、高度自动化控制的精密成型设备，使用中要放置稳固、保持清洁、通风防潮；遇有异常工作状况，及时停机检查；遇有重大故障，要请有资质的专业维修人员维修，切不可使故障扩大，以避免造成重大损失。

1. 确保水平、温度、湿度、供电等符合设备正常工作条件。
2. 定期对三维打印机进行清洁。
3. 定期测量三维打印机精度，如出现精度偏差应及时进行校准。
4. 定期检查材料状态及到期日期。
5. 定期备份数据或参数，防止数据丢失。
6. 严格遵守操作规程和日常维护制度。

（葛严军　范宝林）

进展与趋势

口腔修复工艺设备功能设计的总体发展趋势，是利用一切现有科技及智能化手段，在提高修复体制作的效率及精准度的同时满足技师修复体制作个性化需求。口腔修复工艺设备的核心在于修复体的制作，因此口腔修复工艺设备的更新迭代在铸造机和数字化辅助设计制作类设备中尤为突出。以金属铸造机为例，越来越多的铸造机能够同时兼容钛金属及其他金属的制造，机器的外形也向着更精巧、集约的方向发展。除了铸造原理，铸造机的内部结构也在不断改进，例如铸圈的夹紧机构、铸圈托架、坩埚倾斜装置不断更新，以保证金属熔液能够更好地落入铸圈内，提高铸造的成功率。数字技术快速发展，促使数字化辅助设计制作类设备产业蓬勃发展，但对于其修复体制作效果和质量，国内评价体系和标准尚待进一步完善。对于口内扫描仪等数据采集类设备，扫描原理关乎数据采集的准确性和采集时间的长短。若图像采集分析处理速度快，分辨率高，数据具有开放性格式或能够与主流设计制作软件格式兼容，再加上设备体积小巧、易操作，则该设备具有一定先进性。对于数字化加工设备，除了考虑图像处理速度、兼容性外，还要考虑加工速度、时间、精度和加工材料的利用效率。除此之外，也要考虑专业软件的应用，软件功能的改进是数字化辅助设计制作的必然趋势和前进方向。

小结

本章主要分为七节，前六节为设备的介绍，是依据口腔修复体制作主要工艺流程所使用设备的先后顺序展开。在学习设备概念、分类及相关原理、设备操作和故障排除的过程中，逐渐体会不同设备对应具体的口腔修复工艺流程，并相互印证。此过程有助于加深印象，促进对设备的理解和掌握。第七节单独介绍数字化印模制取、设计及加工设备。数字化技术经过长足发展，作为一种诊疗新模式，在临床中应用广泛，已经可全部或部分取代传统修复体制作的一系列过程，并具有非接触式、标准化、智能化、舒适化、自动化等特点。

Summary

Except for the last one of this chapter, the other sessions are shown in order of the equipment used according to the procedure while making prosthesis. In the process of studying such equipment concepts, classification and principles, as well as operation and troubleshooting, students can gradually learn from experience of prosthodontic technology in correspondence with the equipment above, and vice versa. This process is also helpful to deepen the impression of the equipment and can promote its understanding and mastery. The last session focus on those machines of digital impressions, design and manufacture. Digital technology, with its rapid development, which now looks as a new mode of diagnosis and treatment therapy, has been widely used in clinical practice, and has replaced a series of traditional prosthetic manufacturing processes mentioned in this chapter above in whole or in part, owing the characteristics of non-contact, standardization, intelligence, comfort, automation, etc.

（李心雅）

第五章数字资源

第五章　口腔颌面 X 线成像设备

Oral and Maxillofacial X-ray Imaging Equipment

口腔颌面 X 线检查适用范围包括牙、牙周组织、上下颌骨，以及头颅、颌面部、颈部等其他组织。由于口腔颌面部解剖结构复杂，结构左右对称，牙列及颌骨呈马蹄形，所以使用适应其特殊解剖形态的专用 X 线机，才能拍摄出对比度、锐利度和细致度较好的 X 线片。口腔颌面 X 线成像设备主要包括牙科 X 线机、曲面体层 X 线机、口腔颌面锥形束 CT。

第一节　牙科 X 线机

Dental X–ray Machine

一、牙科 X 线机

牙科 X 线机（dental X-ray machine）是医用 X 线机中最小型的 X 线机。其容量小、结构简单、操作灵活，主要用于拍摄根尖片、𬌗片、𬌗翼片等口内 X 线片以及部分口外 X 线片（图 5-1）。牙科 X 线机分为可移动式、壁挂式和在口腔综合治疗台上的镶嵌式三种。

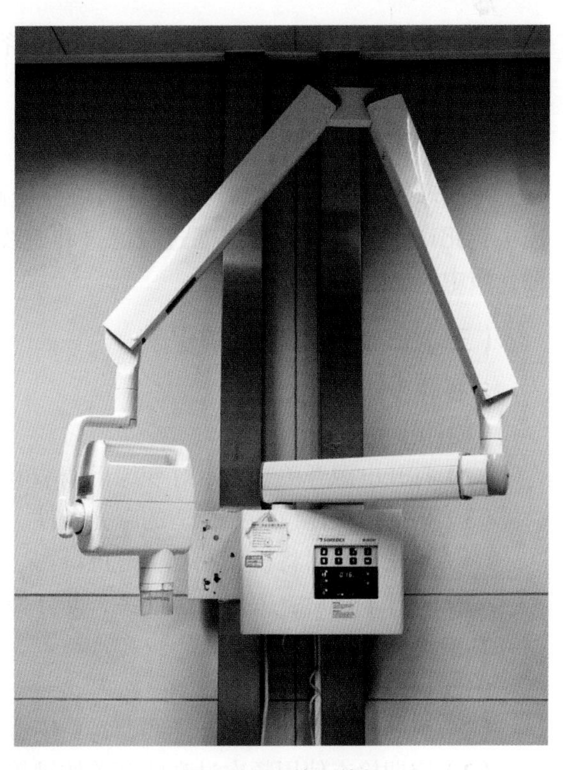

图 5-1　牙科 X 线机

（一）结构组成与特点

1. 牙科 X 线机的组成　牙科 X 线机主要由机头、支臂和控制系统等组成（图 5-2）。

（1）机头：机头内有 X 线球管、变压器。机头前部设有窗口，窗口内装有铝滤过板，用于吸收软射线。窗口外安装有遮线筒，用于限制不必要的散射线。机头两侧设有正负刻度标记，便于调节投照角度。

（2）支臂：支臂由水平臂和关节臂组成，内有杠杆、弹簧及数个关节。使机头能在一定范围内任意移动，以适应投照不同部位的 X 线片。

（3）控制系统：由控制面板、数码显示面板及曝光手闸构成，用于调节 X 线强度、X 线量、照射时间及触发曝光。

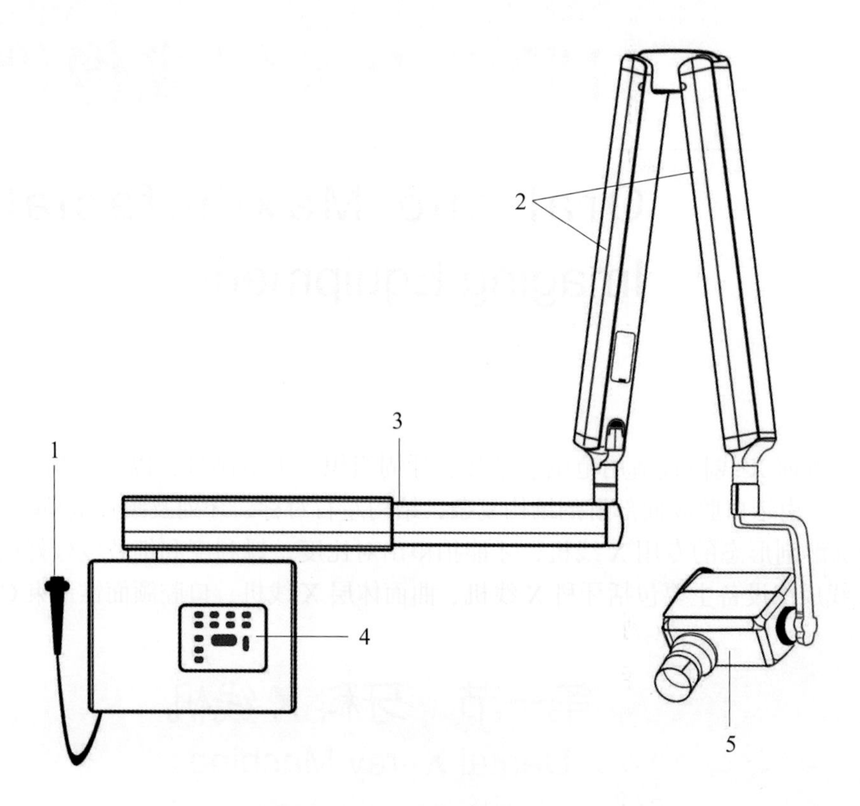

图 5-2　牙科 X 线机结构

1. 曝光手闸；2. 关节臂；3. 水平臂；4. 控制面板；5. 机头

2. 牙科 X 线机的特点　牙科 X 线机具有容量小、体积小、结构简单、安装简便、操作灵活等特点。

（二）工作原理

X 线球管内灯丝加热后产生电子，在正极高压作用下，电子形成高速电子流，高速电子流撞击钨靶产生 X 线，X 线经滤过板滤过和遮线筒限制，产生 X 线束，线束穿过被照体后在成像介质中形成潜影。

（三）日常使用与维护保养

1. 操作步骤

（1）接通外接电源。

（2）打开电源开关，指示灯变绿后调节电压、电流及曝光时间。

（3）根据拍摄体位选择合适的曝光条件。

（4）曝光完毕后将机头及支臂复位。

（5）每日下班后，关闭电源开关，断开外接电源。

2. 维护保养

（1）保持机器干燥清洁。

（2）定期检查支臂关节处导线，避免绝缘皮破损漏电。

（3）定期检查使用频次过高的开关按键等。

（4）定期检查球管是否漏油。

（5）定期检查设备外壳及螺丝是否松动。

（6）定期检测管电流、管电压及曝光时间的精确度。

（7）定期邀请厂家工程师上门巡检。

（四）常见故障及排除方法

牙科 X 线机常见故障及排除方法见表 5-1。

表 5-1　牙科 X 线机常见故障及排除方法

故障现象	可能原因	排除方法
摆位后球管无法固定	支臂平衡破坏	调节支臂平衡
按曝光开关设备无反应	曝光开关或延长线断路	检查曝光开关及延长线
图像过黑或过白	曝光剂量不正确	检查曝光剂量及成像系统
牙科 X 线机有曝光提示，但无图像	牙科 X 线机故障（可能性较小）或成像系统故障	检查牙科 X 线机及成像系统

（五）典型故障案例

故障现象：按动曝光手闸，数字显示面板报错，设备不出射线。

故障诊断与排除：设备开、关机正常。控制面板示数调节正常。怀疑保险丝熔断，更换保险丝后数字面板仍报错，设备不出射线。经排查，系曝光手闸使用频次过高，开关老化导致的线路短路。对于此类问题可以通过日常维护保养解决，从而避免不必要的损失。

二、数字化牙科 X 线机

数字化牙科 X 线机（digital dental X-ray machine）由牙科 X 线机和数字成像系统组成。按成像方式分类，可分为直接成像和间接成像两种。因具有成像速度快，亮度、对比度可调，图像易于保存，占地小和环保等优点，数字成像技术正逐步取代胶片成像。数字化牙科 X 线机可用于拍摄根尖片、殆片、殆翼片等口内片以及部分口外片。

（一）结构组成与特点

1. 直接成像 DR（digital radiography） 主要由传感器探头、数据传输线、图像工作站等组成。

（1）传感器探头：大小与牙片相当，厚度在 3 ~ 4.5 mm，边缘光滑圆顿，一端或中间连有数据传输线，其内有一闪烁体，用于将接收的 X 线信号转变为光信号。

（2）数据传输线：由光导纤维束及 CCD（charge-coupled device）摄像头构成。

（3）图像工作站：装有图像处理软件及打印系统。用于完成图像处理、存储和输出。可通过局域网将图像上传至院内 PACS 系统（picture archiving and communication system），供临床医生随时调阅。

2. 间接成像 CR（computed radiography） 主要由影像板、扫描仪和图像工作站等组成（图 5-3）。

（1）影像板：大小与厚度接近牙片，由四层物质构成，由上至下分别是表面保护层、PSL（photo stimulated luminescence）物质层、基板、背面保护层。

（2）扫描仪：由传送装置、激光发生装置、模数转换装置等构成。

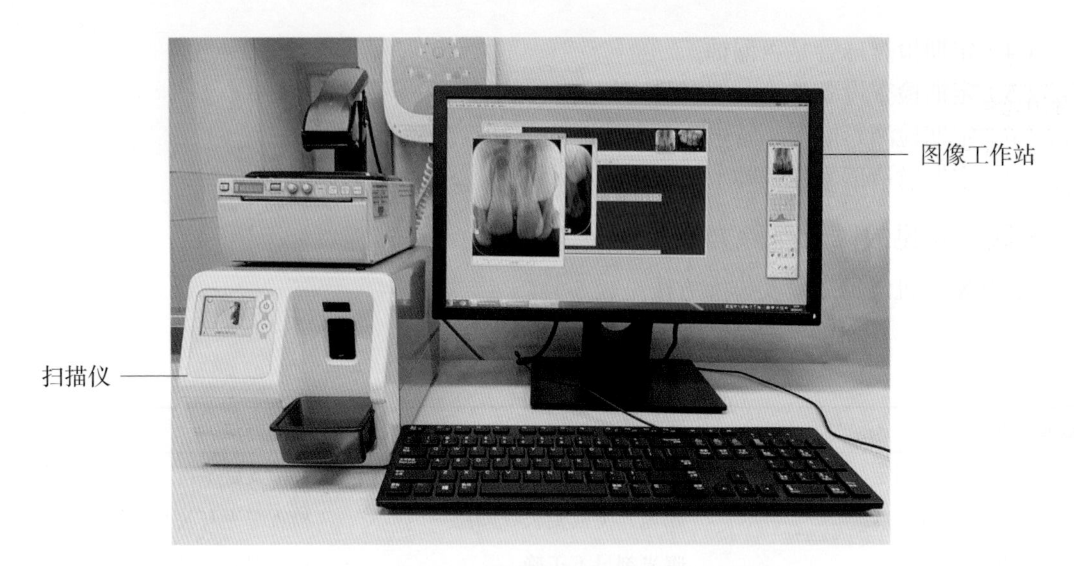

图 5-3 间接成像 CR 组成

（二）工作原理

1. 直接成像 荧光体接收 X 线后，根据射线量大小发出相应强度的荧光，并通过光导纤维传送至 CCD 探测器，CCD 探测器进行光电转换后生成数字化图像。

2. 间接成像 X 射线穿过被照体后在 IP（imaging pate）板上形成潜影，潜影通过激光扫描产生紫外光，紫外光被光电倍增管放大转换成电信号，再由模数转换装置转换成数字信号，数字信号经软件处理形成图像。

（三）日常使用与维护保养

1. 操作步骤

（1）接通外接电源。

（2）打开数字成像系统和牙科 X 线机电源开关，指示灯变绿后调节电压、电流及曝光时间。

（3）根据拍摄体位选择合适的曝光条件。

（4）将传感器探头或影像板用一次性保护套包好，然后放入被照体内侧。曝光后可直接读取图像或经扫描仪扫描后读取图像。

（5）调节图像对比度及亮度至最优，保存并打印图像，并将图像上传至医院 PACS 系统供临床调阅。

（6）关闭设备开关，断开外接电源。

2. 维护保养

（1）检查电源线有无破损和外漏及发烫。

（2）检查各指示灯显示是否正常。

（3）检查影像板感光面是否磨损。

（4）调试载片架起始位。

（5）校准影像板反射传感器。

（6）定期检查载片架皮带是否松动，运动过程是否有异响。

（四）常见故障及其排除方法

数字化牙科 X 线机常见故障及排除方法见表 5-2。

表 5-2　数字化牙科 X 线机常见故障及排除方法

故障现象	可能原因	排除方法
图像尺寸与影像板不一致	影像板未全部被曝光	扫描时将影像板安装到位
图像有大面积絮状伪影	影像板磨损或污染	更换或清洁影像板
影像一侧出现大面积竖直方向伪影	扫描仪舱门关闭过慢或关闭不严	调节扫描仪舱门或传送皮带
扫描仪自动扫描	影像板检测传感器污染或失调	清洁或校准影像板检测传感器
图像上有少量竖条状伪影	影像板传送装置运动不流畅	润滑或调节传送皮带松紧度

（姚恒伟　王建霞）

第二节　口腔曲面体层 X 线机
Panoramic X-ray Machine

1949 年，芬兰赫尔辛基大学牙科学院的 Peatero 医生提出了曲面体层摄影法，命名为 Pantomography。它是一种结合体层摄影和狭缝摄影原理，应用于曲面物体的体层摄影技术。早期的曲面体层 X 线机采用单轴或双轴旋转技术，影像重叠现象严重。1954 年，Platero 医生研制了三轴旋转曲面体层 X 线机，使射线可垂直于颌骨表面入射。1961 年，曲面体层 X 线机投入使用。目前曲面体层 X 线机多采用旋转轴连续移动方式。

口腔曲面体层 X 线机（panoramic X-ray machine）又称口腔全景 X 线机，它结合体层摄影和狭缝摄影，通过一次曝光可显示全口牙、颌骨、鼻腔、上颌窦及颞下颌关节等的解剖结构（图 5-4）。

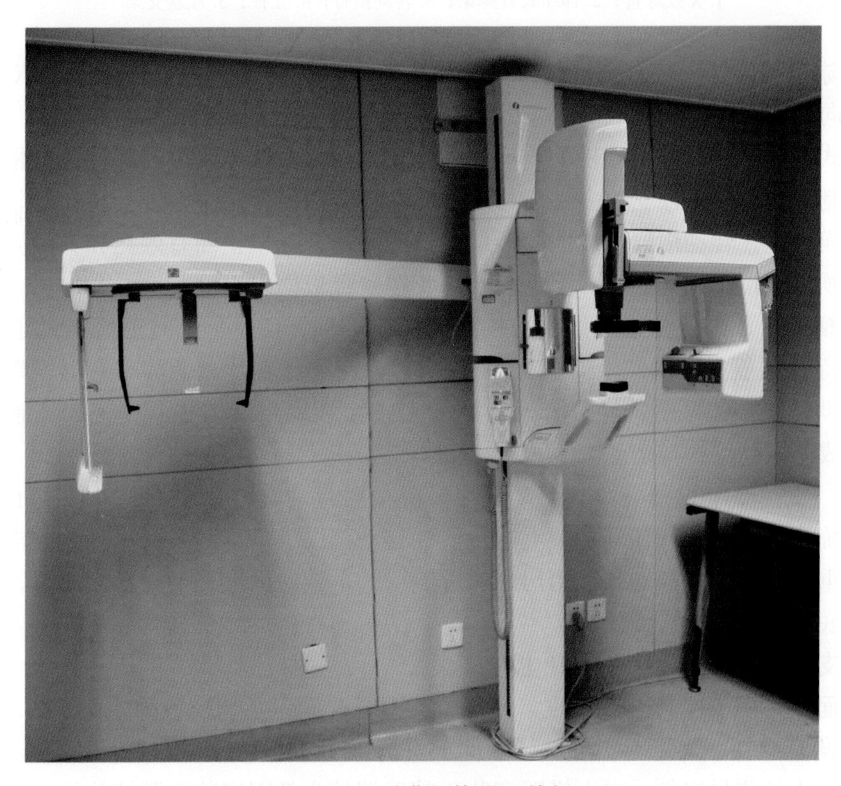

图 5-4　口腔曲面体层 X 线机

曲面体层X线机通过一次曝光即可显示大范围的颌骨，适用于颌骨多发病变、范围较大的颌骨病变、双侧颌骨的对比及对原因不明症状的筛查。曲面体层检查操作简单，患者痛苦小，在口腔颌面部影像学检查中已得到广泛的应用。目前多数曲面体层X线机还增加了头颅固位装置，可用于X线头影测量摄影。

一、口腔曲面体层X线机

（一）结构组成

口腔曲面体层X线机主要由X线球管、伸缩式升降柱、转动横臂、立柱、片盒支架、控制面板和头颅测量组件等组成（图5-5）。

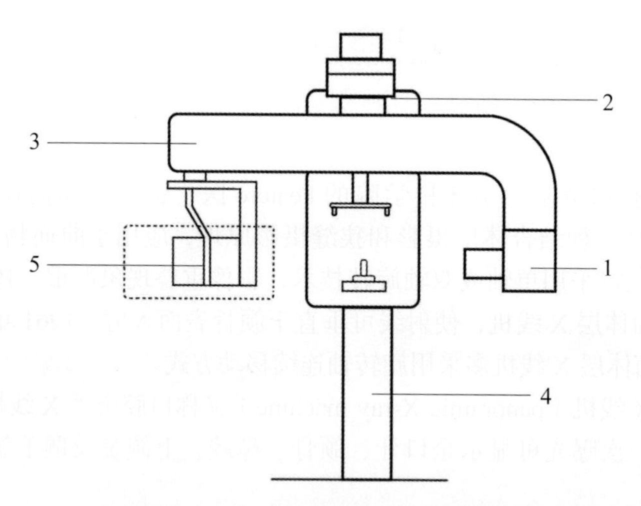

图5-5　口腔曲面体层X线机结构

1. X线球管；2. 伸缩式升降架；3. 转动横臂；4. 立柱；5. 片盒支架

1. X线球管　球管内装有真空管、变压器、绝缘油。外部有限束板，限制X射线只能从缝隙处垂直向外射出。为了获取高质量的X线片，缝隙一般在2 mm左右。

2. 伸缩式升降架　安装于立柱上。伸缩式升降架作为系统可调控的部件，可根据患者的身高，通过控制系统调节，在支撑立柱上移动。转动横臂和患者定位系统安装在升降架上，升降架支撑转动横臂，让转动横臂完成曲面断层扫描运动。升降架正面有颏托和头颅固定装置，投照时患者下颌颏部位于颏托正中，上下切牙缘咬在咬合板槽内。

3. 转动横臂　此部位是整个设备结构中的核心部件，位于伸缩式升降架的前侧。转动横臂的一端支持X线管（X线发生器），另一端有片盒支架。在片盒的前方有形成曝光狭缝的挡板。通过运动扫描控制系统，靠升降架支撑来完成X线发生器与片盒围绕人体颌面部牙弓的旋转，即完成曲面断层扫描运动。

4. 立柱　支撑整个设备装置。手动操作升降架可带动转动系统沿着立柱上下移动，或者通过控制系统调控转动横臂在升降架上进行位置移动，以满足不同人群身高的需求。考虑到设备装置的承重，设备一般应安装在铅房内靠近墙壁的平整地面上；如果长期放置，出于安全考虑，立柱的底座可用螺丝钉锁死。

5. 片盒支架　用于盛放片盒或IP板。

6. 控制面板　用于控制X线强度、X线量、曝光时间以及切换各种拍摄模式。

7. 头颅测量组件　为了对头颅、牙颌面部进行X线测量，多数口腔曲面体层摄影X线机的机架都配有头颅测量组件。它由横臂和装于其远端的头颅固定装置及持片架等组成，近端固定在升降架上，持片架的中心与 X 线中心线在同一水平面。焦片距在 150 cm 以上，可方便进行头颅正、侧位定位摄影。

（二）工作原理

射线通过 X 线管侧的第一狭缝和持片架侧的第二狭缝，到达持片架上的胶片，射线垂直角度为 5° ~ 10° 。由于颌骨呈近似抛物线形结构，X 线管和胶片旋转得到的弧形断层域与颌骨形态一致。在 X 线管和持片架围绕头颅旋转的同时，持片架上的胶片同步向相反方向运动。

在三轴旋转系统中，由三个旋转中心形成的图像组成一幅曲面体层图像。射线首先以位于一侧的旋转轴为中心旋转曝光，使对侧颌骨成像，扫描到前牙区时，旋转中心转移至中线位置，使前牙区成像，然后旋转中心再次转移至对侧，使另一侧颌骨成像，从而得到整个颌骨的曲面体层图像。目前采用的旋转轴连续移动方式是使旋转中心沿上述设定路径连续移动，完成整个颌骨的扫描。狭缝原理示意见图 5-6。

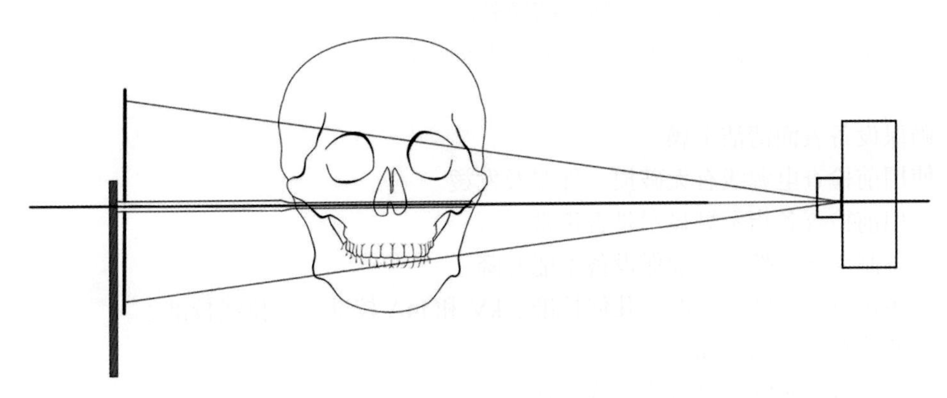

图 5-6　狭缝原理示意

（三）日常使用与维护保养

1. 日常使用前的准备工作

（1）打开扫描机架电源和主机箱电源，启动设备，口腔曲面体层 X 线机进行自检，确认机器的运行情况。

（2）确保室内环境卫生整洁、机器表面干净。

（3）影像技术人员接收患者已登记的申请单时，认真核对申请单，仔细阅读申请单上的诊断要求及检查项目。详细询问患者基本情况，包括姓名、性别、年龄和摄片号，录入准确的患者信息，进入相应的拍摄程序，使设备处于准备状态。

（4）选择曝光程序（口腔全景或头颅侧位以及其他），选择相应的合理曝光条件。

2. 口腔曲面体层 X 线机投照操作步骤

（1）胶片的放置：将胶片暗盒或成像板放在持片架上。

（2）投照前准备：告知患者摘掉眼镜、帽子、活动义齿、耳钉、发卡、头饰、项链等金属物品，戴好铅围脖。调节机器到适当高度，患者取立位或坐位，双手握住机器扶手，双肩自然下垂，腰挺直，站在头颅固定装置中间。

（3）头位及咬合位置：前牙对刃咬（或用前牙切缘咬在咬合板槽内），下颌颏部置于颏托正中，使颈椎呈垂直状态或稍向前倾斜，防止颈椎和下颌升支的图像重叠。调整患者头部，使头正中矢状面垂直于地面，左右对称。选层定位线放在上颌尖牙的位置，调整机器高度。投照全口曲面体层片时，使听眶线与听鼻线的分角线与地面平行；投照下颌曲面体层片时，使听鼻线与地面平行；投照上颌曲面体层片时，使听眶线与地面平行。

（4）头颅的固定：调整好机器高度及头颅位置后用颞夹固定住头颅不动。

3. 曲面体层片质量评价标准 曲面体层片需显示包括双侧髁突、下颌骨下缘在内的下颌骨整体全貌、双侧上颌骨及上颌窦影像；上下牙列显示清晰；曝光条件能够清晰对比显示皮质骨、松质骨、牙釉质、牙髓腔等结构；影像无明显变形、左右对称、下颌升支后缘与颈椎无重叠。曲面体层片分为甲乙丙丁四个等级，符合以上所有条件的为甲级；有一项不符合，但是对诊断影响不大者为乙级；有两项或两项以上不符合，但是对诊断影响不大者为丙级；丁级为废片，无法用于诊断。

4. 完成投照的后续工作

（1）引导患者离开X线机，复位机器。

（2）保存并调整拍摄的X线片，使设备为下一次拍摄作好准备。

（3）在操作使用过程中出现任何警报错误，记录下警报代码和内容，以及当时操作的详细情形，反映给上级领导、医学装备处或厂家工程师。每天必须记录交接班本，尤其是处理故障的详细记录，便于以后查阅、参考和总结经验。

（4）每日下班后，注意检查关闭电脑和口腔曲面体层X线机电源。

5. 维护保养

（1）确保设备表面清洁干燥。

（2）使用前检查电源线有无破损、外漏及发烫。

（3）使用前检查各指示灯显示是否正常。

（4）紧急制动开关按下后确保设备不能升降。

（5）每年进行射线队列校准、几何校准、kV 和 mA 校准及定位线校准。

（6）定期检查球管是否漏油。

（7）定期检查设备外壳是否松动或破损。

（四）常见故障及排除方法

口腔曲面体层 X 线机常见故障及排除方法见表 5-3。

表 5-3 口腔曲面体层 X 线机常见故障及排除方法

故障现象	可能原因	排除方法
按下曝光开关，设备无响应也无报错	设备安全锁未打开	确认安全锁是否打开
图像左右不对称	旋转横臂不水平	调整旋转横臂或机架水平
设备有时可以曝光有时无反应	曝光开关或连接线接触不良	检查曝光开关及连接线
设备无法升降	紧急制动开关打开	关闭紧急制动开关
影像垂直方向出现白线	旋转横臂排线断裂	检查旋转横臂中的排线

（五）典型维修案例

故障现象：医院突然停电导致机器瞬间断电，之后开启口腔曲面体层 X 线机时发生故障。

故障诊断与排除：排查发现主机 CPU（central processing unit）烧坏。应对这种非人为因素造成的故障，通常采取的应对措施是提前安装不间断电源（uninterruptible power system 或 uninterruptible power supply，UPS），或者把设备供电方式换成独立供电，以应对突发停电造成的不良损失。

（2）QA（quality assessment）模型：用于执行质量保证程序。

（3）校准底座：用于将 QA 模型放置在扫描器装置上。

（三）工作原理

口腔颌面锥形束 CT 的图像采集是由其 X 线发生器和 X 线平板探测器围绕所扫描兴趣区旋转 360° 完成的。在这一过程中，X 线呈锥形发出，通过人体组织投照到对侧的面积影像探测器，探测器将接收到的图像信号转换成数字图像显示在电脑屏幕上。旋转一周后获取扫描区容积数据原始图像，经重建获得三维图像。具体工作原理示意见图 5-12。

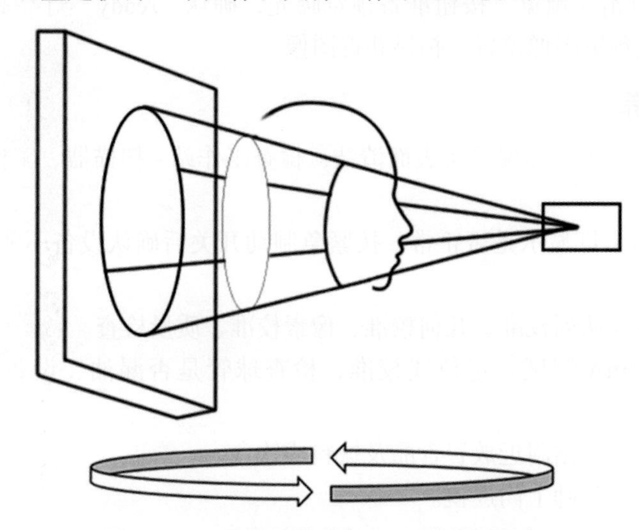

图 5-12　口腔颌面锥形束 CT 工作原理示意

螺旋 CT 工作原理是通过二维扇形光线螺旋扫描，运用物体移动进行投照，锥形束 CT 采用三维锥形束光线 360° 扫描，通过射线源与接收装置同步移动，对物体进行照射。与螺旋 CT 相比，CBCT 主要具有以下优点：

①辐射量低。螺旋 CT 的有效放射剂量约为 2 mSv，而 CBCT 放射剂量范围在 0.029 ~ 0.477 mSv 之间，可大大减少患者受到的辐射。

②数据采集时间短。单次扫描时间一般为 10 ~ 20 s，远低于螺旋 CT，降低了患者辐射暴露时间和扫描时产生的运动伪影。

③高空间分辨率。在细微结构的观察中有不可替代的优势。

④便捷适用。CBCT 占地面积较小，价格比螺旋 CT 低。

（四）操作程序

1. 开机前检查　每天开机前检查设备的完整性，观察温湿度，稳压电源工作状态。

2. 扫描前准备工作

（1）CBCT 和计算机工作站接通电源，打开电源开关。

（2）启动软件。

（3）登记患者信息。录入患者的姓名、号码、出生日期、性别等相关信息。

（4）请患者取下所有金属首饰、眼镜和可取下的金属义齿。

（5）请患者在扫描过程中缓慢呼吸（通过吞咽动作可保持缓慢、连续的呼吸）。

（6）请患者保持闭嘴姿势，但不要咬紧牙齿。

（7）拍摄软件启动后，选择合适的拍摄视窗大小、体素和拍摄模式后，为患者进行定位。

3. 患者定位

（1）患者应舒适就座，手置于膝上。

（2）使用校准控制面板上的患者校准按钮，调节患者座椅高度。通常校准光应位于水平咬合平面上。

（3）确保患者在扫描区域中处于正确位置。在定位和检查过程中，调整头部支架的高度，使患者保持躯干和颈部挺直。患者头部靠在头部支架上并握住侧面的手柄，确保身体不会碰撞设备或受到挤压。

（4）避免患者的衣服、头发、导液管和心电监护缆线等与扫描器装置发生缠绕。

（5）确认患者安全且设备运动没有任何障碍之后方可执行操作。

4. 获得影像 点击“预览”按钮准备预览曝光，确认“ready”灯亮起之后按下“scan”，获得预览图像，辨别预览图像位置，拍摄获得图像。

（五）维护保养

1. 每天进行日常除尘，确保设备表面清洁；检查工作站 - 扫描器、工作站 - 控制箱以及控制箱电源线等线路。

2. 每周检查各指示灯显示是否正常；按紧急制动开关后确认设备不能升降和 X 射线停止发射。

3. 每半年进行射线队列校准、几何校准、像素校准、质量检查。

4. 每年进行 kV/mA 测试、定位线校准，检查球管是否漏油、设备外壳是否松动或者破损。

5. 不得在设备和工作站附近放置食品及饮料或饮食。

6. 定期邀请厂家工程师上门巡检。

（六）辐射防护

1. 辐射可能造成的损伤及风险 口腔颌面部非目标部位敏感器官如甲状腺，在 CBCT 扫描后可能产生辐射损伤。损伤的程度与其本身对辐射敏感程度及辐射剂量有关。

2. CBCT 的安全防护原则 辐射实践的正当化、防护水平最优化、个人剂量限值是 X 线防护的三大基本原则。在 CBCT 检查过程中，应遵循“ALARA”（as low as reasonable achievable）原则，即“可达到的尽可能低的辐射剂量”原则，来权衡放射影像检查给患者带来的益处与电离辐射造成的危险之间的关系，以达到用最少的剂量实现最佳的扫描效果。

3. 辐射防护措施

（1）佩戴防护用品，如给患者佩戴铅围脖等。

（2）根据投照部位控制球管电流和曝光时间。球管电流和曝光时间的乘积（mA・s）是影响 CBCT 辐射剂量差异的主要参数。

（3）根据投照部位选择适当的照射野。照射野越大，辐射剂量越大。

（4）屏蔽防护，如隔室透视、隔室照像。

4. CBCT 机房防护要求

（1）根据《医用 X 射线诊断放射防护要求》（GBZ 130—2013）的规定，CBCT 坐位或站位扫描时，机房有效使用面积应不小于 5 m^2，最小单边长不小于 2 m。机房墙壁应至少有 2 mm 铅当量的防护厚度。

（2）位于多层建筑中的机房，天棚、地板应视为相应侧墙壁考虑，充分注意上下邻室的防护与安全。

（3）机房的门窗必须合理配置，其防护厚度与所在墙壁相同。

（七）常见故障及排除方法

口腔颌面锥形束 CT 常见故障及排除方法见表 5-5。

表 5-5　口腔颌面锥形束 CT 常见故障及排除方法

故障现象	可能原因	排除方法
图像测量值不准确	设备长时间未校准	重新校准设备
图像伪影严重	患者头部移动或设备需要校准	检查头部固定装置是否松动；校准设备
工作站系统升级后图像对比度变差	软件升级后没有把设备升级到对应的固件版本，导致驱动不匹配	软件升级后把设备升级到对应的固件版本
无法接收和上传图像	设备网络不通畅	检查网络连接设置

（八）典型故障案例

故障现象：日常工作中，发现连续多个患者图像伪影严重。

故障诊断与排除：排除异物及患者移动因素，最后确认为设备长时间未做校准所致。通过此案例可以看出日常设备校准的必要性，尤其是 CBCT 这种高精度的设备，日常校准尤为重要。必须严格按照保养手册进行保养和校准。

小结

本章主要介绍了口腔颌面 X 线成像设备，主要包括牙科 X 线机、口腔曲面体层 X 线机和口腔颌面锥形束 CT。随着数字化医学影像技术的发展，从一维信息到二维图像，进而实现人体组织的三维可视化，给口腔临床病例的诊断、管理、研究分析带来便利，同时提高了口腔医院的运作效率。数字化医学影像技术除了具有辐射剂量低、速度快、分辨率高、便于管理检索、可视化等优点之外，由其产生的数字影像还是医院网络管理的核心，医院现有的 HIS 或者 PACS 系统，均以数字化医学影像设备为核心。同时，数字化医学影像技术还是口腔医学数字化诊疗技术中关键的一环，这在口腔颌面锥形束 CT 的应用中表现得尤为明显。其不单单作为一种疾病诊疗手段，而且作为颌面部三维数据的采集方式，用于实现从二维治疗到三维治疗中手术方案的设计，甚至手术过程的展示以及手术效果的预测及评价。

Summary

This chapter mainly introduces oral and maxillofacial X-ray imaging equipment, including dental X-ray machines, dental panoramic X-ray machines, and oral and maxillofacial cone beam CT. With the development of digital medical imaging technology, it has been realized from one-dimensional information to two-dimensional images, and then three-dimensional visualization of human tissues, which brings convenience to the diagnosis, management, and research of clinical cases, and improves the operating efficiency in dental hospitals. In addition to the advantages of low radiation dose, high speed, high resolution, easy management, easy retrieval, and visualization, digital medical imaging technology is also the core of hospital network management. Furthermore, the existing HIS or PACS systems in hospitals both take digital medical imaging equipment as the core. At the same time, it is also a key part of the digital diagnosis and treatment technology of stomatology, which is particularly obvious in the application of oral and maxillofacial cone beam CT. It is not only used as a means of diagnosis and treatment of diseases, but also as a method of collecting three-dimensional data of the maxillofacial region, in order to realize the design of surgical plan from two-dimensional treatment to three-dimensional treatment, and even the display of the surgical process and the prediction and evaluation of the surgical effect.

（王建霞 姚恒伟）

第六章数字资源

第六章 口腔诊疗单元

Dental Treatment Unit

随着我国经济文化发展和人民生活水平的不断提高，人们越来越重视口腔疾病防治及口腔美学，患者对口腔就医环境和设施也有更高的要求。艺术和科技的融合，使口腔诊室的设计逐步向高效、舒适、美观、温馨及人性化的方向发展。

口腔诊疗单元是指口腔诊疗的基本单位，诊疗单元内设置口腔综合治疗台、口腔边台、移动柜、医生座椅、护士座椅、洗手盆等设备设施，服务于口腔诊疗操作。口腔诊疗单元，是患者的就医环境和医护工作环境的集中体现。

口腔诊疗单元设计，不仅要对美学和建筑熟悉，也要对口腔医学专业及口腔设备有所了解，以合理划分功能区位；同时要对动线、医院感染控制及相关的法律法规等有一定的认识和经验，才能设计出科学合理又优雅美观的口腔诊疗单元。近期新冠肺炎突发公共卫生事件的发生，暴露出在口腔疾病诊疗中传染病筛查用房设置、诊室的空气管理等方面尚存在不足，为今后口腔诊疗单元的设计提出了更高的要求。

本章将从口腔诊室的设计、基建要求、设备安装、口腔边台、空气压缩机及负压抽吸机等方面对口腔诊疗单元进行详细介绍，探讨如何建立一个高效、合理及舒适的口腔诊室，使空间、时间达到最大利用率。

第一节 口腔诊室设计

Dental Clinic Design

一、空间布局

1. 确定设置独立诊室还是开放式诊室 独立诊室私密性好，适合作 VIP 诊室。开放式诊室对空间面积利用率高，适合一位护士配合多位医师的诊疗操作，或是一位带教老师指导多位实习生临床实习。开放式诊室椅位间最好设置高于 1.50 m 的隔断。

2. 确定诊室面积 一台口腔综合治疗台占用的使用面积一般不小于 2.80 m × 3.00 m，如果能大于或等于 3.20 m × 3.20 m 更好；但诊室面积也不是越大越好。

3. 考虑相应的消毒室、X 线室的布局 消毒室污区、洁区、无菌区分区要合理，X 线室应符合 X 线设备机房要求。

4. 考虑通道及空气流动设置 医护、患者人员通道，清洁和污染医疗用品通道和空气流动组织应设置合理，利于科室间联系、人员走动、物品通行、空气清洁和有效交换，避免相互干扰、防止污染空气扩散和交叉感染。

二、室内装修

1. 整体风格 诊室应根据其定位来决定装修的档次和格调，装修和设置应有利于医疗服务和感染防控。

2. 墙体 诊室的墙体应平整，墙体内饰应采用耐擦拭、耐潮湿、易清洁、不吸附灰尘和气溶胶的材料。

3. 天花板

（1）天花板应选择无孔洞、密闭性好、不易积蓄灰尘，不产生粉尘及纤维的建筑材料。

（2）天花板不应设置结构复杂的艺术吊灯等装饰，防止灰尘积蓄、飘落。

（3）天花板内设有专业管路时，上下水管不应布置在口腔综合治疗台头枕活动区域的正上方，天花板材料宜选用金属集成吊顶，以防止意外漏水造成顶棚塌落。

4. 室内地材 室内地材要耐磨、耐腐蚀；易于辨识掉落的细小医疗物品。

5. 采光 门窗、隔断不宜采用有色玻璃、室内墙壁不宜采用有色涂料涂饰。

6. 照明 诊室主照明灯应处于口腔综合治疗台的正上方位置，诊疗室的主光源色温应接近自然光色温。

7. 其他 充分利用自然通风：应为口腔医疗用动力压缩空气、医疗用水和医疗用气设备设置洁净设备用房；应为口腔医疗负压吸引设备及污水处理设备设置污染设备用房；机房应有减震降噪设计。

三、诊室的感染防控

唾液、血液、冲洗液、飞沫、气溶胶、感染器械、悬浮微生物，都可能成为传染病的感染源。口腔诊疗操作的喷溅性、治疗多次性、器材依赖性，增大了传染病在口腔诊室传播的风险，增加了医护职业暴露风险。

1. 宜设置接诊疑似患有传染性疾病的口腔病患者的独立诊疗室。有条件的最好建成负压诊室。

2. 做好牙科手机、口腔器械的消毒。

3. 养成使用强吸器的习惯。

4. 保持诊室空气流通。如有必要，做好诊间消毒和诊室的每日消毒。

5. 洁牙、备牙等易产生较大量空气污染物的诊室应独立设置新风系统。与其他房间、空间共用同一新风系统时应独立设置回风，并设置中效（含）以上的过滤器。

四、口腔诊室设计示例

以某口腔门诊部设计布局为例（图 6-1），该门诊部位于大型商场内，占地面积 500 m^2，设置了 8 间诊疗室、1 间特诊室和 1 间种植室，共安装 10 台口腔综合治疗台，并设置了接待区、分诊台、X 线室、牙片室、库房、泵房、灌模室、处置室、打包间、保洁室、医疗废物暂存间和污水处理间等，并为医护人员配备了办公室、更衣室、会议室等（图 6-2）。可开展牙体牙髓、儿童口腔、口腔颌面外科、口腔修复、口腔正畸、口腔种植以及牙齿美白等全科口腔业务。

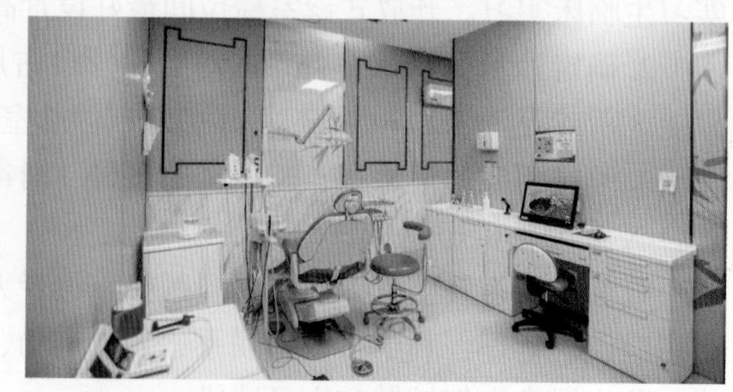

图 6-1 某门诊部口腔候诊厅及诊室

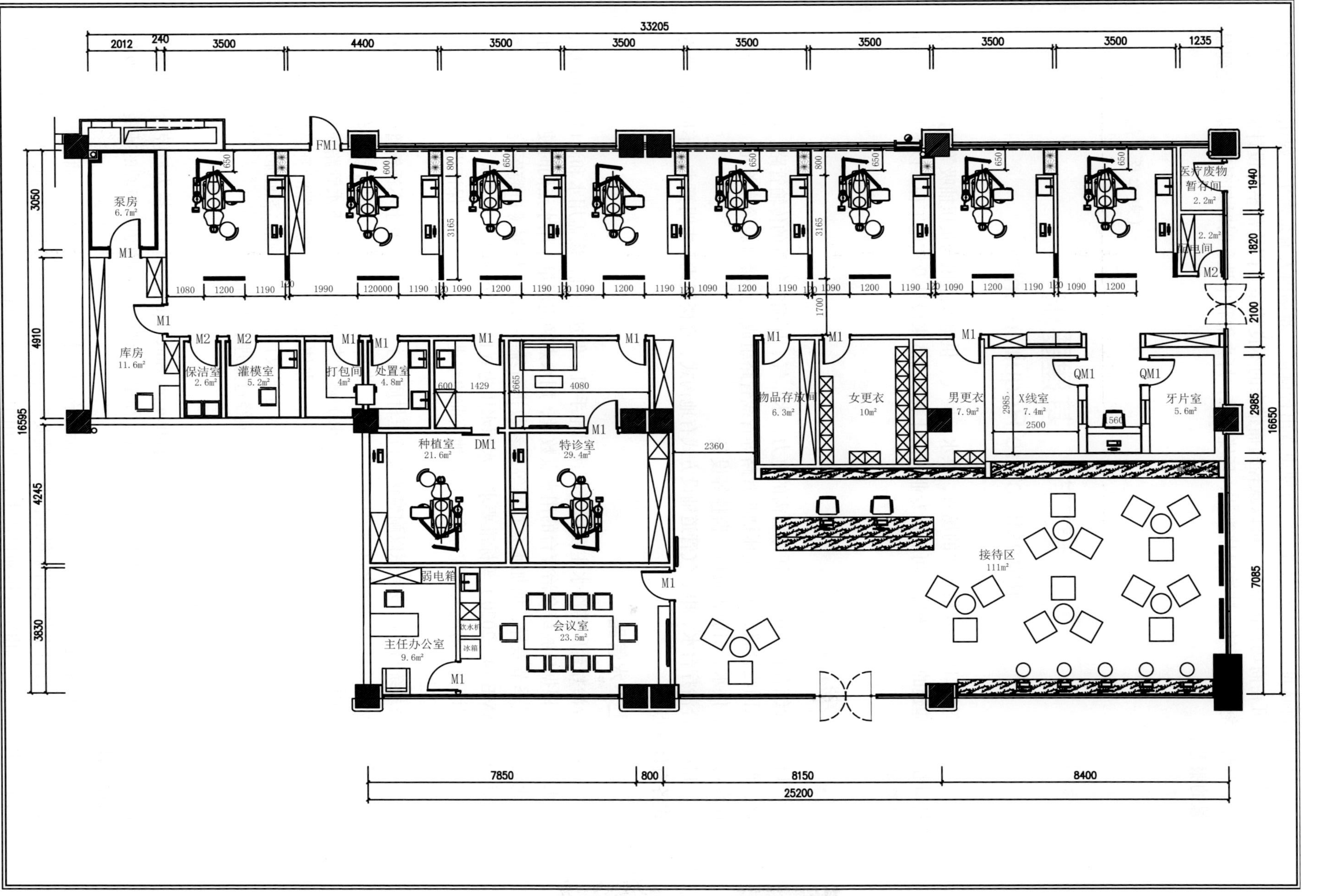

图 6-2　某门诊部平面设计布局

该门诊部选址位置交通较便捷，方便患者出行就医。商场内人流量密集，娱乐设施齐全，患者就医后可在商场自由活动，可以减轻病痛带来的不良情绪。门诊部整体设计满足功能齐全、合理、舒适、高效，装饰风格简洁，环境优雅，灯光柔和中性，时时刻刻让患者感受到温馨的服务。

（赵心臣　范宝林）

第二节　基建要求
Infrastructure Requirements

口腔诊室是口腔医疗最重要的场所，供水、供气、供电及通讯与负压抽吸等的设计与建设是口腔诊室基建的核心内容，可聘请专业的设计装修团队来设计及实施工程。以下基建设计可供参考。

一、口腔医疗综合管线

口腔医疗综合管线由口腔医疗所需的电力、水、气、压缩空气等的传输管路、控制信号线路、废气污水回收管路、医疗负压抽吸管路等管线管路组成。连接口腔诊疗单元、口腔综合治疗台与供电、供水、口腔正负压、监控等设备。

口腔综合治疗台水、电、气管道铺设方式有地沟式、穿楼板式、走明管式，不同的铺设方式各有优缺点。

（一）上下水管路

口腔综合治疗台所需净水主要用于高速涡轮手机、低速手机，痰盂用水和漱口水的供应，供水设计时应根据口腔综合治疗台的用水点数量、用水点额定流量、用水点同时使用系数、水净化消毒装置季节差异、增加水泵功率等多参数进行统一考虑。根据《口腔医院建设与装备规范》（T/CAME 14—2020）等标准要求，水源水压为 0.15 ~ 0.25 MPa，流量为 20 ~ 30 L/min，配备水源处理设备，对流入口腔综合治疗台地箱前的水进行过滤、消毒，保证进入设备的用水满足国家消毒卫生要求。

上水管路系统材质应该考虑以耐腐蚀及抗压材质为主，冷水管以卫生不锈钢管、铜管及聚氯乙烯（polyvinyl chloride，PVC）塑料管等为主，热水管以不锈钢管、铜管或具有抑菌内层的无规共聚聚丙烯（polypropylene-random，PPR）热水专用管等为主。下水管路通量按照实际排水量设计，自流式管路材料采用 U-PVC 排水管，在使用管路负压吸引器时管路材料为给水管材，口腔综合治疗台排水管路应严格按照下水方案设计施工，且和洗涤池排水管分开铺设，避免影响口腔综合治疗台排水的畅通，废水必须经过处理后再排放。

（二）口腔正负压管路

口腔正负压设备（dental positive and negative pressure equipment）是指为口腔治疗设备提供压缩空气以驱动牙科手机等器械的正压设备，和用负压吸引力抽吸患者口腔的唾液、血液和治疗液体、气雾的负压设备。

1. 口腔正压系统　压缩空气是口腔综合治疗台的基本动力之一，必须无油、干燥和洁净，其在口腔综合治疗台上的应用除供给治疗器械及三用枪之外，还可以用气控制口腔综合治疗台的水、电。压缩空气由空气压缩机产生，在使用中，根据不同的流量需求配置不同大小的空气压缩机。一般口腔诊疗使用的压缩空气的供气压力为 0.5 ~ 0.7 MPa。空气压缩机由于噪声及散热等原因，应安装在干燥、通风良好的环境中，远离诊疗室、污物区以及车库等污染区，并在机房安装空调并做常规的消音处理。

通气管材料可采用无缝铜管或无缝不锈钢管。在管路的适当位置安装检查口和阀门，方便后期设备更新、检查维修。大型的口腔医疗机构可采用楼层环形布管方式，每一层楼单独设管道连接空气压缩机，每一层楼根据设备位置布局进行环形布管，来平衡管道的气压差，可以显著的减小压力的传送损失。

2. 口腔负压抽吸系统　口腔负压抽吸系统在医生诊疗工作中，可将患者口腔混合喷雾、水及唾液同时吸走，然后进行分离过滤，其中气体经消毒处理后排出，液体经消毒处理并符合国家排放标准后可排放至下水道中。口腔负压抽吸可大大提高口腔的可视度，防止患者吞咽反射，让医生更好地进行诊疗操作，同时可以有效降低医患交叉感染的风险，改善医生的工作环境。

口腔负压系统分为干式、半干半湿式和湿式三类。

（1）干式负压系统：气液分离装置一般设在口腔综合治疗台的地箱内，分离的液体直接通过下水管道进入污水处理站。管道仅回吸气体，其内没有液体，这种方式去掉了体积较大的集中气液分离罐，系统体积相对较小。但设备内集成的气液分离罐效果较差，抽吸液中的牙石、血凝块等固体物容易导致机内分离罐出现堵塞故障。

（2）半干半湿式负压系统：产生负压的装置为气环泵，原理是其内部的叶轮具有一定的弧度，当叶轮转动后，就会使空气产生流动，通过进气口将空气吸入到真空泵内，经过内部叶轮叶片的一道道增压，最终将空气压缩后产生压力排出泵体外，较高的转速可产生足够的负压来满足设备需求。口腔综合治疗台不需要内置气液分离装置，抽吸管道内有气、液、固体混合物。气环式负压泵拥有足够的流量可以防止交叉感染，避免医患间呼吸道疾病的传播，此类设备已集成气液分离装置，口腔综合治疗台无需再内置气液分离装置，既节约了成本，也方便安装重金属等其他收集装置。

（3）湿式负压系统：产生负压的装置为液环式真空泵，泵内装有带固定叶片的偏心转子，是将水（液体）抛向定子壁，水（液体）形成与定子同心的液环，液环与转子叶片一起构成可变容积的一种旋转变容积真空泵。液环泵是靠泵腔容积的变化来实现吸气、压缩和排气的，因此它属于变容式真空泵。在湿式负压系统中，口腔综合治疗台内不需要气液分离装置。湿式负压系统需要外接自来水，其特点是负压值高，流量小，分离效果好，但在管路低处常会有液体潴留，通常用于手术量较多、抽吸物以液体为主的手术室等。

管道材料推荐使用耐腐蚀性好的 U-PVC 管，管路避免 90° 弯曲，所有转角要求顺流向 45° 转角。机房位置要求一般低于口腔综合治疗台所在楼层，机房具备通风散热、自流排污、排废气的条件。为了简化布线和维护，大型的口腔医疗机构开关控制模式推荐使用时间开关控制，管道示意图如图 6-3 所示；小型诊所可由信号线控制设备开启关闭。

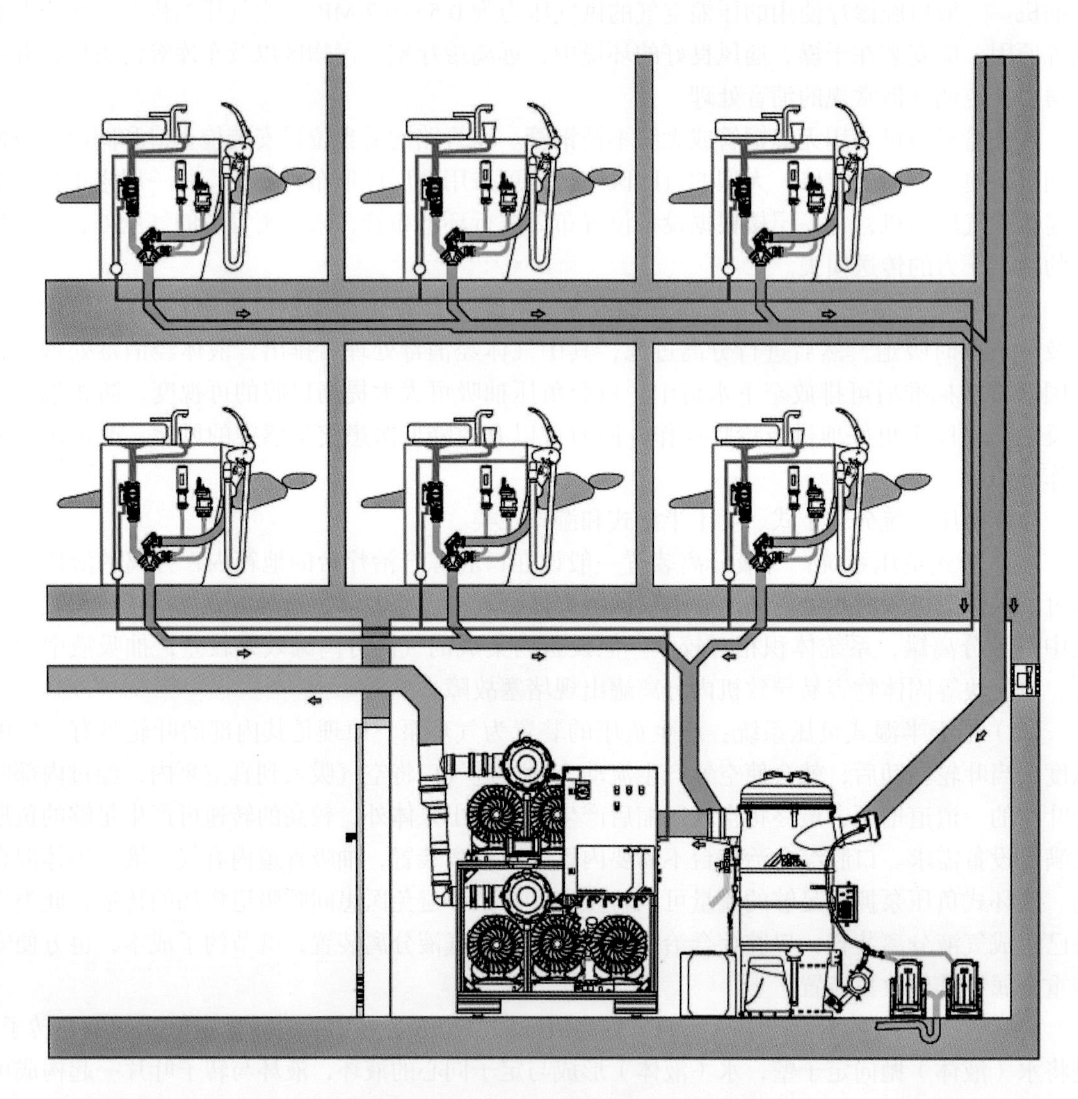

图 6-3 大型口腔医疗机构负压管道示意

二、供电及通讯系统

口腔诊室内口腔综合治疗台、电灯、电脑及超声洁牙机等设备的正常运行，都需要电力的支持。在诊室装修之前，应根据设计的口腔综合治疗台、电脑、远程视频诊疗等设备的位置，在相应位置布置电力及通信管线，在适当位置做独立接地电极。对于有数据交互的设备，可选配 UPS 电源，保证诊室供电不间断，可避免计算机系统或通信网络的电源突然断电而造成重大损失。

三、照明系统设计

口腔诊室对照明条件有严格的要求，总体要求明亮且不耀眼。根据窗口布局，设计时口腔综合治疗台不宜直面窗口，窗户上可装上窗帘等遮光设施。在进行治疗时患者口腔内应有充足的照明，其与室内光度需保持合适对比度。室内照明和冷光手术灯的光源照明强度比一般为 1:10，诊室选择的冷光手术灯要有 20 000 ~ 30 000 Lux 的照明强度，室内照明在桌面高度应保证有 200 ~ 300 Lux 的照明强度。修复科的备牙、印模不需要比色的操作可在冷光手术灯下进行，对于需要比色的治疗，例如义齿修复的治疗，应在自然光下进行义齿的比色。目前，对于诊室灯光的合理设计已经很完善，可根据诊室窗口布局及用途来设计合理的诊室照明，在灯光设计时应避免使用射灯。

第三节　设备安装
Device Installation

口腔诊室的空间设计非常重要，可结合口腔门诊部的整体去设计，考虑到患者的隐私和治疗工作不能受到干扰，既要注意口腔综合治疗台的安装位置及隐私性，又要留够充足的空间，保证物流通道的畅通。口腔诊疗单元主要由口腔综合治疗台和工作边柜组成，工作边柜用于摆放工作电脑及存放口腔卫生材料、器械等。

一、口腔综合治疗台配置

口腔综合治疗台是口腔诊疗单元最基础的设备，是一种集电、水、气合一的设备。口腔诊疗单元中每台口腔综合治疗台占地面积一般在 10 m^2 左右。若考虑到医生操作位及物流通道、助手操作位及边柜，每个诊疗单元的理想面积为 12～18 m^2。

根据房屋的结构和面积可采用半隔断单元式或单间式设计。隔断式工作单元适合于大统间，各诊室间以透明玻璃或半高位的隔板分隔，既保证了各治疗单元间互不干扰，又能保持工作环境的宽敞、明快和舒适感，同时有利于口腔科护士协助多名医生工作，有利于医护之间的沟通与协作。

根据手机及助手工具安装位置的不同，可以把口腔综合治疗台分为连体口腔综合治疗台、侧置（9 点）分体式口腔综合治疗台、后置分体式口腔综合治疗台三类，这三类口腔综合治疗台的优缺点见表 6-1，可根据实际需要选择相应的口腔综合治疗台。

表 6-1　不同类型的口腔综合治疗台优缺点

分类	优点	缺点
连体口腔综合治疗台	符合人机工程学设计，部分机型适合左手及右手医师共享，诊室设计简单，安装简易	诊室空间感不理想，不利于稳定患者情绪，例如不适合小孩，患者较大机会意外碰跌手机及手术盘
侧置（9 点）分体式口腔综合治疗台	增加选购产品的灵活性，加强诊室空间感，有利于稳定患者情绪，便利患者进出椅位，较容易建立诊所整洁的形象	诊室设计要提前适配，安装较费时，不适合左手及右手医师共享
后置分体式口腔综合治疗台	适合左手及右手医师共享，适合于狭长的空间，加强诊室空间感，有利于稳定患者情绪，增加选购产品的灵活性，最便利患者进出椅位，较容易建立诊所整洁的形象	不便于医师操作，手机过于接近医师手臂，不适合单人操作，诊室设计要提前适配，安装较费时

二、口腔综合治疗台地箱设计

口腔综合治疗台的正常运转需要连接压缩空气、净水源、污水排放、负压抽吸、电源线、视频信号线等管线，这些管线一般会预埋在设计好的地箱范围内的地沟里。这里结合某口腔门诊部的设计具体介绍。

口腔综合治疗台的地箱位置数据参考厂家资料，方位大体上分为正前方位地箱、左前方位地箱、左正中方位地箱，可根据实际场地情况进行微调。地箱内空间尺寸一般应满足：长 × 宽 ≥ 220 mm × 150 mm，高 ≥ 150 mm。所有管道安装后高出地面高度不得大于 50 mm，图 6-4 所示地箱设计尺寸为 250 mm × 250 mm，其管道建议安装在 180 mm × 180 mm 的范围内，其余空间可安装口腔综合治疗台变压器等附件。

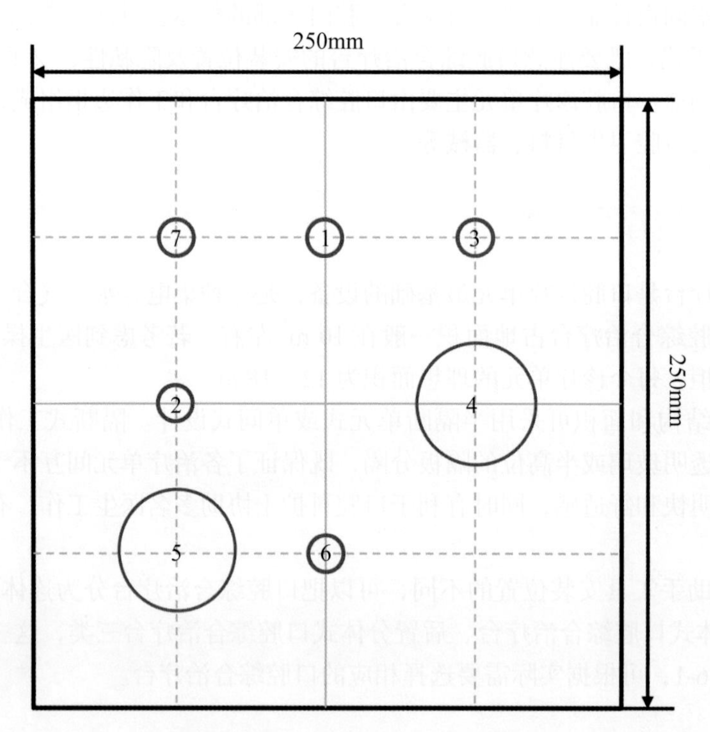

图 6-4　地箱平面设计

1. 电源线；2. 供气；3. 供水；4. 下水；5. 负压管；6. 负压信号控制线管；7. 视频信号线管

1. 电源线（220 V）　接地线接地良好，电源线要有保护导管（管径 15 mm），导线规格为 2.5 mm2。

2. 供气　压力约为 0.5 ~ 0.7 MPa，无油，出口带 4 分外螺纹（管径 15 mm），有单独阀门控制，使用 PPR 材料。

3. 供水　压力不低于 0.15 MPa，水质要求良好，出口带 4 分外螺纹（管径 15 mm）有单独阀门控制，使用 PVC 材料。

4. 下水　主管管径大于 40 mm，出口处 50 mm 主管转 40 mm 接头，保证畅通，使用 PVC 材料。

5. 负压管　主管管径 50 mm，出口处管径 50 mm 主管转 40 mm 接头，使用 PVC 材料。

6. 负压信号控制线管　预留两根信号控制线，每台口腔综合治疗台单独通往负压泵处，控制线需要保护套（管径 15 mm），导线规格为 1.5 mm^2。

7. 视频信号线管　通往诊室内电脑处，如配备的内窥镜需要与诊室电脑相连，则必须在地面孔内增加 VGA 数据线和 AV 视频线管路（管径 15 mm），此为非必须情况，根据实际需要而定。

三、设备配置

口腔综合治疗台一般包括口腔治疗椅、器械盘、冷光手术灯、附体箱等。诊疗单元升级配套装置有带防回吸装置的光纤气动高速涡轮手机和低速手机（含直、弯手机）、种植机、光固化机、超声洁牙机、根管长度测量仪、口腔无痛麻醉注射仪、高频电刀、口腔显微镜、口内扫描仪、口腔内窥镜和心电监护仪等。可根据科室的发展需求和预算的多少，选择合适的档次和配置。

（赵心臣）

第四节　口腔边台
Dental Cabinets

口腔诊疗所需的器械和材料琐碎繁多，感染控制严格，口腔门诊的医护配合更为重要和密切，在此背景下口腔诊室医用边台出现。随着口腔专业的发展、行业的进步、口腔工具和器械的逐步细化，口腔边台的重要性日益凸显出来，专业医用边台代替了传统简单的水泥台或桌子。口腔边台的使用可以减少各种器械分散摆放造成的无序混乱，使设备和器械的放置以人为中心，这样才能充分发挥各种设备的最佳效能，防止医师在强迫体位下进行诊治，既减轻医护疲劳又提高医疗质量及工作效率。

（一）定义

口腔边台，亦称边台或口腔诊室医用边柜，是指在口腔诊疗工作中，处于口腔综合治疗台周围，用于放置口腔常用器械、材料、工具，方便医师、助手操作的工作台（图 6-5）。

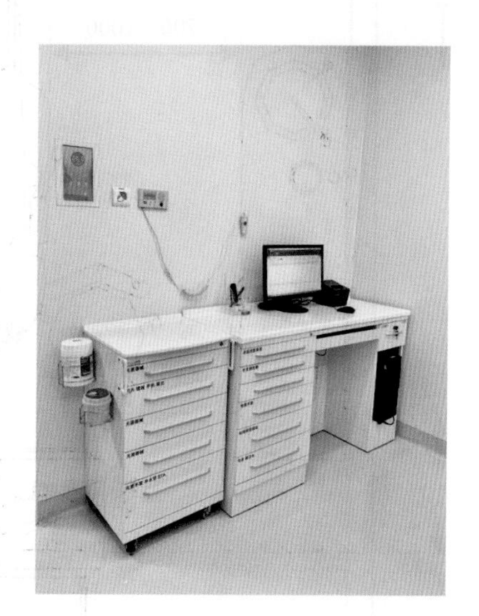

图 6-5　口腔边台

（二）组成和作用

口腔边台功能上以临床需求为导向，设有病历书写位、计算机操作位、洗手位、废物回收箱、器械柜、移动柜、伸缩式操作台等。

口腔边台的主要作用：存放口腔诊疗所需的器械、材料、工具，并能让医护人员在诊疗过程中方便快捷取用；满足医护人员洗手及临床取水要求；椅旁分拣诊疗器械；优化诊室环境；便于医护配合。

（三）分类

口腔边台按样式主要分为直型、L 型、移动柜、吊柜等。口腔边台样式的选择与诊室的整体布局、口腔综合治疗台的安装位置、诊室建筑特点有关。

口腔边台按用途主要分为医师侧边台、助手侧边台、12 点位边台。边台高度可设置为 780 ~ 820 mm，进深为 450 ~ 550 mm，长度可根据诊室大小调整。图 6-6 是一个诊室布局示意图，口腔综合治疗台放在诊室居中位置，建议以口腔综合治疗台中心线为准，左右各预留 1250 mm 距离空位为宜，空位空间考虑医生侧或助手侧边台的放置，距离能使医生和助手在工作位置时，无需移动座椅直接伸手或稍微侧身即可拿到医生侧或助手侧及 12 点位边台上的物品为宜（口腔综合治疗台与两侧边台的间距根据实际情况，一般可在 700 ~ 1000 mm 的范围内进行调整）。通常口腔医师的工作范围在 8 点 ~ 12 点位，因此在口腔综合治疗台的器械盘方向放置了一个医师侧边台，此边台配有计算机操作区域、预约本抽屉、病历本抽屉等，方便医师观察患者数字牙片、书写病历等。诊疗过程中助手主要活动区域为 2 点 ~ 5 点位，因此在口腔综合治疗台附体箱侧放置了一个助手侧边台，此边台配有洗手位、废物回收箱、器械柜等，保证护士在第一时间做好配合工作。12 点位边台可用于手套、口罩、纸巾发放。边台设置核心是医护人员从洗手、擦手、戴手套、戴口罩、配台到拿取器械都应得心应手和无缝连接，使四手操作效率达到最大化。

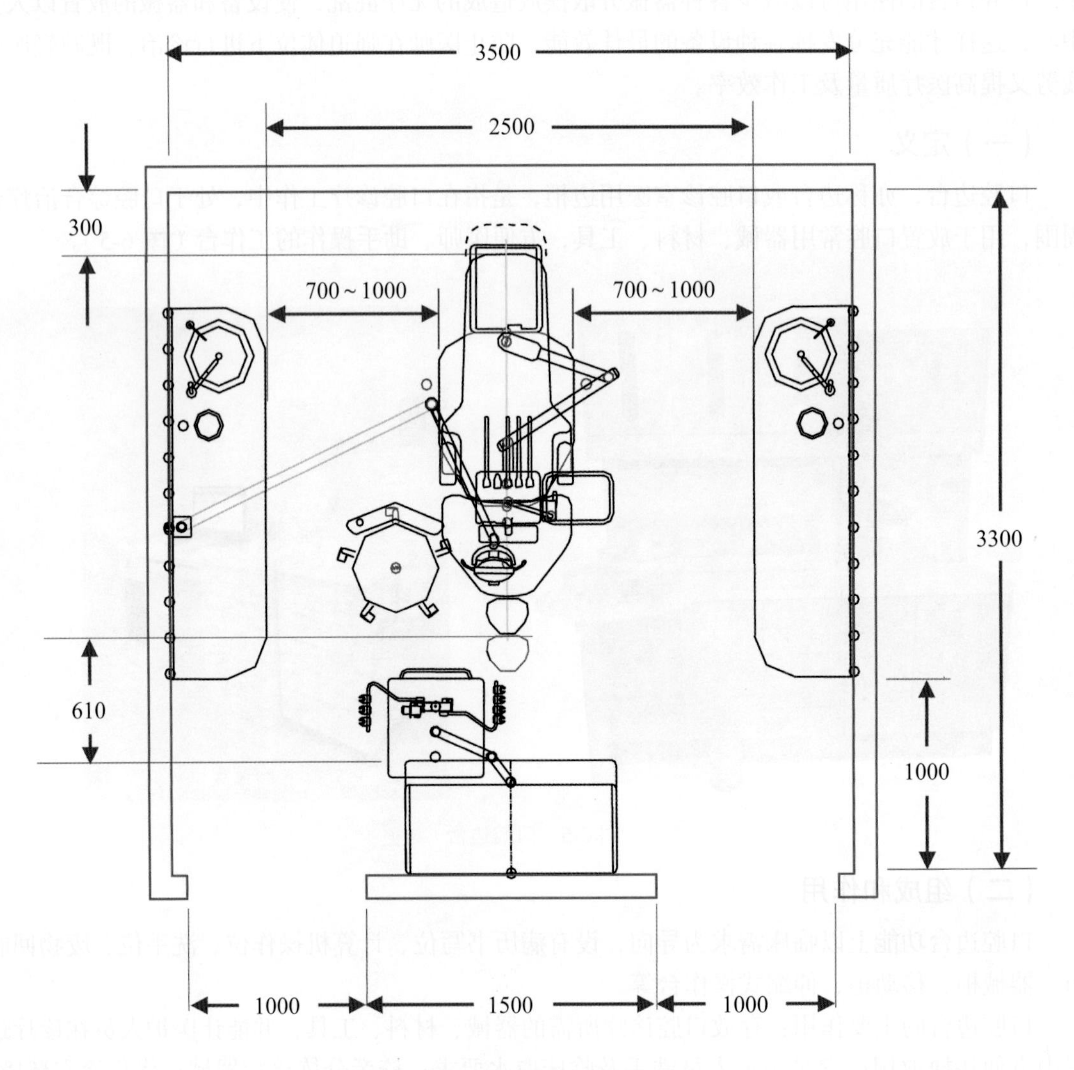

图 6-6　诊室布局示意

单位：mm

（四）设计理念

在口腔诊疗单元，四手操作是提高诊疗效率的关键，四手操作即在口腔治疗全过程中，医生和护士采用舒适的坐位，患者采取放松的平卧位，医护双手同时在操作区完成各种操作，平稳而迅速地传递和交流所用器械材料等治疗用物，从而提高工作效率及医疗护理质量。

口腔边台的设计应遵循“人体工程学”和“固有感觉诱导”理论，尺寸适中、布局合理，与诊室的口腔综合治疗台及诊室的内装风格统一。甚至有的理念认为，口腔边台是口腔综合治疗台的延伸，是口腔综合治疗台的一部分，只有这样，各种口腔设备和器械才可能放置在传递和使用方便、合理的位置，才能保证诊疗过程中医师、助手、患者移动身体各部位时均不受任何物体阻碍，使得诊疗活动始终处于一种和谐的环境之中。

口腔边台样式的设计及材料的选用需充分考虑医用环境、医院感染控制。台面应平滑光亮、易清洁，防细菌滋生，防渗透着色，有挡水边最好。柜体应采用防火板或全钢结构。五金件质量很关键，因为口腔边台洗手位、抽屉、废物回收箱每天使用频次非常高，极易发生故障影响诊疗工作。抽屉高度及抽屉搁盘设计要根据物品放置要求及尺寸大小，设计不同规格的放置空间，保证放置时分类有序、存取方便。

（五）技术要求

在口腔边台采购过程中，以下技术要求可做参考。

1. 工作台面　选用人造石台面，台面厚度适当。要求不染色、不渗透着色、耐腐、易清洁、耐磨。

2. 整体结构　选用优质冷轧钢板，厚度不低于1.0 mm。材质应环保、防水、防油和防口腔诊室常见的其他化学品腐蚀。

3. 抽屉、柜体　选用优质冷轧钢板，厚度不低于0.8 mm；抽屉和主体柜的接触面需要加装防震垫。抽屉和柜门加锁，锁安置的位置合理，采用优质防折防撞断锁具。选用回吸式抽屉，轻触即可打开或关闭，回吸式轨道和铰链带阻尼功能。抽屉内置口腔科专用的各式搁盘（图6-7），可以清洗和消毒。

图 6-7　口腔边台抽屉搁盘

4. 洗手及用水设施　配置水温可调控的水龙头，双开关。台盆与台面连接处需用质地优良的、环保的粘结剂封闭处理。下水管要有防返味处理。

5. 废物回收箱　置于适当位置。膝控或脚控柜门开关。垃圾桶应可套装标准医用垃圾袋。垃圾桶可方便摘取。

6. 电源插座　应安装适量的电源插座。插座安装方式及其他电线的布线应符合《国家电气设备安全技术规范》相关规定，防止发生安全事故。

（六）注意事项

在配置口腔边台过程中有以下注意事项：

1. 口腔边台必须注意标准化设计与个性化设计相结合。在确定口腔边台尺寸时，要充分考虑到毛坯房和完成内装修后房间尺寸的差异。

2. 口腔边台的顺利安装取决于上下水管的位置、电源位置、网络线位置与口腔边台相应位置的契合程度。

3. 不同的抽屉柜、柜门柜、移动柜，要根据诊疗工作的实际选用。

4. 口腔边台计算机位与洗手位最好相隔一定距离。
5. 若有内置移动柜，要确保移动柜前方有足够的空间以方便推进和拉出。
6. 五金件一定选用结实耐用的。
7. 电源插座要安全。
8. 废物回收箱要尽量大，因为诊疗过程中垃圾产量较大。
9. 尽量避免长度大于 3 m 的台面，否则会增加运输和安装的难度。

（赵心臣　范宝林）

第五节　空气压缩机
Air Compressor

空气压缩机是口腔综合治疗台必备的气源设备。空气压缩机可以单台供气，也可以形成空气压缩机组对用气设备集中供气。为了及时检查空气压缩设备运转状况，可以安装远程监控系统，便于查询运行时间、过滤器更换、故障指南、使用说明等。

在口腔疾病治疗工作中，光固化、玻璃离子、烤瓷等对气源的要求较高，最好是无油、无味、卫生、清洁、干燥的气源。如果压缩空气不够清洁干燥，里面含有的水分会损坏高速涡轮手机的轴承；如果压缩空气中含有油分子，光固化材料的结合度和牢固性将很差，最终影响治疗质量和使用效果。

（一）主要结构组成部件及功能

空气压缩机（air compressor），简称空压机，俗称气泵，是一种用来产生压缩气体的设备（图 6-8），广泛应用于机械、矿山、化工、建筑及制药等领域。在口腔医疗领域，使用的空气压缩机额定压力一般为 0.7 ~ 0.8 MPa，其主要与口腔综合治疗台一起安装或联合使用，用来驱动高速涡轮手机等设备。

图 6-8　空气压缩机

空气压缩机主要由驱动电动机、进气过滤、机械压缩系统、储气罐、压力电控系统等部分组成。

以活塞式无油医用空气压缩机为例，驱动电动机为空气压缩机的动力源；进气过滤主要作用是对空气初始过滤；机械压缩系统包括传动机构部分（皮带轮、曲轴、连杆、十字头等）和压缩机构部分（气缸、活塞、进排气阀等）；储气罐用来储存压缩空气，储气罐内表面一般会进行防腐防锈处理，从而保持气体纯净；压力电控系统控制空气压缩机排气压力在预定的范围内进行运转。

根据项目需要，还可为空气压缩机配备多级过滤器和静音柜，以获得更洁净干燥的压缩空气，降低空气压缩机工作带来的噪声。过滤器一般有三级：第一级过滤加装到机械压缩系统到气体后处理之间，对气体后处理起保护作用；第二级加装到气体进入储气罐之前；第三级可以过滤细菌和病毒，加装位置是在储气罐到用气设备之间。有的空气压缩机甚至会在进气端设置细菌过滤器，从而进一步提高空气洁净度。

多个空气压缩机还可以组成空气压缩机组，从而增大供气量。小型空气压缩机的储气罐上设有四个脚轮，主要是移动方便还有减震作用。大型空气压缩机（单独配置大型储气罐）固定在防震减震的地基之上。

（二）分类

空气压缩机的分类有多种方式。通常情况下，中小型口腔诊所多选用活塞式无油医用空气压缩机；大型口腔专科医院更多采用螺杆式空气压缩机，配有储气罐、冷干机组和过滤消毒装置。最终目的都是为口腔医疗机构提供无油、干燥、卫生的压缩空气。

1. 按结构和工作原理分类　空气压缩机分为活塞式空压机、螺杆式空压机、滑片式空压机、离心式空压机、涡旋式空压机。给口腔设备供气的常为活塞式空压机和螺杆式空压机。

2. 按工作压力等级分类　空气压缩机分为低压空压机（排气压力≤ 1.3 MPa）、中压空压机（排气压力为 1.3 ～ 4.0 MPa）、高压空压机（排气压力为 4.0 ～ 40 MPa）。给口腔设备供气的常为低压空压机。

3. 按气体压缩过程中是否与润滑油混合分类　空气压缩机分为有油或微油空压机、无油空压机。给口腔设备供气常选择无油空压机。

4. 按设备是否可移动分类　空气压缩机分为固定式空压机、移动式空压机。

（三）工作原理

空气压缩机将电能转换为机械能，通过机械装置（如活塞、螺杆、滑片等）使自然空气增压并储存于储气罐中。

其中，活塞式医用空气压缩机工作主要包括进气、压缩及排气两个过程（图 6-9）。进气和排气口各有一个单向阀，进气口单向阀是只进不出，排气口单向阀是只排不进。进气时气缸容积增大，吸入自然空气；压缩时活塞反向运动使气缸容器缩小，缸内空气被压缩而增压。一旦缸内气体压力大于储气罐压力时，排气单向阀打开，压缩空气进入储气罐。气缸活塞周而复始的往复运动就可获得预设压力的压缩空气。给空压机通电后的运行状态，依靠压力开关自动控制，在额定压力范围内，可设置压力上、下限值，储气罐压力低于下限值时，自行启动运转，给储气罐补气，达到储气罐压力上限值时，控制开关自动断电，电机停止运转，使储气罐始终保持额定的压力范围。为了防止控制开关失效而无法停机，导致储气罐压力过高产生安全隐患，一般在储气罐上装有超压安全排气阀，储气罐内压力超过安全阀值时，安全阀会自动排气降压

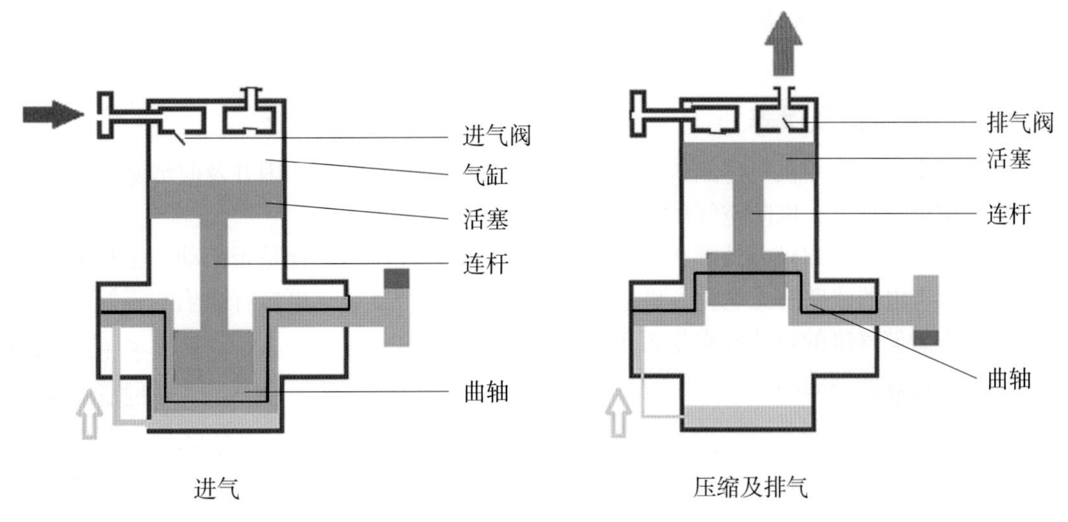

图 6-9　空气压缩机工作原理示意

（四）选型

选配空压机时，先确定工作压力，再定相应容积流量，最后是供电容量。首先要确定用气端所需要的工作压力，考虑从空气压缩机安装地点到实际用气端管路距离的压力损失，加上 0.1 ~ 0.2 MPa 的余量，确定所需空气压缩机的压力。在选择空气压缩机容积流量时，应先了解所有的用气设备的容积流量，把流量的总数乘以 1.2（即放大 20% 余量）。功率的选型在满足工作压力和容积流量的条件下，供电容量能满足所匹配驱动电机的使用功率即可。

在口腔医疗领域，口腔综合治疗台是主要的用气设备，因此一般根据口腔综合治疗台的数量和使用率，测算选型与之匹配的空气压缩机。口腔综合治疗台工作压力一般为 0.5~ 0.7 MPa，因此所需空气压缩机压力可选择 0.7 ~ 0.8 MPa。在使用中央负压吸引的状况下，每台口腔综合治疗台每分钟耗气量为 40 ~ 50 L。如果为 20 台口腔综合治疗台供气，按口腔综合治疗台 60% 同启率估算，所需空气压缩机的容积流量约为 480 ~ 600 L/min。除此之外，部分口腔修复工艺设备、口腔教学设备、消毒灭菌设备也需要压缩空气，也应纳入容积流量测算中。

除要求具有足够的压力和供气量（容积流量）外，压缩空气必须干燥、清洁和无油。大气中含有蒸汽形式的水分，当空气被压缩时，一部分气态水会变成液态水；压缩空气含有水分，会影响三用枪的吹干功能，因此，口腔综合治疗台所需要的压缩空气必须是干燥的。大气中还有尘土颗粒等杂质，当微小颗粒随空气流进入细小气道、轴承和内部零件，易沉积起来，堵塞小孔，加快磨损，缩短使用寿命。所以压缩机的进气口和排气口一定要装备效果良好的空气过滤器，尽可能去除空气中的杂质。如果压缩空气中含有油雾，主要危害有二：一是污染诊室空气，机油进入口腔及诊疗环境，影响人员健康；二是应用复合材料时，压缩空气的基本用途是吹干窝洞，极薄的油膜会妨碍充填材料与牙体的粘合性能。

另外，要考虑空气压缩机运行的安全性。空压机是一种带压工作的机器，工作时伴有温升和压力，其运行的安全性要放在首位。

（五）操作常规及注意事项

1. 操作常规 每天查看设备和环境是否正常，合上供电开关，空气压缩机正常工作；每天下班前，断开电源开关，空气压缩机停止工作。

2. 安装注意事项 空气压缩机安装环境要求清洁、干燥、通风，无污染和腐蚀性气体。建议将空气压缩机放入专门的机房，不能与负压设备、污水处理设备共用机房，更要避免将空气压缩机放到厕所、杂物间、扬尘的地方。空气压缩机机房需采取吸声、消声、散热等措施。

3. 用气端使用注意事项 需要使用高速涡轮手机时，最好将压缩空气排空 15s 以上再使用，防止患者之间交叉感染；并可以对口腔综合治疗台内的气路进行清洁，从而到达洁净程度。

（六）日常维护及保养

1. 每日观察空气压缩机机房是否有异味、粉尘等。如有，找到原因并及时清除。

2. 机房温度要适宜，以防空气压缩机发生热保护强制停止工作。

3. 定期清除空气压缩机内外部灰尘及污物，检查紧固连接处螺栓是否松动，密封处连接是否有泄露，检查电器线路有无老化、破损现象，接地线是否良好，更换有缺陷的零部件。

4. 每天查看储气罐的自动放水是否正常，否则手动放水。

5. 定期更换过滤器滤芯。

6. 定期检查安全阀的灵敏性。

（七）常见故障及排除方法

空气压缩机常见故障及排除方法详见表 6-2。

表 6-2　空气压缩机常见故障及排除方法

故障现象	可能原因	排除方法
运行中异常停机	电机处于过热自动保护状态，导致自动停机	冷却后保护器复位
供气压力低，达不到使用气压	单向进气阀或排气阀损坏使其密封不严	更换同型号新件
	用气量超过额定值	匹配供气与用气的设备
	管路漏气	检查管路
空气压缩机工作时噪声大	轴承磨损严重	更换新轴承
	曲轴与连杆之间的瓦套间隙磨损变大	更换同型号的瓦套
空气压缩机震动加大	拧紧螺丝松动	拧紧螺丝
	防震垫发生断裂	更换防震垫

第六节　负压抽吸机
Vacuum Pump

负压抽吸机能在口腔诊疗操作中产生负压气流，为医护提供一个高效且卫生的工作环境；避免患者持续吞咽反射的干扰，提高医生工作效率；持续强有力的抽吸，有效降低交叉感染风险。负压抽吸机抽吸力度不能太大，因为太大会使患者口腔内有疼痛感，造成伤害，影响治疗效果；但抽吸量要大，只有这样才可以把患者口内的冲洗液、污血、唾液、牙齿修补材料多余颗粒等污物及时吸走，同时还能把口腔内带菌的气体一并抽吸出来，防止院内交叉感染。

（一）主要结构组成部件及功能

负压抽吸机，简称负压泵或真空泵，是一种提供真空吸力的设备，能将口腔疾病诊治期间产生的唾液、冲洗液、污血及口腔内带菌的气体等一并吸入，并将它们通过管道传输到废水处理系统和废气处理器的设备（图 6-10）。在口腔医疗领域，负压抽吸机主要与口腔综合治疗台一起安装或联合使用，负压度一般为−0.015 MPa 左右。当所要提供抽吸的口腔综合治疗台数量较多时，可由负压抽吸机组成中央负压抽吸系统（图 6-11）。

图 6-10　负压抽吸机

图 6-11　中央负压抽吸系统

以集中进行水气分离的半干半湿式负压抽吸机为例。负压抽吸机主要由负压泵、水气分离罐、过滤器、控制器、管道等组成。

1. 负压泵 主要用来产生真空吸力，将来自口腔综合治疗台负压抽吸装置吸入的颗粒、气液混合物抽吸到集中的水气分离罐。

2. 水气分离罐 主要把抽吸到的固体、液体、气体混合物进行分离，分而处理。分离后的液体通过排水软管连接输送到废水处理系统。有的负压抽吸机在将废液排入废水处理系统前加装重金属分离器。分离后的气体经过过滤器，经由负压泵排放口排入气体排放管路，被引流导出建筑物。另外，可以在排气管路中安装消音器以减少主机和空气流产生的噪声。在废气排出建筑物前，建议安装废气处理器。

（二）分类

负压抽吸机主要分为湿式负压抽吸机、干式负压抽吸机、半干半湿式负压抽吸机。湿式负压抽吸机一般采用液环式真空泵（如水环泵）来产生负压吸力；管道内为气液混合物（以液体为主)，液体流经真空泵。干式负压抽吸机一般采用漩涡式风泵（如气环泵）来产生负压吸力；管道内只有气体，气体通过真空泵。半干半湿式负压抽吸机一般采用漩涡式风泵（如气环泵）来产生负压吸力；气液混合物流经管道，经水气分离罐集中分离气液；只有气体通过真空泵。

（三）工作原理

半干半湿式负压抽吸机的工作原理如图 6-12 所示。当接通电源，控制器接到启动信号，负压泵工作产生负压，并将来自口腔综合治疗台的颗粒、气液混合物通过管道抽吸进水气分离罐。

1. 水气分离罐分离后的气体 过滤后进入负压泵，这些带有污染的湿热的废气，经过废气处理器进行过滤消毒后排出室外或楼里的排风主管道。

2. 水气分离罐过滤的固体 需定期清理。

3. 水气分离罐分离后的液体 经底部的重金属分离器后排至医院的废水处理系统。

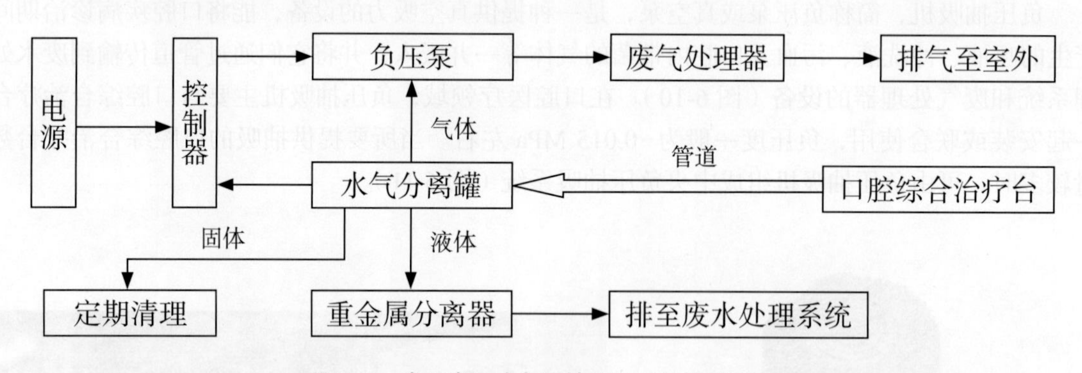

图 6-12 半干半湿式负压抽吸机工作原理示意

（四）选型

口腔专科使用的负压抽吸机要选用大流量、低负压度的，负压度一般为 −0.015 MPa 左右。切记不能与病房使用的高负压度、低流量的负压泵混淆。负压抽吸机选型，首先考虑使用干式的、湿式的还是半干半湿式的。随着中央负压抽吸模式的普及，半干半湿式负压抽吸受到更多的青睐。

然后，考虑诊室和需要抽吸的口腔综合治疗台的数量。每台口腔综合治疗台需要的抽吸量按 300 L/min 估算。如果要满足 20 台口腔综合治疗台的抽吸量，按口腔综合治疗台 50 % ~ 60 % 的同启率估算，所需负压抽吸机的流量为 3000 ~ 3600 L/min。根据此流量需求，再结合相关建筑、机房结构及设施情况，选择相应的机型。如果今后有扩展口腔综合治疗台数量的计划，所配备的机型抽吸流量可额外多预留一定量，以便可持续发展。

（五）操作常规及注意事项

1. 操作常规

（1）每天开机前检查设备是否有异常现象，自动放水装置是否正常。

（2）接通电源，设备正常运转。

（3）定期使用适合的清洗剂和消毒剂对负压抽吸机进行清洗和消毒。

（4）定期清理机房环境卫生。

2. 注意事项

（1）负压抽吸机机房要相对独立，附近不得有污染源易感设施（食堂、办公区等），不得与洁净设备共用一个房间。

（2）负压抽吸机机房排风散热要顺畅。

（3）负压抽吸机部件连接，需选用具备足够弹性，且对口腔诊疗用消毒剂和化学品稳定的软管材料。

（4）建立负压抽吸使用端的操作规范。每一位患者治疗结束后，口腔综合治疗台强吸器要吸入一杯清水，使残留污液及时冲走，便于清洁管路。

（六）日常维护及保养

1. 接触负压抽吸机要戴防水防护手套。
2. 定期检查进、出连接管及排水管，确保管路通畅。
3. 检查橡胶件和软管是否老化，必要时进行更换。
4. 定期检查更换过滤网。

（七）常见故障及排除方法

负压抽吸机常见故障及排除方法详见表 6-3。

表 6-3　负压抽吸机常见故障及排除方法

故障现象	可能原因	排除方法
抽吸机无法启动	电机保护开关故障	更换电机保护开关
	固体颗粒进入造成堵塞	拆卸抽吸机进行清洁
噪声不正常	异物进入涡轮机干扰叶片	打开涡轮机进行清理
抽吸力下降	管道有漏气	找到漏气点，紧固或更换
	管道堵塞	疏通管道
	负压泵异常导致负压度降低	检修负压泵，排除故障

第七节　其他设备设施
Other Equipment and Facilities

口腔临床摄像示教系统是一种高清晰度的多媒体实时录播传输系统，主要由前端摄录装置、后台多媒体录播处理平台等部分组成，有的还具有终端解码客户端。前端摄录装置可以是一台专用的设备，也可以集成在已有的设备中，有的通过在种植手术室无影灯中加装摄录装置来实现，有的通过在口腔手术显微镜上加装摄录装置来实现，最终目的是在口腔术野狭窄的条件下，实现口腔疾病诊疗过程中无遮挡地摄像传输。该设备的应用场景包括远程直播、互动教学、资料录制、网络教学、诊疗记录、远程会诊、技能考核、学术交流等。

口外电动抽吸机是负压抽吸装置，一般由负压泵、万向抽吸臂、细菌过滤系统、控制器等组成，用于口腔疾病诊疗过程中，将患者口周弥漫的飞沫和固体颗粒物抽走，过滤处理后排放，以防止医患之间交叉感染。接通电源后负压泵启动运转，在抽吸口形成负压区，带病菌气体通过抽吸臂进入细菌过滤系统，滤掉细菌的气体通过风道排出。口外电动抽吸机安装方式有移动式和中央集中管道式。

净水设备是通过水处理工艺，将自来水水质提升至生活饮用水卫生标准的水处理设备。有条件的诊室，供口腔综合治疗台使用的水源是经过净水设备处理的。

口腔诊所污水处理设备是供中小型口腔诊所使用，将废水消毒处理达排放标准的设备，一般由集水箱、消毒装置、过滤器、自吸泵、排污泵、控制器等组成。污水处理设备的消毒方式包括臭氧消毒、氯消毒、次氯酸钠消毒、二氧化氯消毒等。以采用臭氧消毒的污水处理设备为例，当废水流入污水处理设备，初步过滤大颗粒杂质后，进入设备集水箱；当水位高度达到液位开关设定的位置时，高压放电产生臭氧，使用臭氧对集水箱的废水进行消毒，达到医疗机构水污染物排放标准后，排入市政管网，满足环保部门要求。

（范宝林）

小结

口腔诊疗单元的设计是口腔医院建设的一个缩影，具有一定的复杂性，且涉及装备、基建等多个学科。科学合理的诊室设计及建设、符合行业标准的室内装修，可极大提高口腔医疗服务质量，产生较好的社会效益。

对于不直接放置在口腔诊疗单元之内，但为口腔诊疗设备提供动力的空气压缩机，以及为吸唾装置提供负压的负压抽吸系统等辅助设备设施，在口腔诊室设计时要考虑不同设备设施用房的物理环境清洁及隔离。

随着口腔诊疗中多学科联动的模式越来越多，精细化分科与“一站式”治疗的模式齐头并进，要根据不同的服务模式、不同的学科专业进行口腔诊室设计，以便更好地服务患者。

Summary

The dental treatment unit, which is a microcosm of stomatological hospital, has certain complexity and involves many disciplines such as equipment and infrastructure. Scientific and reasonable design and construction of oral clinics, as well as the interior decoration that meets industry standards, can greatly improve the quality of stomatology medical services and directly affect the quality of oral clinics social benefits.

For air compressors that are not directly placed in the dental treatment unit but provide power for oral diagnosis and treatment, as well as negative pressure suction systems that provide negative pressure for saliva suction devices, physical environment of different equipment and facilities should be cleaned and isolated for those auxiliary equipment and facilities when designing the oral clinic.

With the increasing number of multi-discipline linkage models in oral diagnosis and treatment, the refined division of departments and the “one-stop” treatment model go hand in hand. In order to better serve patients, the oral clinics should be designed according to different service modes and different disciplines.

（赵心臣）

附录　口腔设备分类参照表

设备分类	设备名称
口腔临床及辅助设备	口腔（牙科）综合治疗台
	口腔（牙科）综合治疗机
	便携式口腔（牙科）治疗机
	电动牙科椅
	液压牙科椅
	便携式牙科椅
	牙科医师椅
	牙科护士椅
	涡轮牙钻机
	电动牙钻机
	牙科高速涡轮手机
	牙科低速手机
	超声洁牙机
	喷砂洁牙机
	超声根管治疗机
	超声骨刀
	卤素灯光固化机
	发光二极管（LED）灯光固化机
	移动式光固化机
	口腔显微镜
	根管长度测量仪
	根管扩大仪
	热牙胶充填器
	牙髓活力电测仪
	二氧化碳激光治疗机
	半导体激光治疗机
	Nd:YAG 激光治疗机
	Er:YAG 激光治疗机
	Er,Cr:YSGG 激光治疗机
	激光光动力治疗机
	高频电刀（口腔临床用）
	牙科种植机

续表

设备分类	设备名称
	数字化种植导航
	龋病早期诊断设备（龋检测仪）
	口腔无痛麻醉注射仪
	硅橡胶印模材自动混合机
	临床用光聚合器
	口内扫描仪
	牙齿冷光漂白仪
	银汞合金调合器
	牙周袋深度探测仪
	笑气吸入镇静装置
	面部扫描仪
	咬合力计
	下颌运动轨迹记录仪
	口腔癌早期荧光检测系统
	中医诊断治疗系统
	口气分析仪
	种植体稳定性测量仪
	富血小板纤维蛋白制备仪
	血纤维蛋白离心机
口腔教学设备	口腔临床模拟教学实习系统
	仿真头模
	神经阻滞麻醉模拟设备
	口内切开、缝合模拟装置
	预备体扫描评估系统
	口腔模拟操作实时评估系统
	口腔虚拟仿真教学系统
	口腔教学仿真机器人
	口腔临床摄像示教系统
口腔修复工艺设备	琼脂搅拌机
	真空搅拌机
	模型修整机
	模型切割机
	种钉机
	种钉内磨机
	冲蜡机
	加热聚合器
	压膜机

续表

设备分类	设备名称
	箱型电阻炉
	高频离心铸造机
	中频离心铸造机
	真空压力铸造机
	钛铸造机
	铸瓷炉
	烤瓷炉
	技工用微型电机
	喷砂抛光机
	半自动喷砂机
	全自动喷砂机
	笔式喷砂机
	电解抛光机
	金属切割磨光机
	义齿抛光机
	蒸汽清洗机
	超声清洗机
	口腔科点焊机
	口腔科激光焊接机
	口腔科计算机辅助设计 / 制造系统
	牙颌模型扫描仪
	口腔数控加工设备
	三维打印机
	口腔技师工作台
	牙模托盘清洗机
	石膏振荡器
	简易颌架
	半可调式颌架
	全可调式颌架
	平行观测研磨仪
	模型观测台
	压力锅
	隐形义齿机
	注塑机
	光聚合器
	牙科熔蜡器
	电蜡刀

续表

设备分类	设备名称
	牙科熔金器
	贵金属铸造机
	瓷沉积仪
	比色仪
	金沉积仪
	镀金仪
	电火花蚀刻仪
	托槽定位器
	牙弓丝热处理器
口腔颌面X线成像设备	牙科X线机
	数字化牙科X线机
	口腔曲面体层X线机
	数字化曲面体层X线机
	口腔颌面锥形束CT
口腔诊疗单元辅助设备设施	空气压缩机
	负压抽吸机
	口外电动抽吸机
	净水设备
	污水处理设备
	空气净化设备
消毒灭菌设备	超声波清洗机
	清洗消毒机
	牙科手机注油机
	封口机
	压力蒸汽灭菌器
	低温等离子灭菌器
	紫外线消毒车
口腔颌面外科设备	颞下颌关节镜
	鼻咽纤维镜
	唾液腺内镜
	外科动力系统
	外科手术导航系统
	超声刀
	腭电图仪
	鼻音测量装置
	嗓音采集装置

中英文专业词汇索引

C

超声骨刀（piezosurgery）39
超声洁牙机（ultrasonic scaler）35
超声清洗机（ultrasonic cleaner）163
成模设备（molding equipment）111
冲蜡机（wax scalding unit）124

D

打磨抛光设备（denture polishing equipment）154
电解抛光机（electrolytic polisher）158
电子根尖定位仪（electronic apex locator，EAL）53

F

仿头模（phantom）96
仿真头模（dental simulator）96

G

高分子材料成型设备（polymer material forming equipment）124
高频电刀（high frequency electrosurgery unit）74
根管扩大仪（pulp canal expander）56
根管长度测量仪（root canal length meter）53
光聚合器（light polymerizer）92

H

焊接设备（welding equipment）165

J

激光（light amplification by stimulated emission of radiation，LASER）65
计算机 X 线摄影（computed radiograph，CR）189
计算机辅助设计（computer aided design，CAD）169
计算机辅助制造（computer aided manufacturing，CAM）169
技工用微型电机（laboratory handpiece）154
加热聚合器（heat curing unit）126

K

空气压缩机（air compressor）208
口内扫描仪（intraoral scanner）172
口腔科点焊机（dental spot welder）165
口腔科激光焊接机（dental laser welding machine）167
口腔曲面体层 X 线机（panoramic X-ray machine）185
口腔显微镜（dental microscope）49
口腔正负压设备（dental positive and negative pressure equipment）200
口腔综合治疗台（dental unit）13

L

卤素灯光固化机（halogen lamp unit）42

M

茂福炉（muffle furnace）130
模型修整机（model trimmer）116

P

喷砂抛光机（sand blaster）156

Q

琼脂搅拌机（agar mixer）111
龋病早期诊断设备（diagnostic equipment for early caries）84

R

人体工程学（human engineering）7
热牙胶充填器（warm gutter filling appliance）57

S

三维打印机（three dimensional printing machine）177
三维快速成型机（three dimensional rapid prototyping machine）177
数码影像光纤透照技术（digital imaging fiber optic transillumination，DIFOTI）85

数字 X 线摄影（digital radiography，DR）189
数字化牙科 X 线机（digital dental X-ray machine）183
数字化种植导航系统（computer-aided implant surgery navigator system）81

T

台式扫描仪（desktop scanner）170

Y

压膜机（laminator）128
牙颌模型扫描仪（dental cast scanner）170
牙科 X 线机（dental X-ray machine）181
牙科低速手机（low speed dental handpiece）30
牙科高速涡轮手机（high speed dental airturbine handpiece）25
牙科种植机（dental implant unit）78
牙髓活力电测仪（electric pulp tester）62
义齿抛光机（dental laboratory lathe）160
预热炉（preheating furnace）130

Z

真空搅拌机（vacuum mixer）114
真空压力铸造机（vacuum casting machine）139
蒸汽清洗机（steam cleaner）161
种钉机（laser drill machine）122
锥形束 CT（cone beam computed tomography，CBCT）191

主要参考文献

[1] 张震康，俞光岩，徐韬 . 实用口腔科学 . 4 版 . 北京：人民卫生出版社，2016.
[2] 刘福祥 . 口腔设备学 . 4 版 . 成都：四川大学出版社，2018.
[3] 王鑫，杨西文，杨卫波 . 人体工程学 . 北京：中国青年出版社，2012.
[4] Marie D G，Timothy G D，Philip M P. 超声牙周刮治原理与技术 . 闫福华，李厚轩，陈斌，译 . 沈阳：辽宁科学技术出版社，2015.
[5] 赵睿，贾婷婷，乔波，等 . 光学导航与电磁导航辅助下精准牙种植手术效果比较 . 精准医学杂志，2019，34（3）：193-196，201.
[6] Thibault B，Ryu K，Cohen A，et al. Subclavian access using a three-dimensional electromagnetic cardiovascular navigation system：novel approach to access the venous system during device implant procedures. Europace，2017，19（2）：329-331.
[7] 医师资格考试指导用书专家编写组 . 2019 口腔执业医师资格考试实践技能指导用书 . 北京：人民卫生出版社，2018.
[8] 王嘉德 . 口腔医学实验教程和附册 . 3 版 . 北京：人民卫生出版社，2008.
[9] 林久祥，赵铱民 . 中华医学百科全书 · 口腔医学 . 3 版 . 北京：中国协和医科大学出版社 ,2019.
[10] 赵一姣，王勇 . 口腔医学与数字化制造技术 . 中国实用口腔科杂志，2012，5（5）：257-261.
[11] 高志华，潘春生 . 基于三坐标测量机的反求工程扫描技术研究 . 设计与研究，2011，（12）：20-23.
[12] 王珍珍，周秦，李生斌 . 3D 扫描技术在口腔修复专业应用的研究进展 . 临床口腔医学杂志,2014,30（2）：126-127.
[13] 王勇 . 口内数字印模技术 . 口腔医学，2015，35（9）：705-709.
[14] 胡昊，白玉兴 . 口内直接扫描技术的研究进展 . 中华口腔正畸学杂志，2014，21（1）：40-42.
[15] 宿玉成 . 浅谈数字化口腔种植治疗 . 中华口腔医学杂志，2016，51（4）：194-200.
[16] 王亚平，赵蓓芳，王勇，等 . 口腔修复体数控加工工艺研究 . 中国医学装备，2007，4（1）：6-9.
[17] 王广春，赵国群 . 快速成型及快速模具制造技术及其应用 . 北京：机械工业出版社，2003：2-9.
[18] 钱超，孙健 . 快速成型技术在口腔修复中的应用 . 国际口腔医学杂志，2012，39（3）：390-393.
[19] 范德增 . 口腔数字化诊疗技术及材料的发展现状与趋势 . 新材料产业，2019，（12）：15-19.
[20] 杰恩 · 马尔金 . 医疗和口腔诊所空间设计 . 吕梅，译 . 大连：大连理工大学出版社，2005.
[21] 赵太新，王凯 . 基于 LOGO！的医院中心负压控制系统 . 中国医学装备，2009，6（10）：39-41.
[22] 冯剑桥 . 疫情给口腔医学发展带来新思路 . 健康报，2020-04-21（8）.
[23] 李刚 . 口腔诊所空间设计 . 2 版 . 北京：人民卫生出版社，2013.
[24] 钟树林，朱正宏，夏苗苗，等 . 口腔诊疗单元在综合性医院口腔科的应用 . 现代医学，2012，40（1）：54-56.
[25] Smith J P，Myers J E，Johnson P H，et al. Dental delivery systems，related components and methods：US. 8408899B1. 2013-4-2.
[26] 雍思东，刘源 . 医用气体管道及附件设计的几点思考 . 医用气体工程，2017（4）：14-16.
[27] 李虹 . 现代医院照明设计分析 . 硅谷，2015，8（2）：176.
[28] 马玉涛，马震 . 医院口腔科医用气体系统的设计 . 工程建设与设计，2008（z1）：40-42.
[29] 李鹏，宋家富，封明，等 . 口腔科中央负压系统的构建及常见故障分析 . 医疗卫生装备，2019，40（8）：106-108.
[30] 彭大文，孙兆秀，聂兵，等 . 口腔门诊部开设的设计、施工研究 . 安徽建筑，2019，26（11）：88-112.
[31] 李鹏，刘士龙，王文彬，等 . 口腔综合治疗台安装的管路设计 . 医疗卫生装备，2014，35（8）：46-47.
[32] 李刚 . 口腔诊所环境的功能设计 . 口腔疾病防治，2008，16(5)：230-231.

[33] 胡敏，杨继庆，周建学 . 现代口腔医疗诊室设计应注意的问题 . 中国医学装备，2010，7（8）：53-54.
[34] 中华人民共和国住房和城乡建设部 . 医用气体工程技术规范：GB 50751—2012. 北京：中国计划出版社，2012.
[35] 中国医学装备协会 . 口腔医院建设与装备规范：T/CAME 14—2020.
[36] 中华口腔医学会 . 在用光固化机质量控制指南：T/CHSA 003—2019.